KB176843

Introduction to

Resort Management

리조트경영론

유도재 지음

백산출판사

머리말

오늘을 살아가는 현대인들은 기술이 고도로 발전한 풍요로운 환경에서 생활하면서도 대변동의 실수에 대한 잠재성이 증대되는 스트레스에 노출되어 살아가고 있다. 이러한 심리적 현상은 현대인들이 일보다는 삶의 질을 중시하는 가치관의 변화를 가져왔으며, 도시화 · 산업화된 일상 생활권을 벗어나 육체적 · 정신적 해방감을 얻고자 하는 사회적 동기를 제공하면서 리조트산업의 발달단계에도 지대한 영향을 미쳤다.

과거에는 1세대형 리조트라 할 수 있는 온천이나 기후를 중시한 단순 요양목적의 소규모 리조트 개발이 우선이었다면, 1990년대부터는 레저인구의 증가로 인한 리조트 시장의 확대로 대기업들이 참여하는 2세대형 리조트로서 골프, 스키, 테마파크 등 휴양과 레포츠를 동시에 즐기려는 스포츠 체류형의 리조트 개발이 증가하였다. 그러나 2000년대 중반부터는 호텔 · 카지노 · 컨벤션 · 테마파크 같은 여러 시설을 단일 공간 안에 갖춘 3세대형 복합리조트(IR : Integrated Resort)가 등장하면서 세계 각국은 복합리조트 개발과 유치경쟁에 총력을 기울이고 있다.

이처럼 세계 각국이 리조트산업을 범국가적 새 성장 동력산업으로 인식하여 복합리조트 개발에 도전장을 내는 이유는 리조트산업이 관광객 유치와 일자리 창출을 통한 글로벌 내수부흥 효과가 탁월하기 때문이다. 특히 리조트 개발 7년여 만에 세계 1위 카지노 도시가 된 마카오와 2010년에 두 곳의 복합리조트를 개장하여 대박을 터트린 싱가포르의 성공모델은 아시아 각국의 복합리조트 경쟁을 촉발시키기에 충분하다. 싱가포르는 마리나베이샌즈 리조트와 센토사 리조트에서만 매년 1,500만 명의 관광객과 70억 달러(약 7조 원)의 매출을 일으키며 각종 신규일자리를 4만 개 이상 창출하고 있다. 2008년 싱가포르의 경제성장률이 -3.4%로 곤두박질쳤다가 두 리조트가 개장한 2010년부터 14.3%로 수직 상승한 것이 이를 증명하고 있다.

이외에 기존의 다국적 호텔그룹들도 리조트 시장으로 빠르게 진출하고 있다. 힐튼

그룹은 전 세계 27개국에서 70여 개의 'Hilton Hotels & Resorts'를 운영하고 있으며, 메리어트그룹 역시 전 세계 유명 휴양지에 'Marriott Hotel & Resorts' 브랜드를 운영하며 대규모 리조트호텔로 변신을 꾀하고 있다. 쉐라톤 · 웨스틴 등의 브랜드가 속해 있는 스타우드그룹은 리조트호텔의 체인 수가 확장되면서 자사의 브랜드명을 'Starwood Hotels & Resorts Worldwide'로 변경하였다. 또한 라스베이거스의 대형 카지노호텔들도 하나같이 '카지노 & 리조트호텔'로 변모하고 있으며, 호텔 내에 대규모 워터파크나 테마파크 등의 놀이시설을 복합적으로 갖추면서 가족여행객들에게 자사를 리조트호텔로 포지셔닝하고 있다.

이에 반해 우리나라는 2007년 말부터 경기도 화성시에 유니버설스튜디오를 유치해 아시아 최대 테마파크 리조트를 건설하겠다는 청사진을 발표했지만 토지보상 문제 등으로 사업계획이 지금까지 표류하고 있다. 또한 1996년에는 경기도 이천시에 아시아 1호 레고랜드를 건설하려다가 수질오염 등을 내세운 당국의 규제에 막혀 최근 강원도 춘천에서 2018년 완공을 목표로 다시 진행 중이다. 관광선진국의 리조트 개발을 한국의 리조트 개발 현실과 견줘보면 놀랄 만한 추진력이다.

이와 같은 사례에서 알 수 있듯이 이제 리조트산업은 한 지역이나 한 기업의 발전을 뛰어넘어 한 국가의 미래를 좌우하는 고부가가치 전략산업으로 성장하였다. 이러한 흐름에 발맞춰 국내 대부분의 관광관련 학과에서도 리조트산업의 중요성을 인식하여 이미 5~6년 전부터 리조트산업과 관련된 과목을 개설하여 운영하는 추세이다. 그러나 이러한 흐름과 달리 리조트경영과 관련된 교재개발은 아직도 미흡한 수준에 그치고 있다. 일부 교재가 있지만 여가와 레저스포츠에 관련된 단편적 이론에 그치거나 전문가 수준을 대상으로 하는 리조트 개발론에 치우쳐 리조트산업을 쉽게 이해하기 어려운 것이 현실이다. 이보다 더한 현실적 난제는 대학에서 공부하는 대부분의 학생들이 리조트를 충분히 경험하거나 근무해 본 적이 없는 상태에서 복잡한 개발위주의 교재를 먼저 배우기 때문에 교육적 목표를 충분히 달성하기가 힘들다는 것이다.

이러한 측면에서 본 교재의 기본 방향은 학생들이 리조트경영을 쉽고 흥미롭게 이해할 수 있도록 하는 데 충실하였다. 본서의 이해를 돕기 위해 몇 가지 특징을 소개하면 다음과 같다.

첫째, 리조트산업의 세계적인 흐름은 10년 전과는 비교할 수 없을 만큼 빠르게 변하고 있다. 그 대표적 사례는 싱가포르 마리나베이샌즈 리조트와 같은 복합리조트의 등장이다. 세계적 규모의 복합리조트들은 공통적으로 호텔 · 카지노 · 컨벤션 · 워터파크 등과 같은 4가지 이상의 다양한 테마를 한 단지에 복합화하는 추세이다. 따라서 본 교재는 복합리조트를 구성하고 있는 테마별 유형을 각 장으로 구분하여 설명하였다. 이에 그치지 않고 각 장에서는 리조트의 이론과 함께 국내외의 대표적인 리조트들을 선별하여 소개하였다.

둘째, 기존의 교재에서는 좀처럼 다루어지지 않았던 테마파크, 워터파크, 마리나리조트, 카지노리조트 등을 리조트의 주요 유형으로 추가하여 설명하였다. 워터파크의 경우 리조트를 구성하는 주요 테마이면서 세계적인 트렌드이기 때문에 테마파크의 범주에서 분류하여 별도로 설명하였다. 마리나리조트는 아직 국내에서는 생소한 단계이지만 관광선진국에서는 이미 활성화된 산업으로 향후 국내에서도 활성화될 것으로 예상되어 소개하였고, 카지노리조트의 경우에는 국내 카지노산업뿐만 아니라 세계에서 가장 성공한 카지노리조트로 인정받고 있는 세 곳을 선정하여 그들의 성공적 사례를 설명하였다.

셋째, 교재 전반에 300여 장의 관련 사진을 첨부하였다. 학생들이 리조트경영의 개념을 쉽게 이해하고, 오랫동안 기억하여 향후 현업에서 적용할 수 있는 능력을 배양시키기 위해서는 리조트경영론 교재에서부터 이러한 부분을 충족시켜 주어야 한다. 쉽게 이해하기 위해서는 이론적 내용과 함께 한 장의 사진이 더욱 효과적일 수 있기 때문에 리조트의 외부 전경부터 내부 업장까지 다양한 사진을 첨부하였다.

넷째, 본론의 내용 중 이론적인 내용이 복잡하거나 추가적인 설명이 필요한 부분은 이해하기 쉽도록 연도별 · 내용별로 정리하여 그림이나 도표로 보충설명하였다. 따라서 교재 전반에 75개의 도표 및 그림 자료가 첨부되었으며, 이번에 개정2판을 준비하면서 최신 자료를 수집하여 업데이트시켰다.

마지막으로 본 교재의 전문성과 완성도를 높이기 위해 각사 리조트의 홍보실로부터 관련 자료와 사진 등의 협조를 받았다. 그 외에 별도로 필요한 자료는 관광관련

잡지나 홈페이지를 검색하여 자료를 발췌하였다.

그러나 이와 같은 저자의 노력에도 불구하고 미흡한 부분이 있을 수 있으며 부족한 내용은 향후 수정과정을 거쳐 모자람을 채울 것이다. 본 교재가 개정2판으로 완성되기까지 많은 분들의 협조가 뒷받침되었다. 일일이 찾아뵙고 인사를 드려야 하지만 우선 지면을 통해 감사의 마음을 전한다. 끝으로 본 교재가 리조트경영을 접하고 배우고자 하는 학생들에게 좋은 안내서가 되기를 희망한다.

저자 유도재

차 례

제3장 리조트의 유형과 특징

제4장 리조트 개발

제5장 스키리조트

제6장 테마파크

제7장 워터파크

제10장 골프리조트

제11장 카지노리조트

Introduction to
Resort
Management

제 1 장
리조트의 이해

제1절 리조트의 정의

1. 개념상의 정의

리조트는 '사람들을 위해 휴양 및 휴식을 제공할 목적으로 일상생활권을 벗어나 자연경관이 좋은 지역에 위치하며, 레크리에이션 및 여가활동을 위한 다양한 시설을 갖춘 종합단지(Complex)'를 의미한다.

영국의 옥스퍼드 사전에 의하면 리조트를 'a place often visited for a particular purpose'로 해석하고 있는데, 이를 설명하면 '특별한 목적(휴가 · 건강회복 등)을 위해 사람들이 찾아가는 곳으로서 종합레크리에이션센터 또는 종합관광지라고 부를 수 있는 장소'를 의미한다.

또한 미국의 웹스터 사전에 의하면 'a place to which people go often or generally, esp. one for rest or recreation, as on a vacation'으로 해석하고 있는데, 이는 '사람들이 휴가 시, 휴식과 레크리에이션을 위하여 많이 방문하는 곳'으로 정의할 수 있다.

비슷한 의미로 사용되고 있는 리조트타운(resort town)이나 리조트랜드(resort land)의 의미는 '어느 기간 일상생활 군(群)을 떠나서 자연자원의 혜택을 받는 지역에 보양을 목적으로 체재하는 사람들을 위해 다양한 선택권이 부여되는 여가활동을 위한 제반시설이 계획적으로 구비되어 있는 곳'이라 할 수 있는데, 이 같은 의미는 레저시설이 비교적 집약되어 단지적인 성격을 띤 지구(地區)라고 할 수 있다.

이와 같이 리조트를 사전적 의미로 해석할 때는 '자주 가는 곳'이라는 정도로 포괄적으로 해석할 수 있으며, 프랑스에서는 통상적으로 '방문한다'라는 의미 정도로 해석되고 있다. 특히, 리조트의 발생지역인 프랑스에서는 북으로 갈수록 연간 일조시간이 짧아지기 때문에 여름이 되면 태양을 찾아 남유럽 방면으로 대이동을 하는 습관이 있다. 그곳에는 여러 가지 다양한 레저시설이 있는 것도 아니고, 단지 일광욕을 즐기든지, 가벼운 스포츠를 하는 정도이다. 일광욕 그 자체가 귀중하기 때문에 의외로 리조트의 첫 출발은 프랑스인들의 단순한 일광욕이었는지도 모른다.

이와 같은 리조트의 개념상 정의들을 종합하여 본서에서는 리조트를 '자연경관이 수려한 일정규모의 지역에 관광객의 욕구를 충족시킬 수 있는 현대적 복합시설이 갖추어진 지역으로서, 인간심신의 휴양 및 에너지의 재충전을 목적으로 개발된 활동중심의 체류형 종합휴양지'라고 정의한다.

2. 규정상의 정의

1) 일본의 종합휴양지역정비법

일본의 「종합휴양지역정비법」에 규정되어 있는 리조트의 정의를 살펴보면 리조트란 '양호한 자연조건을 가진 토지를 포함한 상당규모(15ha)의 지역으로, 국민이 여가 등을 이용하여 체재하면서 스포츠, 레크리에이션, 교양문화활동, 휴양, 집회 등 다양한 활동을 할 수 있는 중점 정비지역(약 3ha)이 수 개소 정도 존재해 그것이 상호 간에 연결되어 유기적인 연대를 가지는 일체적인 지역'으로 규정하고 있다.

이 정의에 의하면 리조트는 ① 체재성, ② 자연성, ③ 휴양성(보양성), ④ 다기능성, ⑤ 광역성 등의 요건을 겸비하고 있어야 하는 것으로 해석할 수 있다. 즉 하나의 요건만 만족시켰다고 해서 모두 리조트라 할 수는 없는 것이다.

2) 한국의 관광진흥법

우리나라의 경우, 법 규정상 리조트라는 개념에 정확히 상응하는 규정은 없으나 유사한 개념으로 「관광진흥법」에서 규정하는 '종합휴양업(綜合休養業)'에 의해 '종합관광지(綜合觀光地)' 또는 '종합휴양지(綜合休養地)'라는 용어들로 정의할 수 있다.

종합휴양업이란 '국민의 건전한 여가선용을 위하여 일정한 장소(원칙적으로 165,000m² 이상)에 민족문화 자원의 소개시설, 유희 · 오락시설, 식음시설, 숙박시설, 기타 휴양시설 등을 복합하여 운영하는 사업'으로 규정하고 있다.

진정한 리조트의 요건을 갖추기 위해서는 사실 관광지나 관광단지로 지정을 받아야 하지만, 그 규정상 여러 시설이 요구되어 초기 투자 등의 문제로 인해 국내 리조트의 대부분은 사업시행 시 관광지나 관광단지로 지정받지 않고 있다.

하계형 리조트와 동계형 리조트가 주류인 우리나라의 경우 리조트 단지라기보다는 건축물 위주의 스포츠클럽하우스 성격이 강하다. 이러한 것들은 시설별로 개별법에 의해 허가를 받고 사업추진 시에 「관광진흥법」에서 규정하는 종합휴양업이나 전문휴양업으로 등록을 하는 경우가 많다.

즉 체육시설과 휴양시설 등을 주기능 시설로 사업허가를 받고 그 이외의 부기능 시설로 관광시설을 다시 허가받아 집합화하면 리조트로의 기능을 갖춘 관광사업 또는 휴양시설이 되는 것이다. 이런 경우는 우리나라에서 가장 흔하게 사용되는 방법이기도 하다.

예를 들면 스키장의 경우, 스키시설을 주기능으로 하고 골프시설, 콘도미니엄, 휴양시설 등을 부기능으로 '단지화'하는 경우인데, 각 개별시설은 해당법에 의하여 사업승인을 받아 단지화하거나 「관광진흥법」에 의하여 종합휴양업이나 전문휴양업으로 사업승인을 받은 경우이다.

〈표 1-1〉 관광객 이용시설업의 등록기준

구 분	내 용	기 준
전문휴양업	민속촌, 등록체육시설업(스키장, 골프장, 보트장 등 9개 업종), 해수욕장, 수렵장, 동물원, 식물원, 수족관, 산림휴양시설, 온천장, 동굴자원, 수영장, 농어촌휴양시설, 요트장, 활공장, 박물관, 미술관	각 개별법에 의한 개별 시설기준 참조
종합휴양업	제1종	전문휴양업 또는 종합유원시설업에 해당하는 시설을 2종 이상 갖추고 그 등록기준에 적합할 것
	제2종	① 면적 : 단일부지로 500,000㎡ 이상 ② 숙박시설은 관광숙박시설일 것 ③ 2종류 이상의 전문휴양업 또는 2종류 이상 종합유원시설업을 갖출 것 ④ 내 · 외국인 관광객들이 쾌적하게 즐길 수 있는 다양한 위락 · 휴양시설과 안락하게 쉴 수 있는 숙박, 휴게시설 등을 복합적으로 갖출 것

3. 유사개념과의 구분

국내에서는 외국용어의 이해부족으로 인해 '리조트'의 의미가 상당히 넓게 적용되고 있으며 관광지나 레저 등 유사한 내용과 혼동되어 사용되고 있다. 리조트란 개념과 유사한 개념을 갖고 있는 여러 가지 단어들에 대한 명확한 개념의 이해와 용어의 구분이 필요하며 그 내용들을 정리하여 살펴보면 다음과 같다.

1) 여 가

직업이나 생활양식에 따라 다소 다르겠지만 일반적으로 인간은 일상생활이 반복되는 사이클을 벗어나지 않는다. 그리하여 인간의 생활시간은 보통 1일 24시간이라는 절대적인 시간의 한계 속에서 생활필수 시간과 노동시간 등의 구속시간을 뺀 나머지를 자유시간으로 볼 수 있다.

이러한 생활시간의 배분은 여가의 속성을 이해함에 있어 기초적인 틀을 제공하고 있는데, 여가에 대한 정의를 추가적으로 살펴보면 다음과 같다. 영국의 여가사회학자 파커(Parker)는 『현대사회와 여가』에서 여가란 '1일 생활 총 시간에서 노동시간, 생리적 필수시간, 의무시간 등을 제외한 나머지 잔여시간'으로 정의하고 있다. 사회학 사전에서는 여가를 '1일 24시간 중 노동, 수면, 기타 필수적인 것에 소요된 시간을 제외한 나머지 잉여시간(surplus time)'으로 정의하고 있다.

국내에서는 엄서호와 서천범이 『레저산업론』에서 여가란 '일과 수면, 식사 등 생활필수 시간을 제외하고 개인이 활용할 수 있는 가처분 시간'으로 정의하고, 여가는 레저가 발생할 수 있는 기회 즉 자유시간을 제공하며, 선진사회일수록 여가의 많은 부분이 레저에 할당된다고 하였다. 또한 레저는 일의 영역 밖에 있는 여가시간 내에 발생하는 목적지향적인 여가활동으로 선진국에서 레크리에이션으로 정의되는 활동과 유사하다고 하였다. 따라서 여가는 레저의 상위개념이고 레저의 필수조건으로 인정된다고 할 수 있다.

2) 레 저

레저(leisure)는 참가의 주된 목적이 의식주 문제의 해결이 아닌, 집을 떠나 행해지는 자발적인 여가활동으로 정의되고 있다. 선진국에서는 레크리에이션(recreation)으로 정의되는 활동과 유사하다. 인간생활의 영역을 일의 영역과 여가의 영역으로 구분할 때, 레저는 여가의 영역에 속하며, 이러한 여가의 영역에서 다양한 활동들이 이루어진다.

이와 관련하여 사회학자인 Dumazedir은 『레저의 사회학』에서 인간의 활동을 다음과 같이 4가지 유형(보수가 있는 일, 가족 간의 의무, 사회 · 종교적인 의무, 자아실현과 자기표현 중심적인 활동)으로 구분하면서 레저란 네 번째 유형에 속한다고 주장했다. 또한 레저는 자아향상의 목적을 위해 선택되는 활동이기도 하다. 레저는 분명한 목적성을 지니며, 그 목적이란 자기표현, 기분전환, 그리고 자기개발과 연관되어 있기도 하다.

그러나 가족, 친구, 국가, 종교와 관련된 사회적 기대를 충족시키는 활동은 레저의 범위에서 제외된다. 레저가 일반적으로 일과는 구분된다는 인식의 전제하에 사회적 상호관계에서 발생하기 때문에 레저는 상대적으로 자유로운 활동으로 간주하고 있다.

이러한 관점에서 볼 때 어떤 활동도 그 형태만으로 항상 레저가 될 수는 없으며, 어떤 주어진 조건하에서는 의무가 될 수도 있다. 그러므로 활동으로써 레저의 정의는 첫째, 어떤 활동이 자유를 전제로 자발적으로 선택될 때 레저가 되는 것이다. 둘째, 육체적 · 정신적인 면에서 재충전을 시켜주는 것이며, 적극적인 참여를 요구하는 활동에 의해 어떤 것이 발생할 때 레저가 된다. 이러한 레저활동의 수요가 증가하게 되면 레저산업의 범위도 넓어지게 된다.

3) 레크리에이션

레크리에이션(recreation)은 본래 회복(recovery, restoration)에 관하여 설명하는 라틴어의 '레크레티오(recretio)'에서 유래된 말로 '에너지를 재창조하거나, 기능을 발휘하도록 하는 인간능력의 회복'을 의미하였다. 웹스터 사전에서는 '힘써 일한 후 체력과 정신을 회복시켜 주는 기분전환'이라고 하였으며, 옥스포드 사전에서는 '자신이나

타인의 기분을 전환시키는 행동이나 즐거운 일, 심심풀이, 오락 등으로 기분전환이 되는 사실'로 정의하고 있다. 레저와 달리 육체와 정신, 그리고 영혼의 완전한 회복의 개념을 포함하고 있다.

그러나 이러한 것이 레크리에이션과 레저의 유일한 차이를 나타내는 것은 아니다. 레크리에이션은 일반적으로 사회적 목적을 위해 사교적으로 조직화된 활동을 언급한다. 레저를 자유시간으로 정의할 때 레크리에이션은 그 시간 내에 행해지는 활동으로 언급할 수 있다.

4) 관광지와 리조트

관광지라 함은 시각적인 측면의 목적이 강하고 방문이나 구경이 주 활동요소가 되며 주로 문화·역사지역들이 해당된다. 레저는 체험적인 측면의 활동으로 주로 스포츠와 관련된 것들로 구성되며, 리조트와 크게 다른 것은 일반적으로 숙박시설이 존재하지 않는 것이다. 이로 인해 체재성이 결여된다는 차이점이 있다.

반면에 리조트는 휴양 및 사교의 목적이 강하고, 장기 체재형으로서 멀리 떨어진 곳에 주로 시설이 형성되어 있다는 것이다. 이와 같이 관광, 레저, 리조트의 세 가지 개념들이 모두 집객업에 관계하는 용어들로서 중복되는 부분도 적지 않으나, 각 현상들이 지니고 있는 특성들을 항목별로 분류해 보면 〈표 1-2〉와 같다.

〈표 1–2〉 관광지, 레저 시설, 리조트 시설의 의미 비교

구 분	관광지	레저 시설	리조트 시설
목 적	시각적인 측면 (방문·구경 위주)	체험적인 측면 (스포츠, 오락 위주)	복합적인 측면 (휴양, 사교 위주)
체재기간	방문형	단일체재형	장기체재형
숙박시설	단체대상, 저렴성	없는 것이 일반적	가족단위, 서비스형
입 지	역사문화유적, 자연관광명소형	도심지 근교형	자연의 원형이 남아 있음
시설형태	별점형	특정 단일형	인위적인 원거리형, 다종 복합형

제2절 리조트의 성립요건과 구성요소

1. 리조트의 성립요건

리조트의 행위패턴을 형성하는 요인은 근본적으로 경제력과 자유시간이라고 할 수 있다. 양 요소의 소유 정도에 따라 선호하는 리조트 행위가 달라지는 경향이 있고, 여기서 경제력을 종축(縱軸)으로 하고, 자유시간을 횡축(橫軸)으로 하여 분류해 보면 [그림 1-1]과 같다. 즉 경제력이 높고 시간이 많을수록 골프와 크루징과 같은 고급 실외 스포츠와 관련된 리조트를 선호하게 되며, 경제력이 낮고 시간이 적을수록 실내에서 할 수 있는 영화감상이나 실내오락 등이 선호되는 행위패턴을 보이고 있다.

[그림 1-1] 리조트의 선호패턴 유형

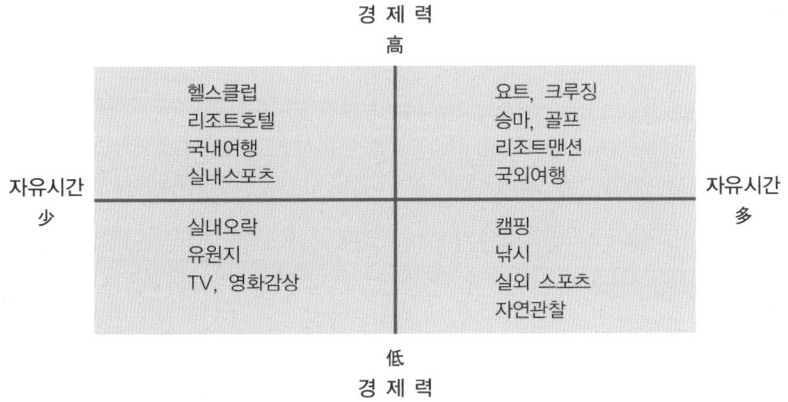

경 제 력
高

자유시간 少	헬스클럽 리조트호텔 국내여행 실내스포츠	요트, 크루징 승마, 골프 리조트맨션 국외여행	자유시간 多
	실내오락 유원지 TV, 영화감상	캠핑 낚시 실외 스포츠 자연관찰	

低
경 제 력

자료 : http://www.gisco.re.kr 참조.

이와 같은 행위패턴을 근거로 각 리조트가 갖추어야 할 기본적인 성립요건은 체재성, 자연성, 휴양성, 다기능성, 광역성 등의 요건을 겸비하여야 한다. 이러한 요건을 기본으로 리조트는 대도시의 중심지, 근교 어느 곳에나 위치할 수 있으며, 중 · 소도시(내륙 및 강변, 해변)에도 조성이 가능하다. 도시에서는 도시공원의 형태로써, 해수욕장 근처에서는 해변리조트로서 개발될 수 있는 것이다.

이러한 기본적인 요건을 갖춘 후 리조트가 성립될 수 있는 요건은 일반적인 환경 요소와 장소가 갖는 고유의 요건을 충족하여야 한다.

〈표 1-3〉 리조트의 성립요건

구 분	내 용
일반적 요건	· 자연환경이 양호할 것 · 교통편의 접근이 용이할 것 · 충분한 서비스를 받을 수 있을 것 · 비용이 저렴할 것
고유의 요건	· 장기체재가 가능한 숙박시설이 있을 것 · 순수자연 또는 문화와의 접촉이 가능한 공간이 필요 · 문화, 교양의 분위기가 있을 것 · 다양성을 지닌 레저활동 기능의 공간이 필요 · 단순 집객소(集客所)가 아닌 사교성이 있을 것

2. 리조트의 기본시설

1) 숙박시설

숙박의 유형과 제공되는 서비스에 따라 숙박시설을 다양하게 분류할 수 있지만, 본서에서는 국내 리조트 숙박시설의 주요 형태인 호텔과 콘도미니엄, 유스호스텔을 중심으로 설명하고자 한다.

(1) 호텔

국내 리조트에서도 빠르게 변화하는 고객의 욕구를 세분화하여 대처하기 위해 리조트 단지 내에 일반인을 위한 콘도미니엄 숙박시설 외에 고급 숙박고객을 위해 호텔시설을 별도로 건설하고 있는 추세이다.

국내 리조트 중에서는 용평리조트가 용평의 중심부에 특2급의 드래곤밸리호텔을 운영하고 있는데, 세련된 실내 인테리어와 격조 높은 스위트룸을 비롯한 객실과 다양한 부대시설을 운영하고 있다. 또한 휘닉스파크의 경우, 레저와 비즈니스를 동시에 할 수 있는 본격적인 리조트호텔로서 세미나와 워크숍이 가능한 특2급 호텔을 운영하고 있다. 무주덕유산리조트는 알프스풍의 특1급 티롤호텔을 운영하고 있는데, 오스트리아풍의 스토브(stove)가 연출하는 이국적이고 낭만적인 객실분위기와 욕실내의 고급욕조가 인상적이다. 이외에도 하이원리조트에서는 강원랜드호텔(특1급), 컨벤션호텔(특1급), 하이원호텔(특2급) 등 3개의 특급호텔을 운영하고 있으며, 알펜시아리조트에서도 인터컨티넨탈리조트호텔과 홀리데이인리조트호텔 등 2개의 특1급 호텔을 운영하고 있다.

▲ 무주덕유산리조트는 고급숙박시설로서 알프스풍의 특1급 티롤호텔을 운영하고 있다(무주덕유산리조트 티롤호텔 전경).

(2) 콘도미니엄

콘도미니엄(condominium)은 호텔과 달리 객실 내에 숙박과 취사기능이 동시에 구비되어 있어 여가관광객들의 숙박시설로 선호도가 높다. 따라서 여가활동을 즐기는 관광객들이 자주 방문하는 리조트에서 가장 일반적으로 이용되는 숙박시설의 형태이다. 국내 리조트의 대부분이 숙박시설의 형태로서 콘도미니엄을 리조트 단지 내에 보유하고 있으며, 리조트의 규모에 따라 100실에서 1,000실까지 보유하고 있다.

콘도미니엄의 특징은 경치가 좋은 해변, 골프장, 스키장 등 휴양지에 위치하며, 대부분 레저연계(interval membership)나 시간배분제(time-sharing membership)로 운영되는 게 특징이다.

시간배분제는 유럽과 남미에서 시작된 것으로 1개의 객실을 여러 명에게 판매하는 영업방식이다. 이것은 휴가를 즐기려는 사람들에게 저렴한 비용으로 휴가를 보낼 수 있도록 하기 위한 제도라고 할 수 있다. 국내 리조트의 콘도미니엄은 이러한 휴양콘도미니엄에 속한다.

▲ 콘도미니엄은 숙박과 취사가 동시에 가능하여 리조트를 방문하는 숙박객들에게 인기가 좋다(보광휘닉스파크 콘도미니엄 전경).

(3) 유스호스텔

유스호스텔이란 여행자가 매우 저렴한 가격으로 안전하고 편안하게 머물 수 있는 장소일 뿐만 아니라 세계 각국의 친구를 사귐으로써 진정한 국제우호를 실현할 수 있는 '젊은이의 숙소'를 의미한다.

유스호스텔 숙박시설은 경제적인 이유로 기본시설만 갖추게 되며, 각종 시설은 공유하도록 되어 있다. 공동시설로는 체육시설, 야외활동시설, 강당, 자가 취사장 등의 편의시설이 있으며, 개인 및 단체들을 위한 다양한 프로그램도 준비되어 있다.

이러한 유스호스텔의 특성상 학생들의 수련활동, 수학여행, MT단체 등을 유치하기가 수월하여, 국내의 몇몇 리조트에서는 유스호스텔 사업허가를 별도로 취득하여 리조트 단지 내에 유스호스텔을 숙박시설로 운영하고 있다.

▲ 리조트의 유스호스텔은 수련활동 등을 위해 방문하는 학생단체들이 주로 이용하는 숙박시설이다(웰리힐리파크 유스호스텔 객실 전경).

2) 식음료시설

고객들의 식습관과 기호의 변화는 리조트에 있어 식음료시설의 디자인과 운영에 상당한 영향을 주었다. 정해진 시설 내의 식당에서 의례적인 식사를 반복하는 것으로부터 멀어지는 추세이다. 따라서 다양화된 개인의 선호도에 따라 더 많은 기회가 제공되어야 한다.

최근에는 리조트기업들이 여러 개의 레스토랑을 운영하는 데서 생기는 어려움을 해소하고, 분산된 주방과 저장시설, 그 밖에 지원시설의 수와 규모를 줄이기 위해 많은 양의 음식을 동시에 조리할 수 있는 대형 메인 주방을 배치하여 집중적으로 처리하는 추세이다.

▲ 대규모 리조트일수록 고객의 취향을 고려하여 다양한 식음료업장을 운영하고 있다(무주덕유산리조트 뷔페식당 전경).

3) 스포츠시설

리조트가 도심지 관광호텔과 구별되는 가장 큰 특징 중 하나는 다양한 스포츠시설을 구비하고 있다는 점이다. 스포츠시설 계획에 있어서 고려되어야 할 사항은 이용객의 유형과 그 지역의 기후조건, 그리고 강조하고자 하는 리조트의 이미지 등이다.

특히 골프, 스키, 테니스, 볼링 등 주요 스포츠시설은 고객의 기호와 선호도에 따라 선정되어야 하며, 수영장이나 각종 수상스포츠시설은 리조트가 위치한 지역의 날씨와 자연환경에 큰 영향을 받는다. 일반적으로 리조트가 갖추어야 할 스포츠시설을 살펴보면 다음과 같다.

(1) 운동장

운동장과 잔디밭은 리조트 개발에 부수적으로 조성되는 경우가 많으며, 어른과 아이들 모두가 이용한다. 이용가능한 스포츠로는 간단한 기구 외에 별도의 시설이 필요 없는 배드민턴, 배구, 농구, 족구 등이 있으며, 그 외에 다양한 용도(캠프파이어, 야외콘서트, 야외극장, 단체 야외행사장 등)로 사용할 수 있다. 그래서 대부분의 리조트에서는 대형 운동장이나 잔디구장을 구비하고 있다.

▲ 리조트의 운동장시설은 다양한 야외활동을 위한 장소로서 활용도가 높다(① 무주덕유산리조트 운동장 ② 웰리힐리파크 운동장 전경).

(2) 골프장

골프장은 일반적으로 지형의 특성에 따라 산악형, 내륙형, 해안형으로 분류할 수 있으며, 이용형태에 따라 회원제 골프장(membership course)[1]과 퍼블릭 골프장(public course)[2]으로 구분된다.

1) 회원제 골프장은 회원을 모집하여 회원권을 발급하고 예약에 의해 이용하는 골프장으로 대부분의 회원제 골프장은 19홀 이상의 규모로 운영되고 있다. 따라서 회원권 분양을 통해서 투자자금을 초기에 회수하는 것이 용이하다. 회원제 골프장을 규모별로 분류하면 18홀, 27홀, 36홀로 구분한다.

2) 퍼블릭 골프장은 회원을 모집하지 않고 도착순서나 예약에 의해 이용하는 골프장으로 누구나 이용할 수 있고 이용요금도 저렴한 편이다. 그러나 투자비 회수에 장기간이 소요되는 단점이 있다. 퍼블릭 골프장은 규모별로 3~8홀 이하의 간이골프장, 9홀의 일반 퍼블릭 골프장, 18홀 이상의 정규 퍼블릭 골프장으로 구분한다.

대명비발디파크 골프클럽

▲ 보광휘닉스파크 골프클럽

국내 골프산업은 골프인구의 급증에 따른 초과수요 현상과 그린피(이용료) 인상 등으로 활황국면을 유지하고 있으며, 국내 리조트기업들도 높은 수익성으로 인한 비수기 타개책과 부유층을 유인하는 매력요인으로 리조트 건설 초기부터 골프장 건설을 추진하고 있다.

현재 용평리조트, 휘닉스파크, 대명비발디파크, 무주덕유산리조트, 한솔오크밸리, 하이원리조트, 알펜시아리조트 등의 대형리조트에서는 공통적으로 골프장을 보유하고 있다.

(3) 수영장 및 사우나

수영장은 모든 유형의 리조트에서 꼭 필요한 시설이며, 보통 사우나, 마사지룸, 피트니스센터와 복합적으로 구성된다. 산지리조트나 추운 지역에 위치한 리조트의 경우 온수 제공을 기본으로 하고, 규모가 큰 풀은 수온을 유지하고 날씨에 상관없이

▲ 최근에 개장하는 리조트일수록 스파와 물놀이 시설 등을 동시에 갖춘 워터파크 형태의 복합시설을 필수로 운영하는 추세이다(단양대명콘도의 아쿠아월드 전경).

실내화(室內化)하고, 작은 규모의 풀과 별도의 얕은 수심의 풀은 어린이나 수영을 못하는 이용자의 강습을 위하여 필요하다.

수영장은 단지 스포츠만을 위한 시설이 아니라, 휴식, 일광욕, 오락 같은 많은 행위를 수용할 수 있다. 또한 야외만찬이나 바(bar)의 배경무대로도 쓰일 수 있다. 그래서 대부분의 리조트에서는 실내·외 수영장을 리조트 단지 내에 설치하여 운영하고 있다.

(4) 동계형 스포츠시설

우리나라의 대표적인 관광시즌은 주된 이용시기가 봄, 여름, 가을에 편중되어 있으며, 겨울철에 이용할 수 있는 휴양시설로는 스키리조트 정도이다. 사계절형 리조트로서의 기준을 충족하기 위해서는 관광비수기인 겨울철에도 방문객들이 즐겨 이용할 수 있는 동계형 레저시설을 구비하는 것이 필요하다. 대표적인 동계형 스포츠시설로는 눈썰매장과 스키장시설을 들 수 있다. 국내 대규모 리조트기업들도 스키장과 눈썰매장을 운영하고 있다.

VIVALDI PARK

▲ 야외테마파크인 에버랜드는 겨울철 비수기를 극복하고 고객유치를 위해 눈썰매장을 운영하고 있다(에버랜드 눈썰매장 전경).

▲ 스키장은 리조트의 대표적인 동계형 스포츠시설이다(엘리시안강촌리조트 스키장 전경).

(5) 기타 시설

문화 · 위락 시설에는 위의 시설 이외에도 리조트의 매력을 증가시키기 위해 또는 기후나 자원의 제약을 극복하기 위해 여러 시설물들이 존재한다. 여기에 포함되는 시설로는 축제나 전시회를 위한 다목적 홀[3], 야외극장, 체육시설, 식물원, 동물원 등을 들 수 있다.

▲ 리조트의 보조상품이라 할 수 있는 다목적 시설물들은 리조트의 매력을 증진시키고, 기후나 자원제약을 극복해 주는 요소이다(① 에버랜드 사파리 ② 웰리힐리파크 다목적홀 ③ 웰리힐리파크 이벤트 무대 ④ 웰리힐리파크 실내체육관).

3) 다목적 홀은 버라이어티 콘서트, 현대 클래식 및 음악회, 사교모임, 토속적 행사, 컨벤션 등의 용도로 이용된다. 다목적 홀의 크기는 200㎡에서부터 1,000㎡까지 리조트의 규모에 따라 결정되며, 최근에는 호텔의 컨벤션센터와 다른 여러 가지 문화시설이 병합되기도 한다.

Introduction to Resort Management

제 2 장 리조트의 발전사와 발달배경

제1절 서양 리조트의 발달사

1. 리조트의 시초

인류문명과 함께 여행과 숙박의 관계는 상호 필연적으로 존재해 왔다. 그러나 언제, 어디서 여행자들을 위한 숙박시설이 최초로 생겨났는지는 아무도 단정지을 수 없을 것이다. 또한 언제, 누가 처음으로 여행을 시작하였는지도 알 수 없다. 다만 문헌상의 기록이나 구전, 역사적인 유물들로 추정할 수밖에 없을 것이다.

리조트의 발생은 로마제국에서 널리 유행하였던 '스파(spa)'나 '욕장(bath)'에서 그 기원을 찾을 수 있다. 스파는 리조트의 선구자적인 역할을 하였고, 거의 같은 형태로 유럽지역에 계속 존재하며 현대의 리조트 발달에 커다란 영향을 미쳐왔다.

일찍이 관광역사의 정점은 로마제정 시대부터이다. 당시 로마시대의 군사 및 정부조직은 제국주의 제도하에서 군사적으로는 물론 정치 · 문화적으로 서양문명에 지대한 영향을 미치고 있었다. 지중해 연안의 분쟁 속에서도 대체로 여행의 안전과 자유는 오랫동안 보장되면서 여행이 성행하였던 것이다. 또한 거대한 영토의 지배와 무역의 확대는 경제성장을 촉진하여 상품과 서비스의 수요를 증가시키고 있었다. 이때 무역목적에 따른 중산층의 여행증가는 종교, 위락, 요양 등의 목적에 따른 여행증가로 이어져 국내 또는 세계 관광을 확대시키는 데 영향을 미쳤다.

이러한 여행객들의 이동에 따라 숙박시설도 민가로부터 나폴리(Naples)를 중심으로 한 해변이나 경치가 좋은 산언덕 또는 온천을 무대로 별장이 건립되면서, 로마시대의 휴양지관광은 오늘날의 관광사업을 형성하는 데 큰 공헌을 하였던 것이다. 그 시대의 휴양처(villas)는 오늘날 리조트로서의 특징을 지니고 있었다.

그러나 기원전 5세기경 로마제국이 붕괴되면서 치안이 혼란해지고, 도로가 황폐화되고, 화폐경제로부터 실물경제로 역행되는 관광의 악조건이 작용하여 소위 관광의 공백시대로 전향되고 말았다. 이후 스파(spa)는 수세기 동안의 침체기를 거쳐 16세기 초 영국에서 온천지역을 중심으로 발달하기 시작했다.

2. 온천리조트의 등장

16~17세기 유럽에서 또 하나의 중요한 발전은 온천휴양지의 출현을 들 수 있다. 16세기 초부터 영국에서는 부유층을 겨냥한 온천지 개발이 확대됨으로써 온천리조트의 편의시설이 증가하고 온천지의 이용이 대중화되기에 이르렀다.

영국의 온천지역은 당시 부유층들에게 치료와 휴양, 위락의 장소로서 인기가 대단하였다. 그 당시 부유층들이 주로 이용하던 온천지역으로는 턴브리지웰스(Tunbridge Wells), 엡솜(Epsom), 미들랜드 스파(Midland spa), 벅스턴(Buxton) 등지였다. 이러한 온천들이 18세기에 접어들면서 급격히 발전하였는데, 여러 온천리조트 중에서도 미들랜드 스파(Midland Spa)는 남북 어느 지방의 것보다 유명하여 휴양지로서의 모든 설비를 갖추고 있었다.

19세기에 들어서면서 유럽지역에서는 여러 형태의 전통적 리조트 시설들이 발달하기 시작했는데, 당시 리조트의 특징은 현대적 리조트의 특징과 매우 흡사하게 발달했으며 그 특징을 살펴보면 다음과 같다.

- 건강과 오락을 위한 온천 중심의 스파리조트
- 폐결핵 등의 치료를 위한 온화한 지역의 리조트
- 산세가 수려한 산악지역에 위치한 산악형리조트
- 치료와 수상레저를 위한 해안형리조트

이러한 전통적인 리조트들은 기존의 마을이나 도시에서부터 발달하기 시작하여 마을 자체를 변화시키거나 인접지역으로 확장되기도 하였다. 리조트의 위치는 주로 교통수단에 의하여 결정되었으므로 산지형 리조트는 이동수단의 제약에 의하여 고도가 높지 않으면서 산세가 수려한 곳에 한정되었다.

기타 여러 가지 리조트 관련 시설들은 당시 상대적으로 숫자는 적었지만 규모가 크고 많은 사람들이 이용하기 편리한 해변 또는 호숫가의 리조트에 집중되었다. 리조트 내에서의 숙박은 호텔이나 하숙집, 임대한 방의 형태로 제공되었으며, 오락과 다른 시설들은 호텔 운영자들에 의해 제공되었다.

3. 20세기의 리조트

20세기 들어서 사람들의 수입이 증가하고 생활의 여유가 생기고 유급휴가가 늘면서 중산층에게도 리조트 접근이 가능하게 되었다. 보다 많은 사람들이 태양과 바다와 눈(雪)을 찾게 되었으며, 이로 인해 리조트는 성장 붐을 타고 호텔과 마찬가지로 여러 종류의 수요자들을 만족시키기 위해 좀 더 세분된 형태로 발전하게 되었다.

1924년 프랑스 동부 샤모니(Chamonix)에서 열린 올림픽경기를 계기로 처음 스키 리조트가 생겨났으며, 1930년 이후 빠른 성장의 길을 걷게 되었다. 하지만 이러한 급격한 성장은 거대한 규모의 건물개발로 인해 기존 주변건물과의 부조화, 열악한 숙박시설의 만연, 대규모 트레일러 주택(caravan)단지에 의한 경관 파괴, 교통과 서비스를 위한 오픈스페이스의 부족, 인프라시설 부족에 의한 환경오염 등의 문제점들이 드러남으로써 새로운 형태의 리조트가 생겨나는 계기가 되었다.

종합개발계획에 의해서 지어진 리조트의 예는 리조트 붐이 조성되기 이전인 1930년에 최초로 시작된다. 새로운 형태의 리조트는 기존의 개발로부터 제약을 받지 않는 위치에 적정한 규모와 성격을 갖출 수 있도록 계획되고 프로그램화되었다. 이러한 종합개발계획에 의한 리조트는 시장성과 개발이익 두 가지를 동시에 만족시킬 수 있도록 계획되면서 전통적인 리조트들이 수세기에 걸쳐 이루어놓은 것을 단지 몇 년 안에 이루어내기도 한다.

제2차 세계대전 이후에는 리조트의 규모가 점차 커져서 멕시코의 칸쿤(Cancun)과 같은 대형종합리조트가 출현하였으며, 가까운 곳에서 주말을 즐기기 위한 새로운 타입의 도시형 리조트 또한 개발되고 있었다. 칸쿤과 같은 도시형 리조트는 도심부 또는 인접한 해변이나 호숫가에 실내·외 수영장과 고급 헬스클럽을 갖추고 단기 여행자나 편리함을 추구하는 고객을 대상으로 개발되며, 시간과 여행비용을 절약할 수 있는 장점을 가지고 있다.

4. 현대의 리조트

현대인들에게 있어 삶의 질에 대한 가치관의 변화와 사회적 동기는 획기적인 교통수단의 발달과 수입증가, 여가시간 증대 등과 더불어 리조트산업 발달에 큰 영향을 미치고 있다.

과거에는 온천이나 기후를 중시한 요양, 보양 목적의 리조트 개발이 우선이었으나 현대에는 골프, 스키, 테니스, 요트, 수영을 비롯한 스포츠활동을 즐기려는 활동형의 욕구가 높아져 복합형 리조트가 증가하고 있다.

현대 들어 개발되는 복합리조트의 시설적 측면을 살펴보면 나름대로의 차별성 확보를 위하여 총력을 기울이고 있다. 가장 중요한 숙박시설의 경우 통나무집 형태의 로지(lodge), 가족호텔, 관광호텔, 콘도미니엄 등의 다양한 상품을 개발하여 이용자들에게 제공하고 있는데, 이 중에서 로지나 관광호텔의 경우 숙박객의 수용력이 한정적이고 상품의 가격이 매우 높아 이용계층이 상류층으로 한정되고 있다.

반면 가족호텔이나 콘도미니엄 등은 가격대가 저렴하여 대중적인 숙박상품으로 폭넓게 제공되고 있다. 특히 콘도미니엄의 경우에는 숙박과 취사가 가능하기 때문에 복합리조트의 활성화 측면에서 매우 긍정적인 효과를 발휘한다. 또한 수용능력도 타워콘도미니엄 형태로 개발하면 별장형 콘도미니엄 형태보다 몇 배 이상의 수용능력을 가져오며, 개발주체의 입장에서도 회원권을 분양하여 사업성을 제고할 수 있다는 측면에서 매우 유용한 상품이다.

따라서 현대 리조트의 개발형태는 복합형 리조트의 개발이 보편화되고 있으며, 리조트의 테마성, 독창성, 창조성 등이 개발 초기부터 고려되어 건설되고 있다.

제2절 국내 리조트 발달사

1. 1960년대

우리나라는 1960년 이전까지만 해도 행정조직도 취약하였으며, 관광행정의 근거가 되어야 할 독자적인 관광법규마저 전무한 상태였다. 이러한 상황에서 경제개발이라는 시대적 요청에 직면하여 우선 시급한 외화획득의 수단으로 관광산업의 중요성이 인식됨에 따라 관광산업의 진흥에 역점을 둔 「관광사업진흥법」이 1961년 8월 22일에 제정되었으며, 1962년 6월 26일에는 「국제관광공사법」에 의하여 외국인관광객 유치와 국내 관광사업의 발전을 전담하는 국제관광공사(현 한국관광공사)가 설립되었다. 또한 1963년 3월에는 관광사업진흥법에 의하여 특수법인인 '대한관광협회중앙회'를 설립시켰다.

1965년에는 한 · 일 간의 국교가 정상화됨으로써 이를 계기로 일본인 관광객이 급격히 증가하게 되었고, 서울에서는 관광진흥을 위한 제14차 태평양지구관광협회(PATA) 총회가 워커힐호텔에서 개최되어 한국관광이 대외에 크게 홍보되었을 뿐만 아니라 국민들의 관광에 대한 인식을 크게 고조시키는 계기가 되었다.

이 당시에 정부가 주도했던 관광분야 외화획득 조치들을 살펴보면 대표적으로 정부투자기관인 국제관광공사가 지방에 위치한 7개 호텔(온양, 해운대, 불국사, 대구, 서귀포, 설악산, 무등산호텔)을 1963년 1월에 인수하여 운영하였으며, 대한여행사 인수(1963. 2) 운영, 워커힐호텔 개관(1963. 3) 운영, 반도호텔과 조선호텔 인수(1963. 8) 등 외화획득에 총력전을 펼친 것을 알 수 있다.

그러나 국제관광공사가 직영하여 운영하는 대부분의 관광사업이 적자를 면치 못하자 1965년에 교통부에서 상정한 "국제관광공사 산하 지방호텔의 불하 및 호텔건설계획안"의 원안대로 국제관광공사 산하의 8개 호텔을 모두 민영화하기 시작하였다.

이와 같이 1960년대는 관광의 기본적인 진흥시책이 제정 · 공포됨으로써 관광산업 발전의 초석을 마련하였으며, 정부의 강력한 행정적 뒷받침과 함께 관광사업진흥을 위한 기반을 구축하는 단계에 들어서게 된다.

2. 1970년대

1970년대는 우리나라 관광행정의 체계가 확립된 시기라 할 수 있으며, 한국관광을 경제개발계획에 포함시켜 외래 관광객 유치를 위한 관광사업진흥의 기본방향을 설정하고 관광사업의 경제적 · 사회문제적 중요성을 재인식하는 시기라고 할 수 있다.

1970년대 관광사업의 추이를 약술하여 살펴보면, 1970년 7월에 서울 - 부산 간 경부고속도로가 완공되어 전국이 1일 생활권으로 변했고, 온양온천을 비롯하여 13개의 관광지를 추가로 지정하였다. 1972년에는 교통부 관광국의 기능에 따라 서울, 부산, 제주도에 관광과를 설치하고, 기타 7개 도에는 관광운수과에 관광계를 두어 관광업소를 관장하게 함으로써 관광진흥을 위해 보다 강력한 행정력이 뒷받침하기에 이르렀다.

1974년 4월에는 「관광단지개발촉진법」이 제정됨으로써 우리나라에서는 처음으로 323만 평 규모의 경주 보문관광단지 개발이 착수되었다.

1975년에는 한국 최초의 현대식 시설을 갖춘 용평리조트가 강원도 평창군에 스키장과 골프장을 개장하였다. 용평리조트 개장은 한국 리조트산업이 첫발을 내디뎠다는 데 있어 중요한 상징적 의미를 가지고 있다.

1977년은 제4차 경제개발 5개년 계획이 시작되는 연도로서 관광사업에도 중요한 시발점이 되었는데, 국민관광의 건전한 발전을 위하여 각 시 · 도지사가 지정한 국민관광지가 경기도 소요산을 비롯하여 36개소가 지정되었다.

1978년은 방한 외래관광객이 100만 명을 기록하여 한국관광이 크게 부각되었으며, 종합관광단지인 보문관광단지의 개장과 함께 국민관광에 대한 본격적인 정책수립의 입안(立案)이 시행되기에 이르렀다.

따라서 1970년대는 정부 주도의 다양한 관광정책이 선포됨으로써 관광산업에 대한 발전과 관광인식이 높아지게 되었으며, 관광휴양지를 찾으려는 수요의 증가에 편승하여 관광지와 관광단지의 지정으로 한국형 리조트의 개발이 시행되는 시기라 할 수 있다.

3. 1980년대

1982년에는 「국제관광공사법」의 개정으로 국제관광공사의 명칭이 한국관광공사로 변경되었고, 1983년에는 50세 이상 국민의 해외여행 자유화가 실시됨으로써 해외여행에 대한 문호가 더욱 넓어졌다. 또한 충무도남관광단지 개발이 추진되었으며 이듬해 1984년에는 남원관광단지의 개발도 추진되었다.

1986년 12월에는 「관광사업법」과 「관광단지개발촉진법」을 폐지하여 그 내용을 답습한 「관광진흥법」이 제정되었다. 논리적으로 본다면 「관광기본법」에 의한 기본적이고 종합적인 관광진흥시책을 보다 구체화한 법이라 할 수 있다. 동년 5월에는 「올림픽대회 등에 대비한 관광·숙박업 등의 지원에 관한 법률」이 제정되었다. 이 법은 '86아시안게임'과 '88서울올림픽' 대회 등 대규모 국제행사에 대비하여 관광·숙박업 건설을 원활히 수행할 목적으로 1988년 12월 31일까지 효력을 가지는 한시법(限時法)으로 제정되었다. 1989년부터는 전 국민의 해외여행자유화가 실현되었다.

1980년대는 국민관광과 국제관광의 조화발전, 서비스 수준의 향상, 국제회의의 국내유치, 86아시안게임과 88서울올림픽 등을 통하여 우리나라 호텔산업도 일대 도약을 하게 되는데, 특히 이 시기에 국내 대기업들의 호텔사업 진출이 본격적으로 시작되었고, 국제적인 체인호텔들이 대거 국내에 상륙하는 호텔산업의 부흥기를 맞이하게 된다.

그리고 1980년대는 국내 리조트산업의 성장 초기로 볼 수 있다. 중소기업이 참여하는 스키장 중심의 리조트사업으로 1982년 12월에 양지리조트와 천마산스키장이 개장하였다. 1985년에는 알프스리조트가 개장하였고, 1985년 12월에는 베어스타운이 경기도 포천군에 스키장을 개장하였다. 이로써 한국의 리조트는 용평리조트를 필두로 산악에 위치한 스키리조트 형태로 생성되기 시작하였다.

따라서 1980년대에는 국민들이 일 중심의 가치관 사회에서 탈피하여 삶의 질을 중시하게 되고, 레저활동 참여시대로 진입하였다는 데 그 의미가 크다.

4. 1990년대

1990년대는 국내 관광산업뿐만 아니라 리조트산업에서도 성장과 고난이 점철되는 시기이다. 1990년대 들어 우리나라는 급격한 경제적 풍요로움을 추구한 결과 안정적 성장과 더불어 국민의 가처분소득이 증대되었다. 이러한 현실적 상황은 심리적인 여유를 갈구하는 의식 변화를 가져왔는데, 국민생활에 있어 풍요로움을 실감할 수 있는 사회를 실현하는 조건으로 노동시간 단축이 주목되었다.[1]

이는 자유시간 확대와 그 이용의 선택폭을 증대시켜 여가지향적인 사회로 전환하는 데 주요한 역할을 하였다. 이러한 배경하에 여행목적지로서 리조트를 선호하는 경향이 높아지고, 더 이상 리조트가 상류층만의 전유물이 아니라 일반 대중 누구나 이용하는 보편화된 여행목적지로 인식하는 계기를 맞이하게 된다.

이처럼 국민들의 여가인식 변화와 레저수요의 증가는 자연스럽게 레저패턴의 변화를 가져오게 되었다. 레저패턴이 단순숙박 · 관광형에서 체류 · 휴양형으로 변화함에 따라 다양한 시설을 구비한 대형리조트를 필요로 하였고, 레저수요의 증가는 막대한 자금력과 인력을 갖춘 대기업들의 리조트사업 참여를 유도하였다.

1990년대 대기업의 리조트사업 참여현황을 살펴보면, 1990년 12월에 (주)무주리조트가 122만 평 규모의 대단지에 스키장, 골프장, 호텔, 콘도, 유스호스텔 등의 복합시설을 개장하였고, 1993년 12월에는 대명비발디파크 개장, 1995년 12월에는 현대성우리조트 개장, 동년 12월에는 휘닉스파크가 개장, 1996년 12월에는 지산포레스트리조트가 개장하였다.

5. 2000년대 이후

2000년대에 들어서면서 2002년 12월에 GS건설이 리조트사업에 참여하여 강원도 춘천시에 엘리시안강촌리조트를 개장하였고, 2006년에는 강원랜드가 골프장에 이어

1) 노사정위원회는 현행 44시간인 법정근로 시간을 2001년 하반기부터 주 40시간으로 단축하는 데 합의했다. 이에 따라 1989년 법정근로 시간이 주 44시간으로 단축된 이래 11년 만에 선진국 수준인 주 40시간으로 단축하게 되었다.

스키장을 개장하면서 사계절 리조트로 변모하였다. 2007년 12월에는 LG그룹에서 곤지암리조트를 개장하였고, 2008년에는 지자체에서도 리조트사업에 진출하면서 태백관광개발공사가 태백시에 오투리조트를 개장하였고, 강원도개발공사는 평창동계올림픽 유치를 목적으로 알펜시아리조트(Alpensia Resort)를 2009년 11월에 개장하였다.

알펜시아리조트의 개장은 21세기 우리나라 리조트산업 발전에도 획기적인 역할을 담당하였다. 알펜시아리조트는 동계올림픽의 메인무대로서 우리나라가 '2018 평창동계올림픽'을 유치하는 데 있어서도 국내 리조트의 수준이 올림픽을 유치하는 데 충분히 준비되어 있다는 것을 증명해 주었으며, 시설적인 면에서도 870실의 고급 숙박시설과 45홀의 골프장, 6면의 스키슬로프, 워터파크, 컨벤션센터 등을 종합적으로 갖추고 있어 향후 국내 리조트 개발의 롤 모델이 되고 있다.

무엇보다 '2018평창동계올림픽'의 성공적 개최는 한국이 88서울올림픽에 이은 올림픽의 완성으로 선진국 진입의 상징적 계기를 마련할 것이다. '2018평창동계올림픽조직위원회'의 발표에 따르면 동계올림픽이 개최되는 17일간 100여 개 국가의 선수 및 관련자들이 5만여 명 정도 참석할 것으로 예상되며, 직간접 고용효과가 23만 명에 달하며 총 생산유발효과는 21조 5,000억 원에 달할 것으로 보인다. 이외에도 동계올림픽의 주요활동 무대가 될 알펜시아리조트, 용평리조트, 휘닉스파크 등은 올림픽 개최 리조트로서 브랜드 향상을 통해 세계적인 리조트로 거듭날 것이며, 공항, 철도, 도로 등 개최 지역의 사회간접자본(SOC) 확충을 통해 지역과 리조트의 균형적 발전이 이루어질 것이다.

이와 같이 2000년대 이후 국내의 리조트산업은 지자체와 대기업들의 리조트사업 진출을 계기로 리조트의 시설과 규모가 크게 선진화되었다고 평가할 수 있으며, 이러한 시설의 대형화와 고급화는 국내 여가관광객뿐만 아니라 외래 관광객을 유치하는 데 있어서도 주요한 관광매력 요인으로 작용하고 있다.

제3절 리조트 수요의 확대요인

오늘날 전 세계적으로 리조트를 방문하는 관광수요가 증대되고 대중화되는 것은 경제의 고도성장에 의한 국민소득 및 생활수준의 향상, 각종 기술과 기계의 발달로 인한 여가시간 증대에 중요한 원인이 있다. 또한 급격한 도시화와 산업화에서 오는 긴장감 해소의 증대, 물질적 풍요에서 오는 인간의 정신적 욕구증대, 여가에 대한 가치관의 변화, 교육수준의 향상, 교통수단의 발달, 관광현상의 다양화 등도 상당한 영향을 주고 있다.

따라서 본서에서는 리조트산업을 발달시키는 가장 중요한 요인으로 소득수준의 향상, 여가의 증대, 교통수단의 발달, 가치관의 변화 등을 살펴보기로 한다.

1. 국민소득의 증대

리조트 시장이 확장되는 중요한 요인 중 하나는 소득수준의 향상이다. 다른 어떤 여가활동보다 리조트 방문은 경제적 · 시간적 여유를 필요로 하므로 소득증대에 따른 생활의 질적 개선은 리조트 방문객의 관광욕구를 유발시키는 중요한 요소이다.

세계경제가 질적 · 양적 측면에서 발전하게 되면서 개인소득이 증가하게 되고, 이에 따라 개인의 가처분소득(disposable income)이 크게 증가하였다. 특히 생활 수준의 향상과 함께 가처분소득 중에서도 의 · 식 · 주 비용에 비하여 관광비용을 포함한 레저비용의 비율이 높아졌다.

국민들의 소득수준이 높아지고 여가시간이 확대되면 자연적으로 레저관련 지출이 늘어날 수밖에 없다. 레저수요가 확대되면 레저공급을 촉진시키고 국내 리조트 시장을 확대시키는 요인으로 작용하게 되는 것이다.

소득증대의 요인으로 먼저 유급휴가의 확대를 살펴보면 처음 휴가가 공식화되었을 때는 급료가 지급되지 않았다. 영국의 경우, 1938년 유급휴가법이 제정되었고, 1950년대에는 전체 산업근로자의 80%가 1주일의 유급휴가를 받았으며, 1960년대에는 75%가 2주간, 1970년대에는 50%가 3주간의 유급휴가를 받았다. 또한 전문직과 봉

급생활자들이 육체노동자에 비하여 상대적으로 좋은 조건에서 휴가를 즐길 수 있게 되어 점차 유급휴가가 확대되고 휴가시간이 길어지면서 레저수요가 증대되었다.

2. 여가시간의 증대

리조트 시장의 급속한 발전을 가져온 두 번째 요인은 여가시간의 증대이다. 레저 행위는 여가 또는 시간적 여유를 필요로 하기 때문에 여가의 증대는 곧 리조트 수요를 유발하게 되고 리조트 개발을 촉진하게 된다.

여가시간은 국민 개개인의 생활에 여유를 주고 생애학습의 기회를 제공하며 시민 활동에 참여하는 등 자기개발을 위한 중요한 기초가 되고 있다. 또한 사회적으로는 개성과 창조성이 풍부한 사회를 실현케 하는 기초가 되고, 경제적으로는 레저관련 지출의 증가에 의한 지역경제 활성화는 물론 국가경제에도 기여하는 등 아주 중요한 의의를 갖는다. 따라서 레저활동을 촉진시키기 위해서는 근무시간의 단축, 주5일근무제 확대 및 유급휴가의 추진 등에 의한 여가시간의 확대가 필요하다.

여가는 산업혁명 전까지만 하더라도 몇몇 귀족들에게만 제한되어 있었으나, 산업혁명 이후부터는 노동자와 산업노동자들에게도 점차 개방되기 시작하였다. 최근 들어서는 사무의 기계화, 공장조업의 자동화, 컴퓨터의 보급과 전화의 발전 등으로 노동자의 노동시간을 대폭 감소시키는 결과를 가져왔다.

선진국에서는 국가복지정책에 힘입어 노동생활에 돌려지던 국민대중의 에너지가 여가욕구로 대체됨으로써 노동제일주의에서 생활제일주의로의 전환이 현저하게 나타나고 있다. 1890년대에는 주당 노동시간이 70시간이었으나 1985년에는 40시간대로 단축되었으며, 연 1~3주간 유급휴가가 인정되고 전문직종의 확대 등으로 여가가 크게 늘었다. 이러한 노동시간의 단축과 유급휴가의 확대는 서민과 노동자들이 주말을 별장이나 관광지에 위치한 리조트에서 보낼 수 있게 하였다.

3. 교통수단의 발달

리조트 시설물에 대한 접근을 쉽게 하면서 적극적인 레저활동을 가능하게 하는 세 번째 주요 요인은 교통수단의 발달이다. 대중교통의 발달, 자가용 승용차의 보급, 항공노선의 확대 등은 관광객의 이동을 장거리화 · 국제화시켰다.

19세기에 지배적인 교통수단이었던 철도여행은 제2차 세계대전 전까지만 해도 가장 인기가 있었으며, 당시 항공여행은 대중화되지 못하였다. 그러나 제2차 세계대전 후부터 발달하기 시작한 각종 교통수단의 증강은 여행기간은 물론 여행거리까지도 단축시켜 놓았다. 특히 자동차의 보급은 국민들의 레저참여를 촉진케 하는 일대 전환점을 마련하였다.

우리나라 자동차 보급대수는 자동차 대중화시대의 도래로 지난 1989년에는 339만 대에서 1997년도에는 자동차 1,000만 대를 돌파하였고, 2014년 3월 말에는 1,960만 대로 높아졌다. 이에 따라 승용차 자가용 1대당 인구는 2002년 말 5.0명에서 2014년 말에는 2.4명으로 감소했다.

문화체육관광부의 조사에 따르면 우리나라 만 15세 이상 국민들의 국내 숙박여행과 당일여행 시, 주로 이용하는 교통수단 조사결과를 살펴보면, 국내 숙박여행 시 자가용을 이용하는 비율이 75.8%, 당일여행 시에도 자가용 이용이 71.2%로 가장 많았다. 국민들이 두 번째로 많이 이용하는 교통수단은 숙박여행의 경우 고속 · 시외버스가 7.4%, 당일여행은 전세 · 관광버스가 9.6%로 조사되었다. 세 번째로 많이 이용하는 교통수단은 숙박여행의 경우 철도가 5.5%, 당일여행은 고속 · 시외버스 이용이 6.6% 순으로 조사되었다.

〈표 2-1〉 국내여행 교통수단 조사 현황

구 분	국내 숙박여행	국내 당일여행
1	자가용(75.8%)	자동차(71.2%)
2	고속 · 시외버스(7.4%)	전세 · 관광버스(9.6%)
3	철도(5.5%)	고속 · 시외버스(6.6%)
4	항공기(4.6%)	항공기(6.2%)
5	전세 · 관광버스(3.6%)	철도(4.1%)
6	기타(3.1%)	기타(2.3%)

자료 : 문화체육관광부, 2013년 국민관광실태조사(n = 2,503).

이와 같이 자동차 보급대수와 자동차를 이용한 교통수단은 크게 늘어난 데 반해, 도로시설 확충은 이를 따르지 못해 휴가철이나 성수기에는 도처에서 교통체증이 일어나고 있다. 그럼에도 불구하고 자동차는 레저활동을 위한 적절한 교통수단으로 계속 증가할 것으로 보인다.

4. 가치관의 변화

사회가 산업화·도시화되면서 인간성 상실이라는 문제를 안고 있는 현대인들은 지적 가치 추구라는 점에서 규칙적인 일상생활권을 벗어나 육체적·정신적 해방감을 얻고자 노력하고 있다.

우리 국민들은 그동안의 고속성장과 이에 따른 소득수준의 향상, 여가시간의 증대 등으로 레저에 대한 개념이 바뀌어 가고 있다. 레저를 기분전환이나 휴식을 위한 정도로 인식했으나 점차 자기개발과 창조적인 활동을 추구하기 위한 것으로 인식하는 성향이 높아지기 시작했다.

이는 국민들의 가치관이 일보다는 여가를 선호하는 추세로 변하고 있음을 시사하는 것이다. 선진국으로 갈수록 일보다 레저를 중시하는 레저 중시형의 비중이 높아지는 것이 일반적인 추세이다. 우리나라의 경우, 외환위기로 일 중시형의 비중이 일시적으로 높아졌지만, 향후에는 소득수준의 향상과 주5일근무제의 확산에 따른 여가시간의 확대 등으로 레저 중시형의 비중이 꾸준히 높아질 것으로 전망된다.

Introduction to Resort Management

제 3 장 리조트의 유형과 특징

제1절 리조트의 유형 분류

리조트의 개념과 요건이 규정화되어 있는 것은 아니다. 일반적으로 이러한 요건이 리조트라는 개념을 설명하는 데 이해하기 쉽도록 정형화한 것에 불과하다. 복잡한 발달과정을 통해 파생된 리조트의 종류는 각종 문헌별로 다양하게 나타나고 있으나 본서에서는 크게 입지에 의한 분류, 목적에 의한 분류, 한국의 리조트 유형으로 분류하여 살펴보기로 한다.

1. 입지에 의한 분류

1) 산지형 리조트

산지형 리조트(Mountain Resort)는 웅대한 산지, 산악 등의 경관과 넓은 고원, 풍부한 산림자원을 활용한 유형의 리조트이다. 국토의 70%가 산으로 형성된 우리나라의 지형 특성상 많은 리조트들이 이 유형에 속한다. 주로 국립공원인 설악산, 속리산 및 지리산 일대를 중심으로 개발된 리조트들이 그것이며 기존 스키장 및 골프장도 모두 이 사례에 속한다고 할 수 있다.

특히, 강원도 일대에 분포한 많은 리조트들은 풍부한 주변 자연환경과 함께 관광객들이 가장 선호하는 지역이며, 개발업체 또한 개발선호지로서 강원도를 최우선으로 고려하고 있는 실정이다. 풍부한 자연자원을 살려 하이킹코스, 캠프장, 삼림욕 등 자연 그 자체를 체험하고 자연과의 교류를 즐기고 심신의 건강을 회복할 수 있는 시설 등을 배치하기가 바람직하기 때문이다.

산악형 스키리조트의 경우 주변 경관이나 주변 관광지와의 연계를 유지하는 것이 대단히 중요하며, 스키 이외의 골프장시설 등을 부대화하여 사계절 리조트로 변화를 꾀하는 것이 중요하다.

▲ 산지형 리조트는 풍부한 삼림자원을 활용하여 스키장 외에도 삼림욕장, 산책로, 캠프장 등 다양한 자연체험 시설들을 배치하기가 편리하다(알펜시아리조트 전경).

2) 해변리조트

비치리조트나 마리나리조트 등이 해변리조트(Seaside Resort)에 속하며 각종 스포츠와 레크리에이션 시설을 해변에 결합한 형태의 리조트이다. 호숫가, 강가에 위치한 리조트들도 유사한 성격을 갖는다. 해수욕장, 요트선착장, 윈드서핑, 낚시터, 골프, 테니스 등의 다양한 스포츠시설을 포함하는 종합리조트가 많고, 해변을 따라 대규모의 복합개발이 가능하다는 특징이 있다. 해변리조트는 괌이나 하와이 등 해외에서 매우 발달한 리조트의 형태이다.

우리나라는 3면이 바다인 관계로 해안가를 따라 많은 해수욕장이 분포됨으로써 다른 유형의 리조트 개발보다 해양리조트 개발이 유리하다. 하지만 개념상의 리조트 조건을 충분히 만족시키는 국내 리조트는 제주 중문단지와 해운대에 위치한 호텔이나 리조트 정도를 제외하면 아직 많지 않은 실정이다. 이는 사계절이 뚜렷하여 여름 시즌이 짧은 계절상의 특성도 있지만, 기존에 해수욕장을 중심으로 체계적인 계획 없이 민박과 모텔 위주로 개발된 이유도 크다. 또한 해변리조트의 대명사인 마리나리

▲ 리솜리조트에서 운영하는 '리솜오션캐슬'은 안면도 바닷가에 인접한 해변리조트이다.

조트의 형태는 서구와 비교하면 매우 부족한 실정이다. 이는 해양레저의 대중성과도 관련이 있는데, 아직 요트, 보트에 대한 인식부족과 여건이 우리에게 다소 거리가 있기 때문이다.

그러나 최근에는 국내에도 해변리조트 개발이 활기를 띠는 추세인데, 특히 대명리조트의 해변리조트 개발이 활발하다. 대명리조트는 2007년에 양양군 바닷가에 특1급의 쏠비치호텔을 개장하였고, 다음해인 2008년에는 변산반도 해변로에 대명리조트변산을 개장하였다. 뒤이어 2012년에는 남해안에 특1급의 여수엠블호텔을 개장하였고, 2013년에는 거제시 해변가에 대명리조트거제를 개장하였다. 이외에 한화리조트에서도 해운대, 제주, 대천 등지에서 해변리조트를 운영하고 있으며, 리솜리조트도 안면도 해변가에 리솜오션캐슬 등을 운영하고 있다. 향후에도 국내의 해양리조트 개발은 더욱 확대될 것으로 예상된다.

3) 전원리조트

전원리조트(Rural Areas)는 도시권 주변부에 입지하는 주말 체재형 리조트이다. 이 유형은 등급이 높은 시설중심의 것이 많고, 마리나, 스케이트장, 골프장 등을 중심으로 한 각종 스포츠, 레크리에이션 활동시설과 연수시설 등을 중심으로 배치되는 경우가 많다. 또한 산지나 해변리조트처럼 매력적인 경치나 특이한 요소는 적지만 단체

관광객이나 가족단위의 휴양을 위한 온화한 기후를 가졌거나, 대도시에 근접한 별장의 용도를 갖춤으로써 존재한다. 전원리조트는 주말리조트로서의 비중이 더 크다고 할 수 있으며 콘도미니엄 등 숙박시설의 이용률을 높이기 위하여 회원제 공동소유방식으로 경영하는 경우가 대부분이다.

우리나라에서는 유사개념의 리조트들이 모두 산지에 분포됨으로써 그 사례가 전무한 형태라고 할 수 있다. 특히 소규모의 주말리조트나 별장으로서의 성격을 갖는 리조트조차 거의 산지를 배경으로 입지하여 전원리조트라기보다는 산지형 리조트에 가깝다.

최근 전국적으로 부쩍 늘어나고 있는 자연휴양림과 같은 사례들도 유사한 개념의 형태로 볼 수 있겠지만, 그 개념 및 시설 측면에서 리조트라 하기에는 부족함이 많은 것이 사실이다.

4) 온천리조트

온천리조트(Spa Resort)는 온천이라는 자연적인 특수성을 최대한 활용하여 종합적인 휴양관광지로 개발함으로써 리조트화한다는 점에서 다른 리조트와 다소 차이가 있다. 스키리조트나 골프리조트가 자연을 개발하는 차원이라면 온천리조트는 자연을 활용하는 차원이기 때문이다.

그러나 온천수의 치료효과에 주로 의존하여 발전해 온 초기의 온천은 입지에 크게 관계하지 않고 양질의 온천수가 생산되는 지역을 중심으로 형성되어 왔지만, 점차 온천수에 대한 의존도가 줄어들고 비수기 기간이 길다는 단점으로 인해 체형관리와 물놀이 위주의 워터파크 형태로 변화하면서 지명도가 높아지고 있다.

온천리조트의 장점은 다른 유형의 휴양시설과 복합적으로 개발이 가능하다는 것이다. 예를 들어 온천과 스키장의 복합개발이나 온천과 워터파크 또는 테마파크와의 복합개발 형태가 대표적이다. 우리나라에서도 획일적인 욕탕 위주의 온천개발에서 벗어나 온천과 워터파크의 복합개발 형태가 많아지고 있다. 대표적으로 1979년 경남 창녕군에 부곡하와이(Bugok Hawaii)가 온천과 물놀이시설을 복합적으로 개발한 스파리조트 형태로 개발되었고, 2007년에는 리솜스파캐슬(Resom Spa Castle)이 덕산온천 단지 내에 대규모 숙박시설과 함께 온천을 이용한 워터파크를 개발함으로써 온천

▲ 리솜스파캐슬은 온천과 워터파크가 결합된 온천리조트로서 국내 온천리조트 입장객 수에서 수년째 1위를 기록하고 있다(리솜스파캐슬 야외워터파크의 겨울철 전경).

리조트로서의 면모를 갖추게 되었다.

그동안 대부분의 온천지역에서는 숙박시설에 온천시설이 부대시설의 하나로 개발되는 경우가 대부분이었으나, 리솜스파캐슬의 경우는 숙박시설과 함께 고객을 유인하는 중요한 매력물로서 온천을 이용한 물놀이시설을 개발하여 온천리조트 전체의 상품가치를 높인 좋은 사례이다.

2. 목적에 의한 분류

목적에 의한 분류는 그 시설의 주 목적이 무엇인가에 따라 상당히 세분되어진다. 즉 특정리조트가 어떤 활동을 위하여 형성되었으며 그에 필요한 시설들이 주가 되어 하나의 유형으로 분류되어지는 것이다. 이러한 세분화 현상은 향후에도 레저나 스포츠의 다양화에 따라 그 종류가 더욱 많아질 것이다. 리조트의 유형을 분류하여 살펴보면 〈표 3-1〉과 같다.

〈표 3-1〉 문헌별 리조트의 분류기준 및 유형

저 자	분류기준	리조트의 유형
Manuel Baud & Fred Lawson	입지에 의한 분류	· 산지리조트(mountain resort) · 해변리조트(seaside resort) · 전원리조트(rural areas) · 온천리조트(spa resort)
Walter A. Ruters & Richard H. Penner	활동형태와 시설목적에 의한 분류	· 스포츠리조트(sport resort) · 헬스리조트(health resort) · 휴양촌(vacation villa) · 마리나리조트(marina resort) · 스키리조트(ski resort) · 관광/유람리조트(sight-seeing resort) · 복합리조트 콤플렉스(multi resort complex)
Margaret Huffadine	목적에 의한 분류	· 골프(golf) · 스키(ski) · 비치(beach) · 마리나(marina) · 온천(spa) · 카지노(casino) · 연수(education) · 생태관광(ecotourism) · 테마(theme) · 콘퍼런스(conference)

자료 : Margaret Huffadine, Resort Design, McGraw-Hill, p. 4.

3. 한국의 리조트 유형

지금까지 살펴본 리조트 분류기준을 국내리조트의 유형에 적용하면 〈표 3-2〉와 같이 10가지 정도로 분류할 수 있는데, 이를 좀 더 살펴보면 다음과 같다.

우리나라 리조트는 고원형이 주종을 이루었으나 앞으로는 3면이 바다인 지리적 여건으로 인해 해양형 리조트의 개발도 활기를 띨 것으로 전망된다. 이는 관광객들의 휴가철 방문지 선호도에서 바닷가가 단연 1위를 차지하고 있다는 점에서도 개발가능성이 높은 편이다.

헬스/스파리조트의 경우 온천욕장의 성격이 강하여 온천리조트라 명하는 것이 용이할 것이다. 국내 온천리조트의 경우 전국적으로 고른 분포를 보이고 있다. 최근에는 겨울철을 제외한 비수기를 타개하기 위해 스포츠를 병행한 복합적 시설물을 건설하거나 리모델링을 통해 복합리조트로 변화하는 경향이 있다. 국내 온천리조트들은 수안보온천, 도고온천, 온양온천, 유성온천 등에 주로 위치하고 있다. 온천리조트는 제9장에서 자세히 살펴보기로 한다.

스포츠리조트로서 스키장과 골프장을 보유한 리조트를 본서에서는 스키리조트와 골프리조트로 명명하고, 스키리조트는 제5장에서 골프리조트는 제10장에서 자세히 살펴보기로 한다.

휴양촌리조트의 경우, 일정지역에 토속적인 주제로 설계 및 운영프로그램을 만들어 일상생활로부터 가능한 분리시키고자 하는 이상적인 리조트 형태이나 국내에서는 다소 개념이 약하고 의미가 상이하여 전무한 상태이다.

에코투어리즘의 경우도 문헌의 개념과 일치하는 리조트의 유형은 국내에서는 전무한 상태이다. 유사한 형태로 언제부터인가 우후죽순(雨後竹筍)처럼 발생하게 된 휴양림을 들 수 있겠지만, 하나의 생태관광으로 구분하기에는 그 의미가 상이하다.

카지노리조트의 경우는 외국인 전용으로 운영되는 카지노가 특급호텔에 다소 존재하나 소규모의 게임시설만 갖춘 형태로서 리조트로 분류하기에는 무리가 있다. 그러나 강원랜드의 경우에는 카지노 및 골프와 스키장, 테마시설을 복합적으로 갖추고 있어 카지노리조트로서 자격기준이 충분하다. 카지노리조트는 제11장에서 자세히 살펴보기로 한다.

콘퍼런스리조트의 경우, 국내 리조트에서도 대규모 컨벤션 시설을 갖추어 운영하고 있다. 대명비발디파크에서 3,000명 규모의 대형 컨벤션시설을 갖추었으며, 알펜시아리조트에서도 2,500명 규모의 국제회의장 시설을 개관하였고, 하이원리조트에서도 특1급 컨벤션호텔을 개관함으로써 컨벤션리조트로서의 면모를 갖추고 있다.

대규모 복합리조트의 경우, 문헌에서 논하는 정도의 리조트는 사실상 국내에서는 제주 중문단지와 경주 보문단지가 어느 정도의 조건에 충족되는 형태이다. 그러나 본서에서는 소규모이긴 하나 2가지 이상의 목적을 갖는 복합적인 성격의 종합리조트를 리조트로 명명한다. 복합리조트의 경우 숙박시설을 기본으로 갖추고 골프, 스키, 온천, 관광, 테마 등의 시설들을 2가지 이상 복합적으로 갖춘 경우를 뜻한다.

〈표 3-2〉 국내 리조트의 유형 분류

<table>
<tr><th colspan="2">문헌기준</th><th>국내유형</th><th>특징</th><th>유형사례</th></tr>
<tr><td colspan="2">헬스 / 스파
(Health / Spa)</td><td>온천리조트</td><td>헬스보다 온천욕장의 개념, 전국적 고른 분포</td><td>수안보, 도고, 온양, 부곡, 유성 등</td></tr>
<tr><td rowspan="3">스포츠</td><td>Beach</td><td>비치리조트</td><td>해수욕장 주변 호텔보다 콘도 위주</td><td>제주, 해운대, 경포대, 낙산 등</td></tr>
<tr><td>Golf</td><td>골프전용리조트</td><td>경기장 위주의 골프장</td><td>골드훼미리 등</td></tr>
<tr><td>Ski</td><td>스키전용리조트</td><td>가장 활발한 개발추세</td><td>베어스, 스타힐 등</td></tr>
<tr><td colspan="2">마리나
(Marina Resort)</td><td>마리나리조트</td><td>소규모 형태, 대중성 부족</td><td>충무마리나, 수영만 등</td></tr>
<tr><td colspan="2">관광리조트
(Tourist Resort)</td><td>관광리조트</td><td>국립공원 주변에 위치</td><td>설악산, 지리산, 속리산 주변</td></tr>
<tr><td colspan="2">휴양촌
(Vacation)</td><td>×</td><td>아름다운 자연환경을 배경</td><td>소규모 휴양림 정도 운영</td></tr>
<tr><td colspan="2">생태관광
(Ecotourism)</td><td>×</td><td>전형적 형태 전무
(자연 휴양림과 구별)</td><td>휴양림은 개념상 상이</td></tr>
<tr><td colspan="2">카지노
(Casino)</td><td>카지노리조트</td><td>호텔 내 게임장 위주</td><td>강원랜드</td></tr>
<tr><td colspan="2">콘퍼런스
(Conference)</td><td>국제회의장</td><td>부대시설로 존재</td><td>대명비발디파크, 알펜시아리조트, 하이원리조트</td></tr>
<tr><td colspan="2">테마파크
(Theme Park)</td><td>테마파크</td><td>대규모(서울 근교) 및 소규모(지방) 존재</td><td>에버랜드, 롯데월드, 블루원 리조트 등</td></tr>
<tr><td colspan="2" rowspan="3">복합리조트
(Multi Resort)</td><td>호텔+스키+골프+컨벤션+워터파크+카지노</td><td rowspan="3">2가지 이상의 복합시설 개발 증가</td><td rowspan="3">제주 중문단지, 경주 보문단지, 용평리조트, 하이원리조트, 비발디파크 등</td></tr>
<tr><td>호텔+골프+관광+비치</td></tr>
<tr><td>호텔+골프+스키+온천</td></tr>
</table>

제2절 리조트사업의 특징

제조업체의 상품은 주로 유형적인 상품으로서 상품의 제조과정에서 고도의 기술과 정확한 재료로 구성되어 만들어지지만, 리조트 상품은 유형상품과 무형상품이 복합적으로 구성되어 판매된다.

대부분의 리조트는 유형상품인 객실, 식당, 편의시설 및 부대시설과 천혜의 자연자원으로서 온천, 눈(雪), 바다, 산, 호수 등의 자원을 배경으로 건설되며, 다양한 건축기술을 가미하여 단지 내에 관광객이 이용할 수 있는 스포츠시설로서 스키장, 골프장, 수영장, 승마장 등의 유형적 시설물과 무형의 종업원 서비스가 결합되어 상품가치를 창출하게 된다.

이러한 측면에서 리조트사업은 호텔사업과 다르게 사업경영이나 시설 면에서 다양한 특성을 가지고 있으며, 일반적으로 다음과 같은 특성을 내포하고 있다.

1. 인적서비스 의존성

리조트 건축물 내에는 물적서비스가 중요하게 작용하지만 그보다도 인적서비스는 더욱 중요하다. 물적서비스 효과는 경비가 막대하게 소요되는 이유로 그 실행에 많은 요건들을 필요로 하는 반면, 인적서비스는 잘 훈련되고 교육받은 종업원에 의해 높은 만족감을 이끌어낼 수 있다.

언제나 세련되고 예절 바르게, 정확성이 있으며 신속하게 고객의 취향에 맞도록 서비스한다는 것은 잘 훈련된 종사자로서도 어려운 일이다. 그러나 경영자는 고객의 취향에 맞는 서비스를 제공해야 한다.

다양한 취향의 고객들을 대상으로 하는 서비스산업은 규격화되고 자동화된 기계설비에 의해서는 고객만족을 기대할 수 없다. 따라서 리조트사업에 있어 서비스의 기계화나 자동화는 경영합리화의 입장에서 제약을 받게 되고 인적자원인 종사자에 대한 의존도가 자연히 높아지는 것이다.

2. 최초 투자비의 고율성

리조트사업을 전개함에 있어 가장 큰 문제점은 대규모 토지취득과 시설의 건설 및 인프라 시설확충에 거액의 예산이 투자된다는 점이다. 리조트 단지의 시설 자체가 하나의 제품으로 판매되기 때문이다.

대규모 단지 조성을 위한 토지 확보, 숙박시설로서 호텔이나 콘도미니엄 건축, 다양한 부대시설과 내부시설의 설비, 스포츠시설을 위한 토목공사와 장비설치, 그에 따른 비품 및 집기 등을 완전히 갖추어 놓아야만 비로소 리조트 상품으로서의 가치를 지니게 된다. 리조트 건설 때 무엇보다도 위치 선정이 가장 중요하고, 최초 투자총액에 대한 토지와 건물의 자금이 제일 큰 것이 특징이다.

대형 리조트들의 특징을 살펴보면 단지면적이 최소 100만 평 이상이고, 골프장, 스키장, 콘도미니엄 등의 시설이 필수적이며, 고객들이 단지 내에서 즐길 수 있는 PC방, 노래방, 수영장, 볼링장, 회의시설 등의 부대시설들을 갖추어야 하고, 투자규모가 1천억 원 이상이며, 숙박시설이 평균 500실 이상이다.

이러한 막대한 자본투자에 대한 위험성을 극복하기 위한 방안의 하나로 토지취득에 있어서는 값싼 토지를 취득하여 초기 토지구입 자금을 줄여 나아가는 접근방법이 필요하고, 막대한 초기 투자자금의 조기회수가 가능한 콘도미니엄이나 골프장, 스키장 등을 적극 건설하여 이들 시설물에 대한 사전 분양작업을 통하여 건설비용을 회수하는 것이 바람직하다.

현재 국내 리조트기업의 대부분이 리조트 건설 때부터 콘도미니엄이나 골프장을 동시에 건설하여 이들 시설물에 대한 사전분양을 통하여 조기에 투자금액을 회수하는 분양정책을 실시하고 있다.

3. 시설의 조기 노후화

리조트 시설은 상품 자체가 건물과 스포츠시설, 그에 따른 장비로 이루어지고 있으므로, 이를 이용하는 고객들에 의해 쉽게 그리고 빨리 훼손되거나 파손되기도 한다. 또한 유행의 회전속도가 빠르므로 시설의 노후화가 급속히 진행된다. 결과적으로 상품의 경제적 효용가치가 가속하여 급속히 상실되는 경우가 많다.

일반적으로 리조트 단지 내 숙박시설로서 호텔이나 콘도미니엄 건물의 수익성이 가능시되는 사용연한은 15~20년으로 보고 있으며, 평균 5년마다 객실 내부시설의 대대적인 개보수작업이 이루어지게 된다.

스포츠시설로서 스키장의 경우만 하더라도 1990년대 초반까지 국내 스키장의 슬로프 수는 평균 6면 정도가 대부분이었으나, 2000년대 초반부터는 모험심과 스릴을 즐기려는 10대 스키마니아의 급격한 증가와 이들의 요구로 인해 스키장들은 막대한 자금을 들여 기존의 슬로프 외에 스노보드 전용 하프파이프 신설, 모굴 및 점프대 신설, 스키수준과 연령을 고려한 다양한 슬로프 추가 건설, 4~8인승 고속리프트 신설, 최신 기종의 제설기 구입, 스키장비 세트의 대대적인 교체작업 등 막대한 투자로 경영상의 어려움을 겪게 된다.

그러나 실제로는 이보다 더 급속하게 시설의 노후화가 진행된다. 주요 이유로는 고객의 만족도가 다양해지고, 리조트기업 간 시설경쟁이 심화되어 리조트의 시설이 곧 그 리조트의 상품가치를 판단하는 기준으로 작용하기 때문이다.

4. 상품공급의 비탄력성

일반 제조업체의 상품은 수요의 증가에 따른 대량생산으로 수요와 공급의 균형을 유지할 수 있다. 하지만 리조트사업은 성 · 비수기가 존재함으로써 공간적 · 시간적 제약을 많이 받게 된다.

관광지 내 리조트 객실상품의 경우, 일시에 몰리는 객실 수요는 추가생산이 불가능하고 식음료 판매량에는 어느 정도의 신축성이 있다고 하나 그날 준비된 양만큼을 크게 초과하기가 어렵다. 그래서 리조트 숙박상품과 스포츠시설 상품들은 시간적 · 공간적 신축성의 제한이 뚜렷하고 상품 공급 면에서도 비탄력적이라 할 수 있다.

이러한 어려움을 극복하기 위해 리조트에서는 객실공급의 비탄력 한계를 극복하고 객실수입의 효과적인 극대화를 위해 객실의 분할판매(time sharing)를 적용하고 있으며, 스키장의 경우에도 특정 시간대에 일시에 몰리는 스키고객을 분산하여 매출을 극대화하고 고객의 다양한 욕구를 충족시키기 위해 새벽스키, 야간스키, 심야스키 등의 새로운 프로그램을 개발하여 운영하는 추세이다.

5. 비이동성 상품

리조트 상품은 소비자가 직접 리조트를 방문하여 상품을 구매하지 않으면 판매가 이루어지지 않는 특성이 있다. 기존의 리조트입지보다 더 좋은 시장입지가 생겼더라도 리조트 자체를 이동하여 상품을 판매할 수는 없다. 따라서 입지와 환경에 정착하여 판매할 수밖에 없는 비이동성의 상품이기도 하다.

6. 고정경비의 과대지출

리조트사업은 타 업종에 비해 대규모 복합시설 건설을 위한 막대한 자본을 투자하는 반면 투자자본의 회수는 결국 매출에 의해 회수될 수밖에 없으므로 매출은 극대화하고 지출경비를 줄이는 것이 바람직할 것이다.

기업을 성공적으로 운영하려면 모든 지출을 억제해야 되는데 리조트사업은 고정경비인 인건비, 각종 시설관리 유지비, 감가상각비,[1] 급식비, 세금 및 수선비, 일정기간마다 최신 기종의 장비교체 및 신규구입 등 고정지출이 과다하여 리조트 운영에 압박을 받게 된다. 특히 지출비용 중 인건비가 40% 이상을 점유하고 있어 원가계산에 상당한 압력을 받게 된다.

따라서 대다수의 리조트기업들은 영업이익이 단기간에 일시적으로 신장되지 않으므로 종사원을 대량으로 고용해야 하는 성수기에는 산학실습생이나 아르바이트생을 고용하여 고정경비의 억제를 통해 경영내실을 꾀하고 있다.

---

1) 토지를 제외한 대부분의 유형자산은 시간의 경과에 따라 가치가 감소하기 때문에 기간손익계산을 하기 위해서는 자산의 취득원가를 내용연수에 걸쳐 적절히 배분해야 하는데 이를 감가상각이라 한다.

7. 환경영향의 민감성

리조트산업은 타 산업보다 정치 · 경제 · 국제스포츠 등 사회의 변화에 민감한 영향을 받게 된다. 경제영향의 대표적인 예는 1997년부터 'IMF관리체제기간' 동안 국내 스키리조트들은 매출 부진으로 경영난을 극복하지 못하고 도산이 속출하였다.

무주리조트의 경우 1997년 유니버시아드대회의 과다한 투자부담과 IMF사태로 인한 자금압박으로 1997년에 부도가 난 후 1999년에 법정관리가 인가되었고, 2002년 6월에 (주)대한전선에 인수되었다가, 2011년에 다시 (주)부영에 매각되었다. 용평리조트의 경우는 운영업체가 쌍용양회공업(주)에서 2000년 4월에 (주)용평리조트로 독립했고, 2003년 2월에는 통일교 그룹인 세계일보로 인수되었다. 현대성우리조트는 성우그룹의 구조조정으로 성우종합레저산업(주)에서 현대시멘트(주) 레저사업부로 통

▲ 리조트산업은 정치, 경제, 스포츠, 환경 등에 민감한 영향을 받는다(① 9 · 11테러 ② 사스(SARS) 공포 ③ 이라크전쟁의 확산으로 인한 국제정세의 냉각 ④ 2002월드컵으로 인한 한국관광의 활력소).

합되어 운영되다가, 2011년 5월에 신안그룹에 매각되었다.

2003년에도 국내 관광산업은 9 · 11테러의 후유증, 이라크전쟁과 사스(SARS : 중증급성호흡기증후군)의 공포 등 3중고에서 벗어나기 위해 다양한 회생방안을 마련해야 했다. 국내 리조트기업들도 외래 관광객의 사전 예약이 무더기로 취소되거나 방문이 급격히 하락하여 고전을 면치 못하였다.

최근에는 국제적인 스포츠 행사 유치가 정치 · 경제 못지않게 관광산업에 미치는 영향이 커지고 있다. 우리나라의 경우 1988년 서울올림픽의 성공적 개최를 통해 호텔산업과 여행산업의 선진적 기반을 구축하였고, 2002년 월드컵 개최는 IMF 이후 침체된 한국 관광산업 발전의 활력소가 되었다.

2011년 7월에는 전 국민의 관심과 성원 속에 IOC총회에서 과반수가 넘는 득표로 '2018년 평창동계올림픽'을 유치함으로써 우리나라 리조트산업의 국제경쟁력을 갖추는 또 하나의 계기가 되었으며, 관광산업 및 타 산업으로의 경제적 파급효과와 함께 홍보 및 이미지 향상에도 크게 기여할 것으로 기대하고 있다.

8. 계절성에 따른 성 · 비수기 존재

리조트산업에 있어 계절적인 영향으로 인한 성 · 비수기의 존재는 리조트경영자가 향후 풀어나가야 할 절대적인 과제이다. 계절적으로 성수기(on season)와 비수기(off season)의 격차가 심하여 리조트 매출에 미치는 영향은 상당하다. 성수기에는 객실공급이 절대 부족하고 비수기에는 리조트 시설이나 상품을 저장해 놓을 수가 없어 수지의 불균형을 초래하기 마련이다. 따라서 환경에 적응력이 강하고 체질화된 경영조직으로 어려움을 극복해 나가는 효율적인 경영기법이 절실히 대두되고 있으며, 비수기를 극복할 수 있는 고객 유인 방법으로 복합적인 스포츠시설의 추가 건설이 필요하며, 이를 통해 사계절형 리조트로 변신하는 것이 필요하다.

▲ 리조트산업은 계절에 따른 성 · 비수기가 뚜렷하게 존재한다(한국의 사계절 전경).

9. 국제적인 분위기 연출

리조트는 불특정 다수의 고객이 이용할 수 있는 다국적기업이기 때문에 건축물의 디자인이나 장식물, 서비스 제공, 운영시스템 등이 국제화(Internationalization)되어야 한다. 즉 유형적인 하드웨어 서비스(hardware service)나 경영시스템인 소프트웨어 서비스(software service), 그리고 방문고객에 대한 개인서비스인 휴먼웨어 서비스(human ware service)가 국제화되어 다국적 리조트기업으로서의 경영시스템과 시설상의 국제적 분위기가 연출되어야 한다.

세계적으로 유명한 리조트일수록 그 리조트만의 독특한 디자인이나 분위기를 통해 경쟁리조트들과 차별화를 이루고 있으며, 리조트의 규모나 분위기에 따라 리조트의 품격이 판단되기도 한다.

▲ 고급리조트일수록 그 리조트만의 독특한 디자인이나 국제적 분위기를 연출한다(① 롯데월드 ② 에버랜드 ③ 용평리조트 전망대 ④ 보광휘닉스파크 타워콘도).

10. 공공장소적 기능

정치 · 경제 · 사회 · 문화의 발달에 따라 리조트산업의 기능도 단순 기능에서 탈피하여 공공장소로서의 기능으로 변화하고 있다. 급변하는 시대적 필요성에 변화하지 못하는 리조트기업들은 도태되어 왔으며 경쟁력을 갖춘 리조트만이 발전을 거듭하고 있다. 어쩌면 리조트기업이 스스로의 생존을 위해 영업형태의 변화를 꾀하여 왔다고 하는 것이 더 옳다고 할 수 있다.

과거와 달리 현대의 리조트는 숙박기능, 음식제공, 집회공간, 문화행사, 상업공간, 스포츠 · 레저 등의 건강센터 운영 등 개인생활 공간뿐만 아니라 지역사회의 정치, 경제, 사회, 문화, 예술, 커뮤니케이션 공간으로 활용되는 공공장소의 역할도 수행하고 있다.

과거의 국내 리조트들은 특정 시즌에만 고객이 몰려드는 일시적 방문지로서의 성격이 강하였으나, 현대의 리조트들은 특정 시즌은 물론 비수기에도 각종 기업단체,

▲ 리조트의 공공장소적 기능(에버랜드 야외행사 전경)

대학생 단체, 초 · 중 · 고, 유치원생들에 이르는 다양한 고객층들이 방문하여 세미나, 레저, 공연, 문화행사, 스포츠를 즐기고 휴양하는 공공장소로서의 기능을 수행하고 있으며, 지역주민들 간 만남의 공간으로도 폭넓게 활용되고 있다.

제3절 리조트 선택요인

1. 상 품

리조트 상품이란 관광자의 욕구를 유발시키고, 충족시켜 줄 수 있는 관광시설을 의미한다. 상품을 필요로 하는 관광자는 시간적 · 경제적 · 환경적 비용을 지급해야 한다.

상품을 생산한다고 하면 이는 상품을 필요로 하는 개인 또는 단체의 욕구에 부응하여 수익을 얻기 위한 것이다. 리조트의 상품은 크게 유형적 측면의 시설상품과 무형적 측면의 상품으로 리조트에서 제공하는 다양한 축제 및 이벤트 프로그램, 복합적 P.K.G. 상품 등으로 분류할 수 있다. 리조트에서 제공하는 시설상품들은 그 형태나 성격이 모두 비슷하여 차별성을 부각시키기가 어려운 반면, 축제나 이벤트들은 그 리조트만의 특색을 살릴 수가 있어 선호되고 있다.

최근 들어 리조트나 테마파크에서는 최첨단 시설상품을 통해서도 차별화를 꾀하기도 하지만, 테마파크에서는 무형적 측면의 축제나 이벤트 등을 통해서도 다양한 볼거리를 제공하여 고객들의 호기심을 유발하고, 직접 방문을 유도하고 있다. 예를 들면 롯데월드에서는 1년 내내 축제나 페스티벌을 개최하고 있는데, 3~4월에는 '마스크 페스티벌', 6~8월에는 '리우삼바카니발', 9~10월에는 '해피 할로윈파티', 11~12월에는 '크리스마스 대축제' 등을 개최하여 고객들에게 다양한 볼거리를 제공하고 있다. 이에 비해 야외테마파크인 에버랜드에서는 실내테마파크인 롯데월드에서 할 수 없는 야외 꽃 축제나 이벤트 등을 개최하여 차별화를 꾀하고 있는데, 에버랜드의 연중 축제 이벤트 일정은 다음과 같다. 봄 시즌인 3~4월에는 튤립축제, 5~6월에는 장미축제를 개최하고, 여름 시즌인 6~8월에는 워터카니발 형태의 스플래쉬 퍼레이드, 가을 시즌인 9~10월에는 할로윈 호러나이트, 겨울 시즌에 해당하는 11~2월 사이에는 크리스마스 판타지와 로맨틱 일루미네이션 등의 축제나 이벤트 등을 개최하고 있다. 이와 같이 축제나 퍼레이드, 이벤트 등의 무형적 상품들은 유형적 시설상품과 달리 그 리조트만의 특색을 살리고 리조트의 상품가치를 높이는 수단으로 사용되고 있다.

▲ 에버랜드의 튤립축제와 장미축제는 에버랜드를 대표하는 봄 상품이면서 한편으로 경쟁사인 실내테마파크와 차별화를 꾀하는 상품이기도 하다(에버랜드 꽃 축제 전경).

▲ 롯데월드의 '리우삼바카니발'은 롯데월드를 대표하는 축제 상품 중 하나로 자리 잡았다(삼바 춤을 추는 댄서들의 모습).

2. 접근성

접근성에서 호의적인 평가를 받고 있는 리조트는 접근 속성이 중요한 경쟁적 이점이 될 수 있다. 위치, 교통 및 주차 등 접근적 속성은 사업계획 수립단계에서부터 중요하게 검토되어야 하는 사항이다.

국내에서도 롯데월드(2호선, 잠실역)와 서울랜드(4호선, 대공원역)가 지하철과 연계하여 위치하고 있으며, 에버랜드 역시 영동고속도로상에서 5분 거리에 위치하고 있다. 또한 강원권 스키장의 대부분은 영동고속도로 톨게이트로부터 10분 거리 내에 위치함으로써 경쟁적 이점을 높이고 있다.

외국의 사례에서는 미국 샌프란시스코에 위치한 'Six Flags Marine World' 리조트가 고속도로와 매우 인접한 위치에 개발되어 접근성을 높였다.

▲ Six Flags Marine World 리조트는 고속도로와의 접근성을 높여 건설되었다.

3. 자연경관

자연경관은 세계적인 독창성을 확보하고, 지역번영의 지속화를 도모하기 위한 필수조건이다. 리조트에서 자연경관조성이란 지역과 밀착되어 교감도의 폭을 넓히는 개발과 함께 활성화를 통하여 관광자가 리조트에서 제공하는 시설을 이용하게 하는 등 체재의 편의를 증진시킬 수 있도록 관광지를 조성하는 것을 일컫는다. 이와 같은 배경에는 관광객이 리조트를 선택하는 데 있어 자연환경과 시설 등을 평가하고 방문 의사결정을 내리기 때문이다.

▲ 무주덕유산리조트 스키장에서는 리프트를 타고 올라가면서 덕유산의 수려한 자연경관을 감상할 수 있다.

4. 가 격

가격속성은 리조트 수익과 직결될 뿐만 아니라 관광자의 만족도를 결정하기도 한다. 즉 합리적인 가격분포는 관광상품을 잘 포장해 주는 포장지와도 같지만, 불균형한 가격분포는 관광객의 구매력에 나쁜 영향을 주어 시장상황을 혼란시키거나 불만족을 발생시킬 수도 있다. 따라서 가격이 부적당하게 결정되었다면 그것은 불만족을 발생시킬 뿐만 아니라 판매량을 줄어들게 한다. 따라서 가격은 시장상황에 따라 변동하는 것이기 때문에 계획시점에서 상정가격과 현황의 실제가격을 점검해 보아야 한다.

예를 들면 개업시점부터 경쟁적 우위를 확보하기 위해서는 첫째, 수요를 자극할 수 있는 가격인가? 둘째, 경쟁력이 있는 가격인가? 셋째, 비용과 균형을 이루고 있는가? 넷째, 가격리더로서 행사하고 있는가? 등을 고려하여 가격결정이 이루어져야 한다.

5. 리조트기업의 풍부한 정보제공

현대의 관광자들은 경험과 지식이 축적되어 있기 때문에 리조트의 일반화된 기재사항, 과장된 문구, 불안전하고 부정확한 안내로는 관광객의 기본적인 욕구를 충족시키지 못함은 물론 위험과 불협화음을 이루는 원인이 되기도 한다.

이에 따라 리조트기업이 관광자의 정보획득 욕구를 만족시킬 수 있다면 이는 곧 매출의 증가와 성공적인 상품판매로 이어질 것이다. 그러나 대부분의 열악한 휴양시설은 정보제공의 중요성을 이해하지 못하고, 빈약한 상품화 시스템으로 수익기회를 상실하고 있다. 정보제공을 통한 상품화를 제대로 실현하지 못하는 업체는 상품과 서비스의 품질이 떨어질 수밖에 없으며 결국은 경쟁에서 도태하게 된다.

따라서 관광목적지의 홍보자료 획득과 용이성은 관광목적지를 선택하는 데 영향을 미치며, 인적 · 비인적 커뮤니케이션의 촉진활동에 중요한 영향을 미치기 때문에 1990년대 중반부터 리조트기업들도 자체적으로 홈페이지를 개발하고, 홈페이지를 통해 자사만의 매력적인 주요 시설 안내 및 가격 할인, 다양한 축제 및 이벤트, P.K.G. 상품, 위치 안내 등 유용한 정보를 고객들에게 제공하여 리조트에 대한 이해도를 높이고 호감을 유발시켜 고객을 유인하고 있다.

▲ 서울랜드는 홈페이지를 통해 축제 및 이벤트, 할인정보 등에 관한 다양한 정보를 제공하고 있다.

▲ 엘리시안강촌리조트는 홈페이지에서 전철을 이용한 교통의 편리성을 강조하고 있다.

Introduction to Resort Management

제 4 장 리조트 개발

제1절 낙후지역의 특성 및 개발전략

1. 낙후지역의 사회 · 경제적 특성

낙후지역(backward regions)이란 인구의 자연증가율이 높고 유휴 노동력이 많으며 전통적인 농업이 주산업인 지역을 말한다. 즉 낙후지역은 지역 스스로 성장하는 데 문제가 있는 지역으로 주민의 생활수준이 전국평균보다 훨씬 낮으며 문화 · 경제가 낙후되어 타 지역과 고립되어 있는 지역 등을 말한다.

국가균형발전 특별법 개정 시행(2009. 4. 22)으로 현재는 낙후지역의 법적 용어정의는 없으나 종전에 같은 법에서 ① 오지개발촉진법상의 오지, ② 도서개발촉진법상의 개발대상 도서, ③ 접경지역지원법에 정한 접경지역, ④ 지역균형개발 및 지방중소기업 육성에 관한 법률에 정한 개발촉진지구, ⑤ 연평균 인구감소율, 재정상황 및 소득수준 등의 지표를 종합평가하여 생활환경이 열악하고 개발수준이 현저하게 저조한 지역을 낙후지역으로 규정하였다.

반면에 개발지역(developed regions in recession)이란 산업화된 지역이지만 현재 성장이 둔화되고 있는 지역을 의미한다. 따라서 폐광지역은 한때 산업화가 진행된 지역으로 본다면, 침체지역으로 정의하는 것이 바람직하나, 본 내용에서는 낙후지역의 정의에 침체지역을 포함하기로 한다. 일반적으로 낙후지역에 대한 사회 · 경제적 특성은 연구자에 따라 다양하게 전개되고 있는데, 일반적으로 낙후지역의 사회 · 경제적 특성으로는 인구의 감소, 노동력의 공급과잉, 낮은 공업화율, 낮은 재정자립도, 농업기반의 사회구조로 설명하고 있다.

이러한 맥락에 비추어본다면, 낙후지역은 인구증가의 정체성 내지 감소, 낮은 재정자립도, 산업구조의 취약성이 그 특징으로 보여진다. 특히, 산업구조의 취약성 측면에서는 대개 낙후지역이 전통산업인 농업에 기반을 두거나 사양산업에 기반을 두고 있는 지역이라고 할 수 있다. 또 다른 산업구조상 특징으로는 낙후지역의 경우 다양한 산업발달이 상당히 미약한 지역이라고 할 수 있다.

2. 낙후지역의 개발

낙후지역의 개발문제는 선진국, 개발도상국과 저개발국가 모두에게 해당되는 문제이지만, 특히 개발도상국이나 저개발 국가에게 더욱 중요한 문제가 된다. 선진국이라 해서 도시 내 슬럼지구 등 낙후지역이 없는 것은 아니지만 낙후지역을 많이 가지고 있는 국가의 경우 저개발 수준을 벗어나기 어렵다는 측면에서 이를 해결해야 된다는 것이다. 이런 의미에서 낙후지역 개발은 선진국 진입의 중요한 과정이라는 의미를 지닌다.

그리고 전략이란 수립된 목표를 달성하는 과정에서 최선의 수단을 찾아가는 일련의 행동계획으로 볼 수 있으며, 낙후지역 개발전략 역시 지역개발 전략과 마찬가지로 하향식 개발전략과 상향식 개발전략으로 구분할 수 있다.

우리나라에서 현재 추진 중인 낙후지역 지원정책으로는 오지개발 제도, 농어촌 정주권 개발제도, 도서개발 제도, 폐광지역 지원제도, 특정지역 개발제도, 개발촉진지구 제도 등이 있다. 이와 같은 정책들을 통하여 우리나라에서는 인구의 지방 정착과 지역경제의 활성화를 토대로 낙후지역 개발사업을 전개하고 있다.

3. 낙후지역 개발전략으로서의 개발촉진지구

개발촉진지구의 법률상 정의는 개발수준이 다른 지역에 비하여 현저하게 낮은 지역 등 개발을 촉진하기 위해 필요하다고 인정되는 지역이다. 이러한 개발촉진지구의 개념은 전통적으로 지역개발 이론에서 개념규정을 하고 있는 문제지역(problem areas) 중 낙후지역(backward regions) 및 침체지역(recessive regions)의 관점에서 규명할 수 있다.

이러한 지역들은 상대적으로 개발 정도가 부진하고 저성장의 양상을 띠는 지역으로 개발 축에서 제외된 지역이거나 파급효과가 미치지 못해 상대적으로 낙후된 지역의 개념으로 정의되기도 하며, 또한 문제지역으로서 실업률이 높고 주민들의 생활수준과 소득수준이 낮고, 특히 교통의 불편으로 인해 다른 지역으로부터 고립되어 국가적인 관심이 집중되는 지역으로 규정된다.

우리나라의 경우 개발촉진지구는 2004년부터 9차에 걸쳐 53곳이 지정되었으며 폐광지역 등을 포함하고 있다. 지정 현황을 자세히 살펴보면 1차에 7곳, 2차에 7곳, 3차에 6곳, 4차에 6곳, 5차에 7곳, 6차에 6곳, 7차에 8곳, 8차에 4곳, 9차에 2곳이 각각 지정되었다.

개발촉진지구의 지역별 분포를 살펴보면 경상북도가 11곳, 전라남도가 9곳, 전라북도가 8곳, 강원도와 충청도가 7곳 등으로 지정되어 있다. 지역적 분포 특성으로는

〈표 4-1〉 개발촉진지구 지정 현황

구분			1차	2차	3차	4차	5차	6차	7차	8차	9차
낙후지역형	계	53	7	7	6	6	7	6	8	4	2
			1996년~	1997년~	1998년~	2000년~	2002년~	2008년~	2009년~	2011년~	2013년~
	강원	7	탄광지역 (태백·삼척·영월·정선)	영월·화천	평창·인제·정선	양구·양양	횡성	고성	-	철원	
	충북	5	보은	영동	-	-	단양 괴산	-	증평	-	
	충남	7	청양	홍성	태안	보령	-	서천 금산	-	-	부여
	전북	8	진안·임실	장수	순창	고창	무주	-	남원 김제	부안	
	전남	9	신안·완도	곡성·구례	장흥·진도	보성·영광	화순·강진	장성	함평	고흥	무안
	경북	11	소백산 주변(봉화·예천·문경)	산악휴양형(영주·영양)	중서부평야(상주·의성)	안동호 주변(안동·청송)	동해 연안 (울진·영덕)	영천 울릉	청도 군위 고령	성주	
	경남	6	지리산 주변(하동·산청·함양)	의령·합천	남해·하동	합천·산청	함양	-	거창	-	
균형개발형		2	-	-	아산만권 배후 신시가지	-		-	-	-	
도농통합형		3	-	-	강릉 / 제천	-	춘천	-	-	-	

자료 : 국토연구원(2014).

태백산맥과 소백산맥을 연결하는 산악지역과 남해와 서해의 도서지역에 많이 분포하고 있는 것으로 나타났다.

개발촉진지구의 유형 중 대부분이 낙후지역형이며 개발사업의 내용은 관광산업이 대부분이다. 결국 우리나라의 낙후지역 개발전략은 관광산업에 집중되어 있음을 알 수 있는데, 이는 적은 투자자본으로 최대의 효과를 거둘 수 있는 산업을 관광산업으로 판단하는 데 기인한다.

제2절 리조트 개발의 파급효과

1. 지역경제적 파급효과

1) 생산유발효과

생산유발효과는 외래 방문자가 지역에서 지출한 돈이 직접적으로 리조트 관련 상품 및 관광상품의 생산을 유발하고, 다시 이들 산업부문이 생산을 연쇄적으로 유발하여 생산을 증대시키는 효과이다.

리조트산업은 건설업뿐만 아니라 부동산업, 관광업 그리고 교통, 쇼핑, 유흥, 숙박, 음식업 등 거의 모든 부문에 생산유발효과를 미치는데, 간접적으로는 제2차산업은 물론 제1차산업의 생산까지도 유발한다. 특히 식음료의 소비는 지역 농업경제의 활성화를 가져오며, 다른 3차산업 등에도 지대한 파급효과를 가져온다. 이와 같이 리조트산업은 지역경제를 활성화시키는 촉진제 역할을 할 수 있다.

2) 부가가치 유발효과

리조트산업은 금융이나 보험서비스, 농수산업 못지않은 높은 부가가치 유발효과를 가지고 있다. 이는 관광승수효과(multiplier effect)로 인해 제1차, 2차, 3차에 걸쳐 간접효과의 파급이 타 산업보다 크기 때문이다.

특히 본격적인 지방자치의 실시로 각 지방자치단체가 경쟁적으로 개발계획을 세우고 있는 것도 관광산업의 부가가치 유발효과가 매우 높은 데 기인한다고 할 수 있다.

3) 수출유발효과

리조트산업은 관광산업과도 매우 밀접한 관계가 있기 때문에 수입유발효과는 매우 낮은 편이며, 수출생산으로서 외화획득효과가 크다고 할 수 있다.

실제로 한국스키장협회 자료에 의하면 1990년대 초부터 꾸준히 증가해 온 외래 스키관광객은 2012 / 2013 시즌에는 다소 감소하였지만 25만 4,000명 정도의 외래 스키관광객이 국내 스키리조트를 방문하였고, 이들의 공식적인 관광매출 규모는 300억 원에 달하고 있다.

이처럼 스키리조트가 중심이 된 한국의 동계여행상품은 동남아 지역의 외래 스키 관광객을 유치하는 매력물로서 그 의미가 크다고 할 수 있으며, 더욱이 외래 스키관광객의 급격한 증가는 겨울철이 우리나라의 관광비수기임을 감안할 때 경제적 파급효과와 관광수지 개선 측면에서도 매우 중요한 성과라고 할 수 있다.

4) 고용창출 유발효과

리조트산업은 직접적으로 리조트산업의 피고용자를 증대시키고, 다시 관련산업의 피고용자를 연쇄적으로 증대시키는 효과를 나타낸다. 이는 노동집약적 산업으로서의 특징을 갖고 있기 때문이다.

고용유발효과는 리조트방문객에 대한 각종 형태의 직접적인 서비스 외에 리조트 기반시설 증대를 위한 건설 · 운수 · 식음료 부문의 고용창출효과를 포함하므로 그 파급효과가 매우 크다고 할 수 있다. 또한 국내 대부분의 낙후지역에서는 인재의 외부유출로 인한 젊은 지식층의 공백상태에서 고용유발효과가 높은 리조트산업이 개발된다면 인재의 U턴 현상으로 지역 내 활기를 가져올 수 있을 것이다.

5) 세수입 증대효과

리조트 개발의 효과 중 지방자치단체의 세수입 증가를 빼놓을 수 없다. 특히 재정자립도가 열악한 지방에서의 대단위 리조트 개발을 통한 세수입 증대효과는 재정자립도를 높이는 매우 유용한 방법이다.

리조트사업은 각종 세수입의 원천이 되고 또한 관광객들의 지역 내 소비가 늘어남에 따라 국세나 지방세의 증가를 기대하게 되는데 이러한 세수입 증대효과는 선진국에서 리조트 개발의 필요성을 정당화시켜 주는 요인이 되고 있다. 따라서 지방재원을 확보하여 재정구조를 튼튼히 함으로써 지방자치의 성공에 큰 기여를 하게 된다.

2. 정부정책적 파급효과

지역 리조트산업의 육성 내지 지역 여가공간 개발이 가져다 줄 파급효과와 리조트가 일반적으로 갖추어야 할 자연환경적 요소를 살펴보기로 한다. 이는 지방자치단체가 앞으로 리조트 개발 시책을 입안하고 민간기업들이 입지를 선정함에 있어 중요한 참고자료가 될 것이다.

1) 지역진흥과 농촌소외의 완화

리조트 개발은 대규모 지역개발사업을 반드시 수반하기 때문에 그 개발과정에서부터 개발이 완료된 이후에도 지역경제에 큰 영향을 미치게 된다. 대규모 리조트 개발은 그 지역에 대한 고용확대를 비롯하여 지역산업을 활성화시키고 지방세 수입의 증대를 가져오게 된다. 또한 리조트 이용자들은 대부분 도시주민들로서 높은 소비성향을 가지고 있기 때문에 지역 토산물에 대한 수요가 증대됨으로써 지역산업에 생산유발효과를 가져오게 된다.

특히 지방특산물, 민예품을 개발하여 이용객들에게 판매함으로써 지역소득의 증대와 고용의 촉진 및 농한기에 적절한 활용을 할 수 있을 것이다. 아울러 리조트 개발에 따른 개발이익의 환수 및 세수입 증대 등으로 지방자치단체의 재원조달에 크게 기여하게 될 것이다.

따라서 농촌지역에 농촌휴양지역 개발을 통하여 도시민의 휴양욕구를 충족시켜 줄 수 있으며, 리조트 이용자들의 빈번한 왕래를 통하여 농촌지역의 소외화 현상을 다소 완화시킬 수 있을 것이다. 아울러 도시주민과 그 자녀에 대한 자연학습과 농촌에 대한 이해를 증대시키는 효과도 기대할 수 있다.

2) 사회간접자본의 정비

리조트는 국민의 레저활동 공간을 확충하는 기능을 하기 때문에 그 자체가 하나의 사회간접자본이 된다. 또한 리조트 개발은 그 특성상 기본적으로 도로, 통신, 상하수도, 전기 등 사회간접자본의 확충을 촉진하게 마련이다.

특히 리조트 개발이 가능한 지역조건을 갖추고 있는 지역은 대부분 낙후된 지역으로서 사회간접자본의 개발이 거의 이루어지지 않았거나 개발의 필요성도 상대적으로 낮다고 할 수 있다. 그러나 어느 특정지역에 리조트 개발을 추진할 경우 반드시 도로 등 각종 사회간접시설은 물론 각종 편의시설 개발 · 공급이 수반됨으로써 자연스럽게 지방의 사회간접자본을 확충하게 된다.

따라서 상대적으로 낙후된 지방에 사회간접자본이 확충됨으로써 지역의 생활기반을 정비하는 효과를 발생시킨다. 또한 리조트 개발 지역을 중심으로 도시기반 시설이 형성됨으로써 지역민의 편리성을 향상시키게 된다.

3) 지방자치의 기반강화

리조트 개발로 인해 지역경제의 기반이 탄탄하게 다져지면 주민들의 소득향상과 정책의식이 높아져 지역에 대한 애향심이 높아지게 되고, 이와 더불어 지방재정도 크게 확충될 것이다.

결국 리조트산업의 발전은 지방자치의 양대기반이라 할 수 있는 인적기반(주민들의 정책의식과 애향심)과 물적기반(지방재정의 확대)을 동시에 확충하는 길이 된다. 따라서 레저산업 내지 리조트산업의 진흥은 지방자치의 중요한 열쇠가 된다고 하겠다.

또한 리조트산업의 긍정적 효과로는 주민들의 여가시간을 유용하게 사용토록 하여 주민생활의 건전화에 기여하는 측면과 올바른 레저문화의 정착으로 사회적 안정을 굳게 다지는 효과가 큰 측면 등을 들 수 있다.

제3절 리조트 개발의 여건분석

1. 관광지 개발과 법규

관광지 개발관련 법규는 관광지 개발사업 계획을 수립하고 진행하는 데 필요한 방법, 절차 그리고 기준을 제시해 주는 개발의 틀이라고 할 수 있으며, 계획단계부터 토지매입, 시공, 관리, 운영의 단계까지 법규를 떠나서는 사업을 수행할 수 없다.

이러한 개발 법규는 개개의 사업으로 볼 때 때로는 개발을 규제하고 어렵게 할 수도 있지만 이들 법규는 궁극적으로 토지의 효율적인 이용을 보장하려는 데 있다.

관광 개발관련 법규를 크게 분류해 보면 개발형태 및 유치시설의 결정, 개발절차, 관광지 지정 및 사업시행자 결정 등 개발에 직접 관계되는 내용을 포함하고 있는 개발 법규와 토지 이용 및 행위제한 등의 개발규제법이 개발의 필수적인 법규이다. 그 외 각종 세금 및 개발부담금에 대한 세제관련법, 토지매입 및 거래에 관련되는 토지관련법과 마지막으로 특정지역의 개발 또는 개발촉진을 위한 특별법 등 5가지 유형으로 분류할 수 있으며, 이에 따른 해당 법규는 〈표 4-2〉와 같다.

2. 리조트사업 추진체계

1) 사업 Flow

리조트 개발사업의 추진절차는 〈표 4-3〉과 같으며, 리조트 개발의 추진사례는 [그림 4-1]을 통해 이해할 수 있다.

〈표 4-2〉 관광 개발 관련 법규의 분류

구 분	법 규
개발 법규	· 관광진흥법 · 산림법 · 농어촌정비법 · 도시계획법 · 청소년기본법 · 온천법 · 자연공원법 · 도시공원법 · 체육시설의 설치 · 이용에 관한 법률
개발규제 법규	· 국토이용관리법 · 문화재보호법 · 수도법 · 군사시설보호법 · 자연환경보전법 · 환경영향평가법
세제관련 법규	· 법인세법(특별부가세) · 토지초과이득세법(토지초과이득세) · 소득세법(양도소득세) · 농어촌특별세법(농어촌특별세) · 지방세법(취득세, 등록세, 재산세, 종합토지세) · 개발이익환수에 관한 법률(개발부담금) · 농지의 보전 및 이용에 관한 법률(농지조성비) · 농어촌발전 특별조치법(농지전용부담금) · 산림법(대체조림비, 산림전용부담금) · 조세감면규제법
토지관련 법규	· 공익사업을 위한 토지 등의 취득 및 보상에 관한 법률 · 외국인의 토지 취득 및 관리에 관한 법률 · 지가공사 및 토지 등의 평가에 관한 법률
개발촉진 및 특별법규	· 사회간접자본 시설에 대한 민간자본유치 촉진법 · 지역균형개발 및 지방중소기업 육성에 관한 법률 · 수도권 정비계획법 · 특정지역 종합개발 촉진에 관한 특별조치법 · 제주도개발 특별법

[그림 4-1] 엘리시안강촌리조트 개발 추진사례

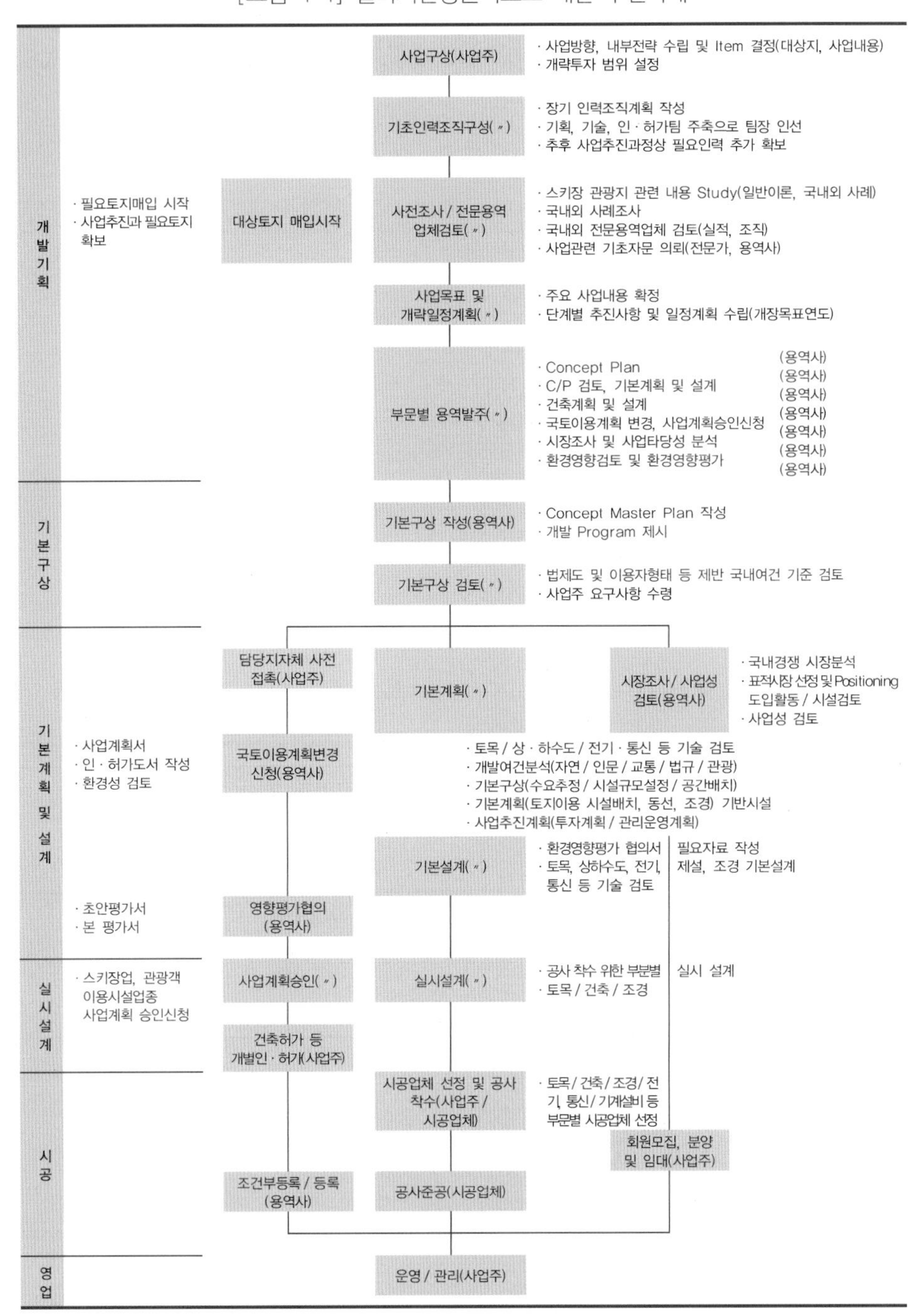

자료 : (주)LG ENC 강촌리조트 기본설계.

2) 추진절차

리조트 개발의 추진절차는 기본구상, 기본계획, 기본설계, 실시설계의 4단계로 이루어지는데, 그 과정은 〈표 4-3〉과 같다.

〈표 4-3〉 추진절차

구 분		내 용	추진절차
기본구상	사업의 개요	· 관련상위계획 및 법규 검토 · 토지소유 현황조사	· 사업의 착수 · 국토이용계획 변경신청
	개발여건 분석	· 자연환경분석(경사 / 표고 / 향 / 슬로프 / fall line) · 인문 / 교통 / 관광 / 기반환경 분석 · 종합분석	
	기본구상	· 개발방향 및 전략구상 · 도입활동 및 시설검토 · 이용객 추정 및 시설수요 예측 · 기본구상안 설정	
기본계획	현황조사분석	· 개발여건분석(자연 / 인문 / 교통 / 기반 / 관광환경분석) · 국내외 개발사례조사(국내 / 국외) · 종합분석(잠재력 및 가용지 분석)	
	기본구상	· 개발방향 및 전략 설정 · 이용객 추정 및 수요예측 · 도입가능활동 및 시설규모 산정 · 시설배치구상	
	기본계획	· 기본구조 설정 · 토지이용 / 시설배치계획 · 교통 / 동선계획 · 조경계획 · 기본시설계획	
	사업추진계획	· 투자계획 · 관리운영계획	
기본설계	토목설계	· 슬로프(슬로프 종횡단 / 공사계획평면도) · 숙박 및 부대시설(옹벽, 시설구조, 시설 종횡단도) · 도로(도로 종횡단 부대시설 상세) · 상 · 하수도(우배수계획 / 배수구조물설계 / 상수계획 / 오수계획) · 저류지(필요 저수규모산정 및 설계)	· 국토이용계획 변경완료 · 환경영향평가협회 신청(초안/ 본평가)
	기계설비설계	· 제설배관설계 · 펌프장 설계 · 리프트 종 / 단 설계 · 리프트 승강장 부지계획 · 제설기 검토 및 선정	
	전기통신(전력배치계획 / 옥외조명 설계 / 전력 / 통신용량 선로계획)		
	조경(수목 / 잔디식 재계획 / 시설물 배치설계/ 시설물 상세설계 / 환경 장치물 설계)		
실시설계	토목 / 건축 / 조경 등의 상기 부문별 실시설계		· 사업계획승인신청 · 개별인 · 허가 · 착공

자료 : 김희병, 관광개발법규.

3. 지역 환경조건

1) 입지조건 평가

입지조건의 평가는 생존차원에서부터 생활차원, 쾌적차원으로 넓혀 나가면서 그 가운데 구체적인 리조트의 적지를 선정해 가는 작업으로 [그림 4-2]와 같이 이루어져야 한다.

(1) 일반적 리조트의 성립

제1단계로서 추구하는 리조트의 일반적 성립조건에 어느 정도 적합한가를 확인해야 한다. 〈표 4-4〉와 같이 성립조건을 설명해서 1차 후보지를 선정해야 한다.

(2) 비교평가 기준의 설정

선정된 1차 후보지에 대해 각 입지조건의 비교평가기준을 설정해서 비교하는 것으로 2차 후보지를 좁혀서 선택하게 된다. [그림 4-2]와 같이 법 규제에 관한 기준을 각 조건마다 만들어 〈표 4-4〉와 같이 각 후보지에 대해 비교 평가해 나가야 한다.

따라서 입지조건 평가를 통해서 적지를 선정하는 개략의 절차를 나타내어야 하며, 기계적이지만 지역의 환경조건을 자연적 · 사회적인 양면보다 종합적 평가를 하려는 시도이며, 이것을 기본으로 해서 각 조건항목의 중요성이나 제약성을 지역의 실정에 맞게 재검토해야 할 필요가 있다.

[그림 4-2] 적지선정의 순서도

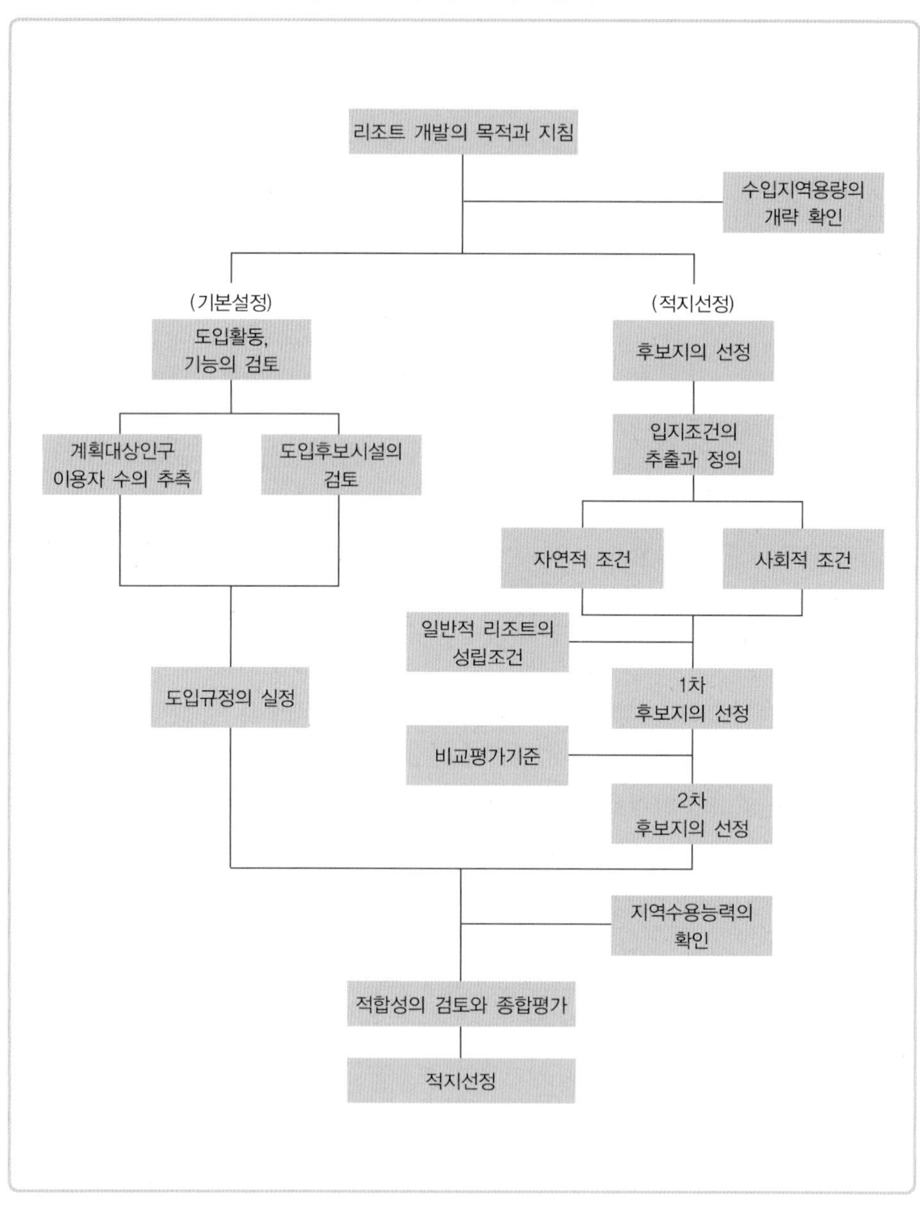

자료 : 總合UNICON, りゾート開發事業計劃 資料, 재구성.

〈표 4-4〉 산악형 리조트의 성립조건 및 보완조건

조건	요소	평가항목	설 명
성립 조건	지형	표고	· 표고는 800~1,000m가 좋다. 거주성의 점에서 여름은 800m 이상, 겨울은 대강 1,000m 이상이 바람직하다. 고도는 식생에 변화를 가져오고 경관 특색을 낳는다. 또 인간에게도 생리적 · 정신적으로 여러 가지의 영향을 부여, 생기후학적 효과가 기대된다.
		방향(지향)	· 면방향은 일조에 영향을, 거주성의 장점을 좌우한다.
		경사	· 경사도 0% 이하의 지형정리가 많이 분포되면 좋다.
		규모	· 사도, 방향과 함께 고원의 수용력, 시설규모, 배치 및 레크리에이션 활동에 관련한다.
	지모	식생	· 식생, 소림, 초지의 유무는 고원경관에 영향을 준다. 또 조류와 수종의 변화와 풍부함은 한층의 흥미와 매력을 자아낸다.
		호수, 지당, 계류	· 나무의 생존은 경관에 좋은 효과를 초래하고, 수제 레크리에이션은 큰 매력이 된다.
	기상	연평균 기온, 여름평균기온, 습도, 한난일수, 일기일수, 풍향 등	· 여름철에 냉한저온하고 거주성이 양호한 것이 바람직하다. · 반면에 겨울은 추위가 심해지기 쉽기 때문에 그 경우에 거주성이 문제가 된다. · 일기일수 시정은 레크리에이션 활동에 영향을 주고 바람은 적설지라면 스키장 개발에 관련한다.
	시장성	주변 인구분포, 도시구분	· 큰 도시인구가 있으면 큰 고원 관광수요를 기대할 수 있다는 것, 시는 항상 자연환경의 장점, 자유스러운 확장을 촉구, 도시에서 채우지 못한 것을 소득의 높이로 보상하는 것이다.
	도달성	교통수단(자동차, 철도) / 시간거리	· 자동차에 의한 도달성이 양호한 것, 특히 겨울철에 확보할 수 있다. 시간거리는 주말이용을 생각해서 4시간 이하 정도가 바람직하다.
	수리	양과 질	· 물의 양과 질, 개발이 가능성에 더욱더 영향을 미칠 기본적 요건이며 그 이용가능성이 큰 정도로 좋다.
보완 조건	온천	양, 질, 원천수	· 온천의 존재는 그것만으로도 숙박가치를 가진다. 온천분포에서 인장의 가능성이 큰 것, 온천의 길이 풍부한 것, 온천의 요양효과가 기대된다.
	눈	눈의 질, 적설일수, 평균적설, 최심적설	· 적설이 지나치게 많으면 교통문제가 발생한다. 스키활동에는 적설일수와 눈의 질이 문제가 된다. 적설량은 다소 적어도 정비가 가능하다.
	기지성	주변 관광지의 성격, 분포	· 경합이 적어도 보완관계를 기대할 수 있는 성격의 관광지가 존재해 그것들과 연계를 할 수가 있다.

* 이러한 조건은 리조트가 지향되어야 할 일반적인 자연친화형 조건이며, 법 규제에 따라 차이가 발생할 수 있다.

2) 지역 환경조건

리조트 개발은 지역과의 지역형성, 마을형성으로서 기반정비가 필연적으로 필요하며 지역 환경조건과의 관계가 전제된다. 즉 지역수용능력의 확인 및 지역 환경조건을 보유하는 보전적 태도가 명확해지고 입지조건 평가에 의해 후보지가 선택된다. 다음 단계는 후보지 내부 계획에 들어가야 하지만, 지금의 지역 환경조건 중 쾌적한 환경요소를 고려할 때만 리조트가 지역이 보전하는 쾌적한 환경요소에 제2의 생활공간으로서 자리매김할 수 있다.

리조트 개발이 지역의 쾌적 환경요소의 가치를 높이고 필연적으로 기반정비를 재촉할 수도 있다. 이는 쾌적환경의 추출과 리조트 개발의 연관을 의미하며 지역의 쾌적환경과 리조트의 쾌적환경이 상호보완적이 된다.

따라서 리조트 개발계획을 책정하는 데 있어서 지역수용능력의 확인, 입지조건평가에 의한 적지선정, 지역 쾌적환경의 추출에 의한 리조트 개발과 지역형성의 정합화를 이룰 때, 리조트 개발은 지역 환경조건의 생존차원, 생활차원, 쾌적차원의 포착방법이 될 수 있을 것이다.

4. 리조트 개발방향

리조트 개발을 추진하기 위해서는 그 핵심적인 주최자로서 풍부한 자금력과 운영기술 및 정보를 가진 민간기업이 있지만, 국민의 다양한 요구에 대응하고 적합한 리조트 용지를 형성해 나가기 위해서는 지방공공단체 등 공공센터의 지원이 뒤따라야 한다.

특히 급증하는 여가수요에 대응하기 위해서는 리조트 개발이 개발사업자의 사업경영이라는 면과 동시에 지역에 있어서도 바람직한 형태로 리조트 용지의 조성이 추진되어야 한다. 따라서 리조트 개발을 추진해 나가는 데 있어서 다음과 같은 점들이 고려되어야 할 것이다.

첫째, 리조트 개발 추진에 관한 지역 환경조건을 어떻게 포착할 것인가가 중요하다. 따라서 리조트가 지역 속에 생활공간으로서 편집되어 가는 경우며, 다양한 환경조건 등의 조합에 의해 후보지를 추출하면서 지역과의 결합을 꾀해야 한다.

둘째, 리조트 개발을 추진해 가는 데 있어서 개발하는 입장뿐만 아니라 수용하는 지역에 있어서도 현재 안고 있는 지역과제를 해결하고, 고용의 확보나 지역산업 진흥과도 연결이 요구된다. 이러한 점에 새로운 산악지 · 해안지역의 원활한 토지확보가 곤란한 경우가 예상되므로 지역의 토지수용을 원활히 추진해 나가는 것이 매우 중요하다.

셋째, 민간기업이 중심이 되는 리조트 개발을 성립시키기 위해서는 해당 지역까지 광역교통망 등 소요조건의 정비와 함께 상하수도, 공공시설 등 기반정비의 측면에서 지방공공단체의 협력이 필요하지만, 리조트의 기반정비를 위해서는 지역의 진흥이 상당한 정도로 추진되어야 한다.

따라서 성공적인 리조트 개발계획을 입안해 가기 위해서는 〈표 4-5〉에서 보는 바와 같이 지역진흥과 지역환경조건 등을 배려한 후 각종 기반정비계획을 순차적으로 추진하는 것이 바람직하다.

〈표 4-5〉 지역계획에서 본 리조트 개발의 유의점

구 분	내 용	
지역진흥 배려	· 지역의 고용확보 · 지역 부존자원의 개발	· 관련산업의 진흥 · 지방공공단체와의 제휴
지역환경조건 배려	· 수입지역 용량의 확인 · 지역 쾌적환경의 전개	· 입지조건의 평가
리조트 계획	· 시설계획 · 기반 정비계획	· 자원, 경관 보전계획 · 운용계획
관련 기반 정비계획	· 교통 · 그 외 공공시설	· 상 · 하수도

제 5 장 스키리조트

제1절 스키리조트의 개념과 특성

1. 스키리조트의 개념

스포츠나 레저활동으로서 스키나 스키장은 잘 알려져 있지만 스키리조트(Ski Resort)라는 용어는 다소 새로울 수 있다. 리조트의 사전적 의미에 스키를 붙여 스키장과 같은 의미로 사용되기도 하나, 스키라는 스포츠로서의 의미뿐만 아니라 보건과 휴양이라는 의미도 갖게 되는 것이다.

스키장이 슬로프(Slope : 적당하게 기복이 있는 스키 연습장)에 리프트가 정비되어 있는 기본적인 형태를 말한다면, 스키리조트는 장기체재에 견딜 수 있도록 변화가 풍부한 시가지 조성이 되어 있는 종합휴양지 개념이라 할 수 있다. 여러 가지 주변여건과 스키의 특징을 기준으로 할 때 스키리조트는 앞서 설명한 리조트의 요건, 즉 체재성, 자연성, 휴양성, 다기능성, 광역성 등의 요건을 가장 근접하게 갖추고 있는 전형적인 리조트의 형태라고 할 수 있다.

스키리조트의 특징은 무엇보다도 강설이라는 자연을 무대로 한 경기레크리에이션이라는 것과 어린이에서부터 어른들까지 누구에게나 즐거움을 줄 수 있다는 점이다. 따라서 스키리조트는 자연과 친하게 되고 건강한 심신을 육성하는 장소로서 숙박과 여행을 수반하는 사회교육장으로서의 역할까지도 겸하고 있다.

2. 스키리조트의 특징

1) 계절성 사업

스키리조트의 가장 큰 특징 중 하나는 계절성이며 눈이 없으면 스키를 즐길 수 없다는 것이다. 스키는 일반적으로 겨울철에 눈 위를 활강하는 겨울스포츠로 성수기가 짧고 비수기가 길어 단일 업종만으로는 수익성이 없는 사업이다. 우리나라의 경우에는 보통 90~120일 정도가 겨울에 속하고 스키를 탈 수 있는 기간에 속한다고 할 수 있다.

이러한 특성 때문에 사계절이 뚜렷한 우리나라에서는 비수기 기간이 너무 길어 경영상의 어려움을 안게 된다. 이러한 비수기 경영의 문제를 극복하기 위해 기업들은 스키장만을 운영하기보다는 골프장, 콘도미니엄 등이 복합적으로 갖추어진 스키리조트를 개발하고 있는 추세이다.

2) 다기능성 레저사업

스키리조트는 스키장 시설을 주 기능으로 하고 숙박, 레저, 스포츠, 위락, 요양, 식음료시설 등을 부기능으로 하나의 대규모 단지를 조성하게 된다.

스키장 사업은 리프트, 곤돌라 등의 시설이용료를 주요 수입원으로 하고 있지만 숙박사업(호텔, 콘도미니엄), 식음료산업(식당, 레스토랑), 용품판매사업(기념품점, 특산품점 등), 각종 스키관련 서비스산업(스키장비 렌털, 스키강습, 스포츠시설, 주차장) 등 많은 업종을 포함하고 있는 다기능성 대형 레저사업이다. 특히 슬로프, 곤돌라, 리프트, 제설장비 등의 시설은 막대한 사업비가 투자되며 스키어들의 니즈(needs)를 충족시키기 위해 최신시설을 지속적으로 도입해야 한다.

3) 천연자원 의존사업

스키장은 눈(雪)이라고 하는 천연자원이 가장 핵심적인 상품이다. 이러한 천연자원을 이용하기 때문에 사업전개를 위한 적합한 장소를 확보하는 것이 가장 중요하다. 눈의 경우 적설량, 적설기간, 설질(雪質) 순으로 중요하다. 스키장을 조성하기 위해서는 적어도 50cm 이상의 적설량이 필요하다. 슬로프(활강사면)의 나무나 암석 등의 장애물이 완전 제거되면 30cm 정도도 가능하다.

최근에는 스키웨어가 발달해 외부온도에 둔감해지고 있으나 그래도 눈이 녹지 않고 리프트를 탔을 때 너무 춥지 않은 영하 10℃ 정도의 기온이 가장 적합하다. 스키는 야외에서 즐기는 스포츠이기 때문에 맑은 날이 스키를 타는 데 적합하며, 너무 많은 눈이 내렸을 경우 교통이 마비되는 사태가 일어나 스키장 방문이 어렵고, 바람이 너무 강하게 불 경우에도 스키어의 체감온도를 낮추기 때문에 스키장 방문을 꺼리는 특징이 있다.

▲ 풍부한 적설량은 스키장 사업의 핵심요소이다(용평리조트 슬로프 전경).

4) 산악형 입지의존적 사업

스키리조트의 가장 큰 특징은 산악지대에 위치하고 있다는 것이다. 스키장은 여타 레저산업과 마찬가지로 지형, 적설조건 등이 중요한 자원입지 산업이다. 스키장을 개발하는 데 있어서도 스키로 활강하기에 적합한 다양한 경사도의 활강사면이 충분히 갖추어져 있어야 하고, 휴식시설 · 숙박시설 등의 부대시설을 배치할 수 있는 넓은 산악지형이 적당하다.

활강사면의 경사도는 스키어의 실력에 따라 다소 차이는 있으나 5~15℃ 정도가 적당하다. 스키장의 표고차도 지형, 면적과 관계가 있는데, 소규모 스키장에서는 100~150m, 대규모 스키장이라면 최저 300m 이상이 바람직하다. 또한 스키장 내의 중심부와 가장 낮은 부분에서 최고 표고부분이 보이는 스키장이 좋다.

입지적 측면에서는 우리나라의 대도시가 수도권에 집중되어 있는 점을 감안할 때, 스키장은 수도권 인근이나 눈이 많이 내리는 강원 산악지대에 건설되지 않으면 사업성이 떨어진다고 할 수 있다. 또한 스키장과의 도로 및 교통편의 접근성이 좋지 않으면 스키어들이 기피하는 경향이 높다.

제2절 스키리조트의 일반적 기준

1. 입지조건

1) 기 온

설면의 유지와 쾌적한 스키활동을 위해서 동계기간(12~3월)의 월평균 기온은 -10~0℃, 일평균 기온은 -5~5℃가 최적이고 대체로 온화한 곳이 좋다. 그러나 활강사면은 북향을 택하여 설면이 영하를 유지하도록 해야 한다.

〈표 5-1〉 스키리조트에 적합한 연평균 기온

적정여부	가 능	적 당	가 능	불가능
기 온	-20 ~ -10℃	-10 ~ 0℃	0 ~ 5℃	5 ~ 10℃

자료 : 한국스키장사업협회.

2) 바 람

스키리조트에서 바람은 활주자에게 큰 장해요소가 되므로 겨울철에 부는 북서풍은 특히 유의해야 한다. 스키장의 정상부 쪽으로 부는 바람은 활강속도를 감소시키고 활강사면과 직각을 이루는 바람은 추위를 동반하므로 바람직하지 못하다. 바람의 속력이 15m/sec 이상이 되면 리프트 운행이 중지되므로 좋지 못하며, 특히 산악지대로서 돌풍이 많은 지역은 부적합하고 약풍, 무풍지가 좋다.

경사면 방향의 바람과 직각 방향의 바람, 그리고 산악지대에서 저기압의 통과로 인한 돌발적인 바람은 추위를 동반하여 바람직하지 못하므로 방풍림으로 바람을 약화시켜야 한다.

3) 적설량

적설량은 보통 1m 이상을 항상 유지해야 하지만 50cm 정도로도 활주는 가능하다. 그 이하인 경우는 지표가 부분적으로 노출되므로 -1℃ 이하의 상태에서는 제설기로 눈을 만들어 보충해야 한다. 적설시기는 12월 말에서 4월 상순까지 지속되는 것이 이상적이고 최저 90일 이상 스키장 영업이 가능한 적설상태를 유지해야 한다.

4) 표 고

스키리조트에서 표고차는 설질과 적설기간을 고려하여 500m 이상이 바람직하고 800m 이상이면 더욱 좋다. 다만, 1,700m 이상이면 식생의 회복이 곤란하며 코스의 유지관리와 환경보전의 측면에서도 부적당하다.

수직표고차는 최저 70m 이상이 되어야 하고 800m까지 가능하다. 리프트의 채산효율로 보아 가장 짧은 길이는 400m로 최저의 평균 경사도는 10℃로 하는 것이 적당하다. 리프트 1기에 의한 표준 표고차는 70~300m 정도이지만, 기술적으로는 400m 정도까지 가능하며, 공식적인 활강경기(남자)의 최소 표고차는 800m이다.

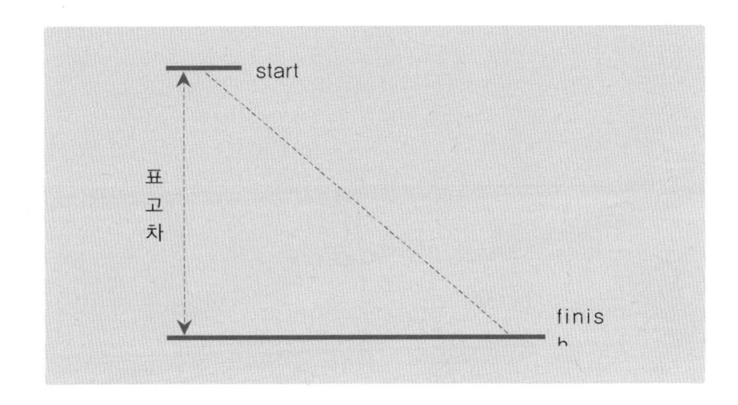

5) 경사도

스키리조트에서는 특히 경사도에 따라 이용형태를 달리하게 되므로 경사도는 매우 중요한 자료가 된다. 따라서 스키리조트에서는 경사도에 의해 시설의 입지가능성과 스키코스의 등급별 구분을 하게 되는데, 이에 따른 경사도는 〈표 5-2〉와 같다.

스키리조트 개발에 있어 슬로프는 경기종목에 따라 개발형태가 달라지고 개발 대상지역의 산림훼손을 최소화하기 위해서 스키코스의 경사도와 주변의 경사도가 가급적 일치하도록 지형을 고려하여 개발해야 한다.

〈표 5-2〉 스키리조트 슬로프의 경사도 구분

경사도	대상지
0~10%	지형이 매우 평탄하므로 베이스 에어리어 입지에 유리함
10~20%	초보자(Beginner)에게 적당함
20~30%	초급자(Novice)나 초중급자(Low Intermediate skier)에게 적당함
30~40%	초중급자나 중급자(Intermediate)에게 적당함
40~50%	중급자(Intermediate skier)에게 적당함
50~60%	상급자(Advanced skier)에게 적당함
60~70%	최상급자(Expert skier)에게 적당함
70~80%	최상급자에게 가장 가파른 경사임
80% 이상	스키를 타기에 너무 가파름

▲ 스키장의 가파른 경사도를 이용한 상급자 슬로프 전경(휘닉스파크)

6) 경관조경

경치가 아름다운 스키장은 스키어들에게 더욱 인기가 좋기 때문에 스키장 개발에 있어서 경관은 매우 중요하다. 스키장에서는 스키어들이 리프트에 탑승하고 있는 시간과 리프트 상·하부에서 대기할 때의 전망조건이 스키활동의 매력 요인으로 작용하므로 수려한 산악환경과 조경은 스키장 전체의 포인트가 된다.

▲ 용평리조트의 리프트탑승을 이용한 자연감상

▲ 보광휘닉스파크의 산악환경을 이용한 전망대 전경(몽블랑 정상)

또한 경관이 수려한 지역은 스키어들에게 인기가 좋을 뿐만 아니라 겨울을 포함한 사계절 내내 이용자들을 유인하는 매력요인으로 작용하고 있다.

2. 시설조건

스키리조트의 시설은 스키장의 규모와 성격에 따라 다르나 보통 〈표 5-3〉과 같은 시설이 필요하다. 그 외에 본격적인 스키리조트 단지로 조성하는 경우에는 스키 후(after ski)의 활동에 필요한 시설이 추가된다.

스키리조트 설계 시 적지 선정기준에 따라 위치가 결정되면 광역적 지역권의 범위 내에서 상대적 입지성과 수요예측을 거친 후 경영규모의 수준과 서비스수준을 고려하여 개발규모를 결정한다. 이때 스키리조트 개장 이후 5~10년 뒤의 1일 최대수용능력을 예측하여 관광객 수용에 차질이 생기지 않도록 규모가 결정되어야 한다.

〈표 5-3〉 스키장의 시설

시설종류	기 준
활강사면	각종 활강코스, 연습용 슬로프, 강습용 슬로프, 경기용 슬로프
등행시설	Railway, Chairlift, Snow-Escalator
관리보안시설	관리사무소, 안내소, 매표소, 조명시설, 제설기, Ski-Cart, Ski Patrol, 의료시설
강습, 장비시설	Ski 학교, 장비대여 및 수리시설
휴게시설	식당, 매점, 휴게소
숙박시설	호텔, 콘도, 유스호스텔
교통시설	도로, 주차장
기 타	Jump대, Bub-Sleight Course, Tour Course

자료 : 안봉원 외 공역, 관광시설조경론, p. 25.

1) 스키코스

스키(ski)와 코스(course)라는 두 단어가 결합된 스키코스(ski course)라는 조합어는 '스키어가 달리는 길' 혹은 '스키어의 진행경로'라는 의미이다. 스키코스와 비슷한 의미로 사용되는 단어는 스키트레일(ski trail), 스키런(ski run), 스키슬로프(ski slope) 등이 있다. 일반적으로는 모두 같은 의미로 쓰이나 '슬로프'라는 단어를 가장 많이 사용하고 있다.

슬로프(slope)의 사전적 의미가 '사면', '경사로'이듯이 스키슬로프는 스키장에서 스키어들이 스키를 타고 속력을 내며 내려올 수 있도록 험하고 비탈진 산악지형을 토목공사를 통해 깎아놓은 '스키 활주로'를 의미한다.

스키장에서 가장 중요한 시설이며 슬로프 수의 많고 적음에 따라 스키장의 규모가 결정된다. 스키코스는 크게 스키어의 실력에 따라서 초급자 코스(beginner), 중급자 코스(intermediate), 상급자 코스(advanced)의 3단계 등급으로 구분된다. 초급자 코스는 다시 초보자 코스(beginner), 초급코스(novice)로, 중급자 코스는 다시 초·중급(low-intermediate), 중급(intermediate), 중·상급(high intermediate)으로 나뉜다. 상급자 코스는 다시 상급자 코스(advanced)와 최상급자 코스(expert)로 나뉜다.[1)]

▲ 용평리조트 슬로프(레인보우) 전경

1) 등급의 구분은 국제적(FIS)으로 통용되는 것으로서, 각각의 스키리조트마다 모든 스키코스를 그 특성에 따라서 등급별로 구분하고, 표시방법을 달리하여 스키어가 자신의 능력에 맞추어 스키코스를 선택할 수 있도록 하고 있다.

〈표 5-4〉 국내 주요 스키장의 슬로프 경사도

구 분	초 급		중 급			상 급	
등 급	초보자	초급	초중급	중급	중상급	상급	최상급
비발디파크	10~25%		25~30%			30% 이상	
휘닉스파크	10~15%		15~25%			25% 이상	
웰리힐리파크	10~13%		14~25%			25~45%	

2) 리프트

리프트(lift)란 '스키장이나 관광지에서 낮은 곳으로부터 높은 곳으로 사람을 실어 나르는 의자식 탈것'을 의미하며, 공중에 와이어로프(강철삭)를 가설하고 그것에 운반기를 매달아 전력기로 와이어로프를 감아올리는 식으로 움직인다. 와이어로프에는 의자식 운반기가 고정되어 있고, 스키어의 안전을 유지하기 위해 리프트의 높이는 직설면으로부터 의자 하단까지 4m 이내로 규정하고 있다.

스키리조트에서 리프트 자체의 비중은 대단히 크다. 리프트는 제설시스템(snow making system)과 더불어 스키장의 대표적인 하드웨어(hardware) 시설이라고 할 수 있다. 스키장의 대표적 이미지로서 리프트의 탄생은 오늘날 스키리조트에서 흔히 볼 수 있는 소프트웨어(software)적인 것들을 발전시키는 역할을 했다.

리프트의 또 다른 형태인 곤돌라(gondola)는 관광지에서 흔히 볼 수 있는 케이블카와 동일한 의미의 기구로써 스키 장비를 달고 4~6명을 운반할 수 있는 작은 달걀모양의 기구이다. 여러 대의 곤돌라가 하나의 케이블에 매달려서 이동하며, 짐을 실었을 때나 안 실었을 때나 흔들리지 않는다. 스키어는 이를 이용하는 데 별로 어려움이 없으며 조작자는 오직 필요한 수의 곤돌라만 작동시키고 나머지는 산 정상이나 아래의 역에 정지시켜 놓을 수 있는 장점이 있다. 여러 종류의 리프트 특징을 종합해 보면 다음과 같다.

〈표 5-5〉 리프트의 종류별 특징

구 분	로프토 (Rope Tows)	텔리스키 (Teleskies)	의자리프트 (Chair Lift)	곤돌라 (Gondola)	케이블카 (Teleferics)
견인방식	지면견인	지면견인	의자견인	소형객차	소형객차
로프형식	저공삭도	저공삭도	저공삭도	고공삭도	고공삭도
선로길이	100~400m	900~1,000m	500~2,000m	2,000m 이상	2,000m 이상
운 송 력	200인/시	2인승 기준 1,000인/시	4인승 기준 1,500인/시	8인승 기준 약 3,000인/시	8인승 기준 약 3,000인/시
이용측면	스키 착용	스키 착용	스키 착용	스키 착용, 스키 미착용	스키 미착용
비 고	면허 불필요 설치비 저렴 운송이 간단	바람 관계없이 활주 가능	승강장 필요 건설비 크다 운송력 크다	승차안정감 설치비 크다 장거리용	비용이 크다 장거리/선수용 으로 적합

자료 : 각종 자료를 토대로 재구성.

▲ 용평리조트 곤돌라(위)와 리프트(아래) 전경

3. 스키장 지원시설

스키장 지원시설은 주로 '베이스 에어리어(base area)' 내에 모두 배치되어 있다. 즉 베이스 에어리어란 스키어가 쾌적한 스키활동을 즐길 수 있도록 여러 가지 서비스나 영업관리를 지원하는 장소라고 할 수 있다.

각종 서비스 기능이 집적되며 레크리에이션 활동의 중심이 되기 때문에 스키리조트 전체의 수준이나 이미지를 결정할 수 있을 만큼 중심적인 시설이 된다. 스키장 지원시설은 보통 다음과 같이 진입공간, 숙박공간, 서비스 공간, 스포츠시설 등으로 나누어지며 각 공간의 시설구성은 다음과 같다.

〈표 5-6〉 베이스 에어리어의 공간별 주요 시설

구 분		시 설
진입공간		진입도로, 진입광장, 주차장
숙박공간		호텔, 콘도미니엄, 유스호스텔 등
서비스 공간	스키 서비스시설	스키센터, 스키학교, 에이프런, 휴게소 등
	스포츠시설	실내스포츠시설, 피트니스시설, 야외스포츠시설
	상업시설	식음시설, 판매 및 유희시설
	관리시설	운영시설, 보안 및 관리시설

◀ 리조트 지원시설은 리조트의 수준이나 이미지를 결정할 만큼 중요한 공간으로 각종 스포츠시설 및 서비스 기능이 집적되어 있다.

▸ 무주덕유산리조트
① 래프팅
② 산악자전거
③ 서바이벌게임
④ 점프기구

▸ 웰리힐리파크
⑤ 볼링센터
⑥ 피트니스센터
⑦ 인라인기구
⑧ 카트

제3절 국내 스키리조트 경영현황

1. 스키리조트 지역별 현황

스키장 개발의 최근 경향은 리조트 특성을 중시하는 스키장과 일상적 이용을 중시하는 근거리형 스키장의 2가지 유형으로 구분되고 있다. 리조트의 특성을 중시하는 스키장은 적설이 풍부하고 대도시로부터 멀리 떨어져 위치하여 교통조건이 불리하기

〈표 5-7〉 국내 지역별 스키리조트 개발 유형

위 치	리조트	특 성
강원권 (10개소)	용평리조트 알프스리조트 비발디파크 휘닉스파크 웰리힐리파크 엘리시안강촌 한솔오크밸리 하이원리조트 오투리조트 알펜시아	· 대기업의 진출이 두드러지며 입지에서의 열세를 시설규모의 대형화로 만회하고 있음 · 현재 강원권형 스키리조트가 국내 시장의 판도를 나누고 있으며, 휘닉스파크와 비발디파크가 입장객 수에서 용평을 앞서고 있음 · 알프스리조트의 경우 긴 역사에도 불구하고 경영난으로 경쟁대열에서 탈락되고 있음 · 영동고속도로의 확장개통으로 일일권 스키어들의 방문이 급격히 증가하고 있음
경기권 (6개소)	양지파인 스타힐 베어스타운 서울스키장 지산포레스트 곤지암리조트	· 서울근교형의 경우 대부분이 우수한 지리적 위치에 의존하고 있으며, 시설투자 규모는 대부분 작음 · 이용객 수, 매출 면에서 강원권에 비해 떨어짐(1/2 정도) · 강원권 대규모 리조트 개발 전 호황을 누렸으나 현재는 2~3개 스키리조트가 심각한 경영압박을 받고 있음 · 강원권 스키장에 대항하여 슬로프 확장과 최신 기종의 리프트 및 제설장비의 교체를 통해 규모를 확장하는 추세임 · 강원권에 비해 직장인들로부터 주중이나 야간스키의 선호도가 높은 편
중부권 (3개소)	사조리조트 덕유산리조트 에덴밸리	· 사조리조트의 경우 잦은 경영주 교체와 사업지연으로 경쟁대열에서 밀리고 있음 · 덕유산리조트의 경우 지역 내 수요, 서울-경기권, 영남, 충청권 수요를 모두 흡수하여 시장점유율이 가장 높음

때문에 체재환경을 좋게 하는 것으로서 불리한 조건의 만회가 가능하므로 시설을 대형화하고 있으며, 대부분은 강원권 내 리조트가 이에 해당된다.

근거리형 스키장은 교통조건이 유리하지만 적설조건은 그다지 유리하지 않거나 혹은 스키장으로서 상응하는 적설조건이 완전히 없는 곳도 있으므로 인공강설기의 보급에 따라 인공스키장이라는 아이템으로 분리되어 각광받고 있다. 경기권에 위치한 근거리 스키장의 경우 주로 일일 스키이용객들이 즐겨 찾고 있다.

2. 국내 스키리조트 시설현황

국내 최초의 스키장은 1967년 강원도 고성군의 북악스키장이 시초이며, 이후 진부령스키장으로 개칭하였고, 1986년 다시 '알프스리조트'로 개명하여 사용하고 있다. 그 다음은 용평리조트가 1975년에 개장하였고 가장 최근에 개장한 스키리조트는 알펜시아리조트로 2009년 12월에 개장하였다. 2014년 기준 국내에서 운영 중인 스키장은 19개소인데, 스키장의 대부분이 경기도와 강원도에 편중되어 있음을 알 수 있다. 이는 이들 지역의 설질이 풍부하고 수도권의 스키어들을 유치하는 데 유리하기 때문이다. 국내 스키리조트 시설현황을 살펴보면 〈표 5-8〉과 같다.

〈표 5-8〉 국내 스키리조트 시설현황

위 치	스키리조트	개장일	슬로프	리프트	슬로프 면적(m^2)
강원도 (10개소)	용평리조트	1975. 12.	29	15	3,436,877
	알프스리조트	1984. 12.	6	5	442,036
	비발디파크	1993. 12.	12	10	1,322,380
	휘닉스파크	1995. 12.	21	9	1,637,783
	웰리힐리파크	1995. 12.	18	9	1,368,756
	엘리시안강촌	2002. 12.	10	6	609,674
	한솔오크밸리	2006. 12.	9	3	797,695
	하이원리조트	2006. 12.	18	10	4,991751
	오투리조트	2008. 12.	19	6	4,799,000
	알펜시아	2009. 12.	7	3	671,180

위 치	스키리조트	개장일	슬로프	리프트	슬로프 면적(m^2)
경기도 (6개소)	양지파인	1982. 12.	10	6	368,683
	스타힐	1982. 12.	4	3	502,361
	베어스타운	1985. 12.	7	8	698,181
	서울스키장	1992. 12.	4	3	278,182
	지산포레스트	1996. 12.	10	5	500,000
	곤지암리조트	2008. 12.	13	5	1,341,179
전북	덕유산리조트	1990. 12.	34	14	4,037,600
충북	사조리조트	1990. 12.	9	4	656,986
경남	에덴밸리	2006. 12.	7	3	1,052,012

자료 : 한국스키장사업협회(2014년 기준).

3. 스키장 이용객 수 현황

국내 스키장 이용객 수는 2012 / 2013 시즌기간에만 6,314,344명이 스키장을 방문했다. 스키장별로 2012 / 2013 시즌 이용객 수를 살펴보면 비발디파크 스키장이 845,371명으로 4년 연속 1위 자리를 지키고 있다. 다음으로 하이원리조트가 791,564명으로 2위를 기록하였으며, 휘닉스파크는 전년도에 비해 -9.4% 감소를 보이면서 2위 자리를 하이원리조트에 내주고 3위로 밀려났다. 한솔오크밸리가 전년에 비해 -13%의 감소세를 보이면서 5위를 기록하였다.

증가율 면에서 살펴보면 하이원리조트가 전년에 비해 12% 성장하였고, 엘리시안 강촌과 알펜시아, 양지파인리조트 등이 소폭 증가하였다. 반면에 용평리조트, 대명비발디파크, 휘닉스파크, 웰리힐리파크, 한솔오크밸리 등 대부분의 스키장들이 감소세를 보이고 있다. 국내 스키장 이용객 수 현황을 살펴보면 〈표 5-9〉와 같다.

〈표 5-9〉 국내 스키장 이용객 수 현황 (단위: 명)

위 치	스키리조트	2009/2010시즌	2010/2011시즌	2011/2012시즌	2012/2013시즌
강원도 (10개소)	용평리조트	528,373	544,237	580,515	533,342
	알프스리조트	휴업	휴업	휴업	휴업
	대명비발디파크	829,815	847,945	889,747	845,371
	휘닉스파크	672,834	607,679	637,325	597,688
	웰리힐리파크	504,520	546,155	435,092	367,615
	엘리시안강촌	301,886	306,052	320,199	328,974
	한솔오크밸리	526,520	579,271	623,685	466,416
	하이원	674,571	691,364	662,842	791,564
	오투리조트	106,657	94,294	84,998	63,742
	알펜시아		94,180	110,026	116,493
경기도 (6개소)	양지파인	255,176	236,087	211,909	239,726
	스타힐	64,298	58,922	52,088	57,910
	베어스타운	353,510	296,081	253,765	256,765
	서울스키장	휴업	휴업	휴업	휴업
	지산포레스트	492,414	493,166	527,188	473,692
	곤지암	432,148	414,402	448,943	414,642
전북	덕유산리조트	607,379	378,700	521,288	458,739
충북	사조리조트	46,012	36,398	29,119	20,592
경남	에덴밸리	270,416	254,562	276,494	281,073
합계		6,666,529	6,479,495	6,665,223	6,314,344

자료 : 한국스키장사업협회(2014).

4. 스노보드 증가 추세

1998년 나가노 동계올림픽에서 정식종목에 채택된 '스노보드(snow board)'는 1960년대에 미국에서 고안되어 1970년대 후반에 상품화되기 시작했고, 1991년에는 세계스노보드연맹이 결성되었다.

국내에서도 1990년대 중반 이후 대형 스키리조트가 등장하면서 스키장들이 그동안 등한시했던 스노보드 전용코스, 모굴스키코스, 크로스컨트리 스키코스 등을 마련하면서 스키어들을 끌어들이고 있다. 그동안 스노보드는 알파인스키보다 회전반경이 커서 다른 스키어들과의 충돌이 우려되고 슬로프 설면을 심하게 긁어 슬로프를 망친다는 이유에서 각 스키장에서 기피대상이었던 적도 있었다.

그러나 2000년대 들어서면서 스노보드가 신세대들을 중심으로 폭넓게 확산되면서 모든 스키장들이 스노보더를 끌어들이기 위해 스노보드 전용 슬로프를 만들거나 대부분의 슬로프를 개방하고 있다. 특히 스키장들은 스노보더들의 전유물인 하프파이프와 익스트림파크를 국제규격으로 확충하고 있다. 하프파이프(half pipe)는 슬로프를 원통으로 자른 듯 반원형으로 길게 파놓은 형태로서 점프와 공중제비를 즐기는 프리스타일의 보더들에게 인기가 있다.

스노보드 월드컵대회를 개최한 용평리조트의 경우 2011년부터 스노보더용 드래곤파크(Dragon park)를 운영하고 있다. 휘닉스파크에서도 2005 / 2006시즌부터는 이용이 쉽고 부상위험이 없는 소규모의 하프파이프와 점프대로 구성된 초보자, 여성전용 익스트림 파크를 신설하여 운영하고 있으며, 2008 / 2009시즌에는 웨이브 1기, 키커 6기, 레일 12종, 박스 4종 등을 추가로 설치하는 등 터레인파크(terrain park)를 대폭 강화하였다.

2009년에 이미 스노보드 세계선수권대회를 개최한 웰리힐리파크(옛 현대성우리조트)는 길이 180m, 폭 17m, 높이 6m의 국제적 규모의 하프파이프를 조성하였으며, 시간당 수송능력이 1,400명인 보드워크(board walk)를 운영하고 있다. 또한 2013 / 2014시즌에는 스노보더를 위한 전용 '슈퍼파이프' 슬로프와 기물들을 타는 즐거움을 느낄 수 있는 '펀파크'를 새롭게 단장하였다.

대명비발디파크는 2006년에 세계 스노보드 주니어선수권 대회를 개최하였고, 현재는 최상급 1개 슬로프를 제외하고 전 슬로프를 스노보더에게 개방하고 있다. 무주덕유산리조트(구 무주리조트)는 개장 당시 유일하게 스노보드를 허용했던 리조트로서 현재는 슬로프 34면 중 30면을 스노보더들에게 개방하고 있다.

이 밖에도 양지파인리조트, 엘리시안강촌리조트, 하이원리조트, 오투리조트, 오크밸리 스키장에서도 스노보더들을 위해 익스트림파크를 운영하고 있는데, 스키장마다 점프대와 S자형 레일, 무지개형 레일 등 다양한 형태의 레일을 경쟁적으로 설치하여 운영 중이다.

최근에는 스키리조트의 입장객 수에서 스노보드 입장객 수가 일반스키 입장객 수와 50 : 50으로 동일한 비율을 보이거나 일부 스키장에서는 스노보드 입장객 수가 60 : 40 정도로 우위를 보이는 추세이다.

▲ 용평리조트 '스노보드 월드컵대회'에 참가한 선수

〈표 5-10〉 주요 스키리조트의 스노보드 파크 시설 현황

업체별	스노보드 파크	주요 시설
용평리조트	드래곤파크 (Dragon park)	· 웨이브, 키커, 레일, 박스 등 · 슬로프 길이 400m, 평균 경사도 15도
휘닉스파크	익스트림파크 (Extreme park)	· 초급자용(킨크박스 등), 중급자용(다운레일 등), 상급자용(킨크레일 등)의 21개 기물 · 슬로프 길이 675m, 평균 경사도 10도
웰리힐리파크	익스트림파크 (Extreme park)	· 슈퍼파이프 : 국제 규모의 하프파이프 · 펀파크 : 키커, 와이드박스, 킨크박스 등 · X파크 : 웨이브, 뱅크턴 등 보드 크로스코스 · 모굴코스 : 키커, 펀박스, 레일 등
대명비발디파크	익스트림파크 (Extreme park)	· 멀티파크, 엑스존, 슈퍼파이프(길이 130m, 높이 4.5~6.5m, 경사도 86도)
양지파인리조트	스노파크 (Snow park)	· 초급자용(레일, 펀박스), 중급자용(스트레이트 레일, 킨크박스), 상급자용(레인보우박스, 키커 등)
엘리시안강촌	채널파크 (Channel park)	· 초급자용(스트레이트박스), 중급자용(C박스, 하우스박스, 킨크박스), 상급자용(레인보우박스, 스트레이트 레일, 키커 등)
하이원리조트	익스트림파크 (Extreme park)	· 초급자용(와이드박스, 초보키커, 펀박스), 중급자용(킨크박스, 스트레이트레일, 롱펀박스), 상급자용(더블킨크박스, 상급키커, 월캔 등)
오투리조트	스노파크 (Snow park)	· 초급자용(키커, 펀박스 등), 중급자용(킨크박스, 레일 등), 상급자용(월캔 등 10개 기물)

5. 방한 외국인 스키이용객 현황

2013년 한 해 동안 한국을 방문한 외래관광객은 중국인이 432만 6,869명으로 가장 많았으나, 스키장을 방문한 중국인 스키관광객은 5만 7,777명으로 극히 저조한 수치를 보이고 있다. 일본의 경우에도 입국자 수에서는 중국에 이어 2위를 차지하고 있지만 스키시즌기간 입국자 대비 스키이용객은 1,910명으로 0.2%만이 스키장을 찾은 것으로 조사되었다. 그리고 러시아, 미국, 필리핀의 경우에도 스키시즌기간 입국자 대비 스키관광객의 비율이 러시아 9%, 미국 1.1%, 필리핀 0.6%로 극소수만이 국내 스키장을 이용하는 것으로 밝혀졌다.

그러나 홍콩, 싱가포르, 말레이시아 등의 경우 총 입국자 수에서는 중국과 일본 등에 뒤졌지만, 스키시즌 입국자 대비 스키관광객 비율에서는 매우 높은 점유율을 보이고 있다. 홍콩의 경우 스키시즌기간 동안 14만 6,425명이 입국하였는데 그중 10만 7,832명이 스키장을 방문하여 74%의 관광객이 스키관광을 경험하였다. 싱가포르의 경우에도 스키시즌기간 7만 8,721명이 입국하였는데 그중 66%에 해당하는 5만 1,945명이 스키관광에 참여하였다. 말레이시아 관광객의 경우에도 45.5% 정도의 관광객들

▲ 외국인 스키관광객들을 대상으로 한 스키강습 전경(용평리조트)

이 스키장을 이용한 것으로 조사되었다.

결론적으로 이러한 결과들을 살펴볼 때, 우리나라 스키장의 주요 표적시장은 싱가포르, 홍콩, 말레이시아임을 알 수 있다. 주요 국가의 스키시즌기간 입국자 대비 스키 이용객 현황을 도표로 정리하여 살펴보면 〈표 5-11〉과 같다.

〈표 5-11〉 국가별 방한 입국자 대비 스키이용객 현황 (단위 : 명)

구 분	국 적	총입국자 (2013. 1~12)	스키시즌(2013. 11~2014. 3)		
			국내입국자	스키관광객	점유율
1	중 국	4,326,869	1,275,210	57,777	4.5%
2	일 본	2,747,750	1,115,977	1,910	0.2%
3	미 국	722,315	264,135	2,872	1.1%
4	대 만	544,662	218,797	66,010	30%
5	필리핀	400,686	133,242	766	0.6%
6	홍 콩	400,435	146,425	107,832	74%
7	태 국	372,878	181,517	56,922	31.4%
8	말레이시아	207,727	90,918	41,372	45.5%
9	러시아	175,360	70,555	6,424	9%
10	싱가포르	174,567	78,721	51,945	66%

[그림 5-1] 스키시즌기간 방한입국자 대비 스키이용객 현황

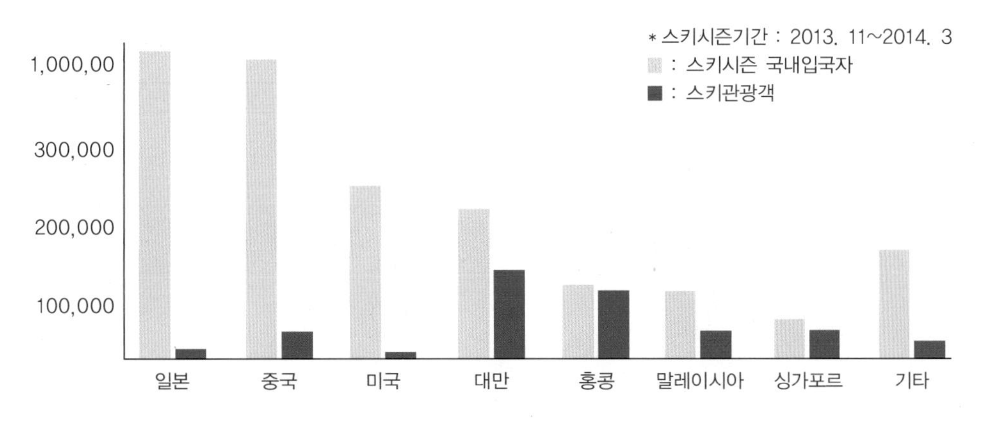

제4절 국내 주요 스키리조트

국내에서 운영되고 있는 19개 스키리조트 중 6면 이상의 슬로프 시설을 갖춘 대표적 스키리조트 13개소를 소개하고자 한다. 본 절에서 소개하는 스키리조트들은 스키장 외에도 대규모 숙박시설과 골프장, 워터파크 등 다양한 부대사업장을 동시에 운영하고 있으므로 학생들의 리조트에 대한 이해도를 높이기 위해 각 리조트의 주요 시설 현황을 함께 소개하기로 한다.

용평리조트 야간 전경

1. 용평리조트

예로부터 눈이 많이 내려 '하늘 아래 첫 동네'로 불리던 강원도 평창군 발왕산 기슭의 해발 700m 고지에 위치한 용평리조트(Yongpyong Resort)는 1975년 국내 최고의 스키장과 관광호텔을 개관했다. 520만 평의 광활한 대지에는 특급호텔과 유럽풍의 콘도미니엄, 연평균 250cm의 적설량을 자랑하는 스키장, 45홀의 골프장, 워터파크(피크아일랜드) 등의 시설을 구축함으로써 온 가족이 함께 즐길 수 있는 사계절 종합리조트로서의 면모를 갖추고 있다. 이 밖에도 볼거리, 먹을거리, 즐길거리를 함께할 수 있는 10만 평 규모의 화훼단지, 스키박물관, 생태박물관, 승마장, 크레이사격장, 사슴목장, 천문대 등의 시설을 갖추고 있다.

이러한 차별화된 시설을 갖춘 용평리조트는 아시아 동계스포츠의 메카로서 한국 스키의 역사는 '용평' 그 자체라고 할 정도로 국내에서 인정받고 있으며, 해외에서도 하드웨어와 소프트웨어를 완벽하게 갖춘 세계적인 스키장으로 평가받고 있다.

2008년 7월에는 30여 년간 축척된 경영노하우를 바탕으로 충남 무창포 해수욕장 인근에 체인콘도인 비체팰리스콘도(236실)를 개장하였고, 같은 해 7월에 용평리조트 단지 내에 워터파크 피크아일랜드(Peak Island)를 개장하였다.

2011년에는 전남 여수시에 위치한 디오션리조트(The Ocean Resort)와 위탁경영을 체결함으로써 128실의 콘도와 워터파크, 디오션CC(18홀)의 전략기획 및 마케팅, 회원관리 등을 통합하여 경영함으로써 글로벌 경영체계를 구축하고 있다.

1) 스키장

용평스키장은 아시아에서는 두 번째로 국제스키연맹(FIS)으로부터 국제대회 개최 수준을 공인받아 1999년 동계아시안게임을 시작으로 네 차례의 용평 월드컵 알파인 스키대회, 국제 인터스키대회(2007년 1월), 스노보드 월드컵대회(2011년 2월) 등 국제대회를 다년간 성공적으로 개최해 유럽뿐만 아니라 일본을 비롯한 아시아권의 스키어와 관광객들에게도 그 명성이 높다.

용평스키장의 최대 장점은 적설량이 풍부하고 설질이 뛰어난데다 곳곳에 리프트 동선이 연결되어 있어 베이스까지 내려오지 않더라도 여러 곳의 슬로프를 넘나들며 스키를 즐길 수 있다는 것이다.

스키장 동시 수용인원은 2만여 명으로 34면의 슬로프를 보유하고 있으며, 이 중 국제대회를 개최할 수 있는 슬로프는 6면에 달하고 있다. 시간당 2만 8,000명을 수송할 수 있는 리프트 14기와 스키하우스에서 발왕산까지 운행되는 3.7km의 8인승 초고속 곤돌라를 운행하고 있다. 리프트의 총 연장길이는 13,690m에 달한다.

또한 스노보더를 위하여 국제규격보다 큰 슈퍼하프파이프와 세계적인 열풍이 불고 있는 국내 최초의 터레인파크인 드래곤파크를 설치하여 마니아들로부터 호평을 받고 있다. 2018년 평창동계올림픽까지는 전체 48면의 슬로프와 24기의 리프트를 갖추고, 2018년 평창동계올림픽 행사 기간 중에는 알파인스키 등 주요 경기가 용평스키장에서 개최될 예정이다.

2) 골프장

용평리조트 골프장은 용평GC, 버치힐GC, 퍼블릭골프장 등 총 45홀의 골프코스를 보유하고 있다.

1989년 5월에 개장한 용평골프클럽(25만 평)은 18홀 규모로서 회원제로 운영되고 있으며, 2004년 개장한 버치힐골프클럽(30만 평)도 회원제로 운영되고 있다. 또한 용평나인골프코스는 9홀이면서 2개의 그린으로 설계되어 정규골프장에서 맛볼 수 있는 묘미를 느낄 수 있다.

3) 숙박시설

숙박시설로는 특급호텔에서 유스호스텔에 이르기까지 총 1,867실을 갖추고 있다.

- 드래곤밸리호텔 : 한실, 양실, 스위트룸의 197실
- 타워콘도 : 위락시설을 갖춘 가족단위 콘도로서 195실
- 빌라콘도 : 스키장 슬로프를 따라 위치한 411실 규모
- 그린피아콘도 : 25평, 33평, 38평 등 336실
- 용평콘도 : 호텔과 별장의 장점을 살린 205실 규모의 회원제 콘도

▲ 용평리조트 겨울철 전경

▲ 용평월드컵 알파인스키대회 시상식 전경

◦ 유스호스텔 : 온돌방 73실, Bunk Bed 236세트 구비
◦ 버치힐콘도 : 골프장 내 41개동 450실의 별장형 콘도

4) 워터파크

용평리조트는 국제적인 명문리조트로서 특급호텔부터 골프장과 스키장을 완벽하게 구비하고 있었지만 단 한 가지 워터파크 시설이 없었기 때문에 그동안 사계절형 리조트라고 하기에는 무언가 부족한 면이 있었다. 이러한 단점을 보완하기 위하여 2008년 7월에 사계절 이용이 가능한 피크아일랜드(Peak Island) 워터파크를 지하 1층, 지상 4층, 연면적 12,806m^2 규모(동시 3,500명을 수용)로 개장하였다. 피크아일랜드는 가족, 건강, 테마를 주제로 천혜의 아름다운 자연환경에 둘러싸인 국내 최초의 알파인 산장형 워터파크로서 이국적 분위기와 함께 워터파크와 스파의 감동을 동시에 즐길 수 있다.

대명비발디파크와 휘닉스파크에 이어 용평리조트도 워터파크인 피크아일랜드를 개장함으로써 비로소 전천후 사계절형 종합리조트로서의 위상과 면모를 갖추게 되었다.

▲ 용평리조트 피크아일랜드 실외 워터파크 전경

5) 기타 시설

연건평 5,000평에 지상 3층, 지하 1층 규모의 스키하우스인 드래곤프라자와 발왕산 정상에 위치한 스위스풍의 2층 건물인 드래곤파크 전망대를 비롯하여 다양한 종류의 레저 · 스포츠시설과 피트니스센터, 엔터테인먼트, 레스토랑, 편의시설 및 쇼핑시설, 키즈파크 등이 구비되어 있다.

〈표 5-12〉 용평리조트 시설현황

구 분		시 설 현 황
숙박시설	호텔 콘도 유스호스텔	· 특2등급 드래곤밸리호텔(197실) · 용평(205실), 타워(195실), 빌라(411실), 버치힐(450실), 그린피아(336실) · 유스호스텔(73실)
스키장	슬로프 리프트 렌털 눈썰매	· 31면(하프파이프 2면 포함), 국제규격 3면 · 총 15기(3.7km의 곤돌라 1기, 컨베이어 벨트 1기 포함) · 2,000세트 · 길이 200m, 폭 45m
골프장	회원제 퍼블릭 기타	· 용평GC(18홀), 버치힐GC(18홀) · 용평퍼블릭(9홀) · 골프연습장(9타석), 클럽하우스 2개소, 그늘집 5개소
워터파크 (피크아일랜드)	물놀이존 찜질방존	· 물놀이시설, 렌털숍, 식당, 푸드코트, 수유실 등 · 찜질방, 한식당, 유아놀이방, 수면실 등
식음료	카페테리아 한 · 양식당 중 · 일식당 전망대	· 아메리카나, 피자, 가제보, 슬로프, 꼬치하우스 등 · 송천, 도라지, 모두랑, 피크레스토랑, 살레 등 · 러발라, 시라가바, 대관령횟집 등 · 피크스낵(한식, 양식)
부대시설	연회장 피트니스 엔터테인먼트 기타	· 320명 회의실을 비롯한 각종 대 · 중 · 소 연회장 · 사우나, 수영장, 볼링장, 헬스장, 피칭 & 퍼팅장 · PC방, 전자오락실, 노래방, 단란주점, 디스코텍 등 · 기념품숍, 슈퍼마켓, 디스코텍, 키즈파크, 야영장 등

2. 무주덕유산리조트(옛 무주리조트)

무주덕유산리조트(Muju Deogyusan Resort)는 1990년 12월에 전북 무주군에 개장한 종합리조트 단지이다. 호남지역에서 유일하게 스키장을 보유하고 있다는 점에서 다른 리조트와 차별성을 갖고 있다. 산악형 리조트로서 사계절의 아름다움과 특색을 보유하는 무주덕유산리조트는 자연과 예술의 조화를 기본 테마로 하여 세계적 문화예술의 전당으로서 명성과 이미지를 구축하고, 문화예술의 향기가 가득한 사계절 휴양도시로 자리 잡게 되었다.

또한 예술과 건강의 조화로운 상태를 지향하며 사계절 레저스포츠를 근간으로 하여 출발한다. 아놀드 파머가 설계한 18홀의 야생 고원골프장, 7면의 테니스코트, 덕유산을 배경으로 한 천혜의 등산코스, 승마, 동계올림픽을 치를 수 있는 스키장을 기본으로 하여 물썰매, 눈썰매 등 크고 작은 레저스포츠시설이 완비되어 있다.

무주덕유산리조트 전경

접근성에 있어서도 무진고속도로의 개통과 철도교통의 연계로 접근성을 높이고 있으며, 여행사 정기노선과 셔틀버스를 운행함으로써 고객들에게 대중교통의 이용도 효율적으로 제공하고 있다. 그러나 한편으로 무주덕유산리조트는 두 번의 매각절차를 거치는 수난을 겪기도 하였다.

무주리조트 운영사였던 (주)쌍방울개발은 '1997년 동계유니버시아드' 대회를 개최하면서 대회 준비에 과다한 투자로 인한 자금압박을 견디지 못하고 부도처리된 후, 2002년 6월에 무주리조트를 대한전선(주)에 매각하였다. 그러나 2009년에는 대한전선이 재무구조개선약정에 들어가면서 2011년 3월 (주)부영에 무주리조트를 매각하였다. 그리고 현재까지 (주)부영에서 무주덕유산리조트로 브랜드명을 변경하여 운영하고 있는 상태이다.

1) 스키장

무주덕유산리조트에서는 일반스키, 점프스키, 노르딕스키, 스노보드, 모굴스키 등 다양한 스키를 즐길 수 있으며, 국내에서 유일하게 올림픽 경기가 가능한 슬로프도 확보하고 있다. 총 34면의 슬로프가 있으며, 총 슬로프 길이는 29,716m로 국내 스키

▲ 무주덕유산리조트 스키장과 숙박시설 전경

장 중 가장 길다. 국제스키연맹(FIS)이 공인한 슬로프 13면을 확보하고 있으며, 실크로드 슬로프는 국내에서 가장 길이가 긴 6.1km에 달한다.

2009 / 2010시즌에는 일반인에게 개방하지 않았던 슬로프 4면을 개방했는데, 이 슬로프는 1997년 동계 유니버시아드 대회 당시 사용했던 해발 1,520m의 설천봉에서 출발하는 슬로프이다. 1996년 9월에 완공한 점핑파크(Jumping Park)는 세계 최대의 사계절 복합 점프시설로서 총 4개의 스키점프대, 4개의 워터점프대와 점프풀, 국제규격의 축구장과 400m 트랙, 클럽하우스와 관중석까지 갖추고 있어 동시에 1만 2,000명을 수용할 수 있다. 리프트는 국내에서 가장 긴 8인승 초고속 곤돌라와 6인승 고속리프트를 포함해 모두 16기를 갖추고 있으며, 시간당 2만 8,750명을 동시에 수송할 수 있다. 2013 / 2014시즌에는 워터펌프, 제설장비, 정설차량 등을 추가로 구입해 제설능력을 강화했고, 야간스키 영업시간을 새벽 2시까지 연장하여 운영하고 있다.

2) 골프장

해발 950m의 고원지대에 위치한 덕유산컨트리클럽은 25만 평 부지에 18홀 규모로 골프 황제인 아놀드 파머가 설계하였으며, 2005년 9월에 개장하였다. 덕유산CC는 무엇보다도 자연 그대로의 지형을 이용하여 사람의 손으로 만든 홀로서 그 정성과 시간이 홀 구석구석에 느껴지는 자연 그대로의 골프장이다.

무주덕유산컨트리클럽 전경

2011년 3월에는 한국의 10대 코스인 명품 골프장으로 선정된 적이 있으며, 현재까지 그 명성을 유지하고 발전시키기 위해 페어웨이 잔디를 전면교체하고, 스타트하우스와 그늘집을 리뉴얼함으로써 골퍼들이 보다 편하게 즐거움을 만끽할 수 있도록 배려하고 있다.

3) 숙박시설

숙박시설로는 특1등급의 티롤호텔(118실)과 솔마을 · 꽃마을로 이루어진 가족호텔(974실), 단체활동에 적합한 국민호텔(418실)의 3가지 형태로 구분되며, 총 1,510실의 객실규모를 갖추고 있어 1일 최대 6,710명을 수용할 수 있다.

특히 동계 U대회의 본부호텔로 사용된 티롤(Tirol)호텔은 알프스 티롤지방에서 생산되는 바이오(bio)나무를 사용하여 티롤지방 기술자들에 의해 건축되어 알프스의 낭만과 분위기를 경험할 수 있다.

▲ 무주덕유산리조트 패밀리호텔 전경

4) 기타 시설

덕유산리조트의 특징 중 하나가 수영장, 온천탕, 천연광천탕 등 약 198평 규모의 야외온천을 갖추고 있다는 점이다. 야외온천은 눈 덮인 설원을 배경으로 노천욕을 즐길 수 있어 가족휴양지로 각광받고 있다. 그 외 다양한 놀이시설과 상가시설, 주차시설 등이 있다.

▲ 무주덕유산리조트 야외온천탕

〈표 5-13〉 무주덕유산리조트 시설현황

구 분		시 설 현 황
숙박시설	호 텔	· 특1등급 티롤호텔(118실)
	콘 도	· 가족호텔 13개동(974실), 국민호텔 1개동(418실)
스키장	슬로프	· 총 34면
	리프트	· 리프트 15기, 곤돌라 1기
	점프대	· K120, K90, K60, K30 점프대
골프장	홀 수	· 회원제 27홀
부대시설	상가시설	· 카니발상가, 만선하우스, 레스토랑 및 카페 등
	놀이시설	· 어린이나라(물썰매, 후룸라이드, 인디언빌리지 등)
	주차시설	· 12,000대 동시수용
기타 시설	보조시설	· 열병합발전소, 오수처리장, 배수지 4개, 설천댐 등

3. 휘닉스파크

휘닉스리조트

서울에서 1시간 50분이면 도착할 수 있는 국내 최고의 산악 휴양지 보광휘닉스파크(Phoenix Park)는 전체 면적 120만 평의 광활한 부지에 호텔, 콘도미니엄, 스키장, 골프장, 레저시설 등 최첨단 시설을 갖춘 종합휴양리조트이다.

한류열풍의 시초가 된 미니시리즈 '가을동화'의 메인 촬영지로도 유명한 휘닉스파크는 FIS(국제스키연맹)의 공인을 받은 슬로프 12면을 포함해 총 23면의 슬로프를 가진 국내 최고 설질의 스키장과 골프황제 잭 니클라우스에 의해 설계되어 그 명성을 더하고 있는 27홀 골프코스, 독특한 격자무늬 설계로 유명한 메인콘도, 가을동화의 촬영지인 유로빌라 콘도, 강원권 최초의 특급호텔인 휘닉스파크 호텔, 단체 이용객들을 위한 유스호스텔, 그리고 야외수영장을 포함한 다양한 레저시설 등이 준비되어 있다. 또한 2008년 여름 초대형 워터파크 블루캐니언을 오픈하면서 온 가족이 즐길 수 있는 사계절 리조트로 도약하고 있다.

'2018년 평창동계올림픽'이 확정되면서 휘닉스파크는 프리스타일 스키와 스노보드를 포함한 총 6종목의 경기가 개최되는 올림픽의 주요 무대로 주목받고 있다. 이번 2018년 평창동계올림픽 유치를 계기로 휘닉스파크는 대한민국 동계 스포츠의 메카로 그 위치를 굳건히 할 것으로 전망된다.

휘닉스파크 전경

1) 스키장

1995년에 개장한 휘닉스파크 스키장은 태기산(해발 1,050m) 천혜의 지형을 살린 계곡형 슬로프 설계로 뛰어난 설질을 자랑한다. 또한 자연 친화적인 설계로 주변 경관과의 멋진 조화를 즐길 수 있다. 다채로운 재미를 자랑하는 23면의 슬로프와 8개의 리프트, 오스트리아 Doppelmire사의 최신형 곤돌라, 그리고 스키강습과 하프파이프 이용객을 위한 컨베이어 벨트 6기 등이 설치되어 있다.

특히 정상에서부터 스키베이스까지 연결되는 2.2km, 평균 폭 46m의 '파노라마' 슬로프는 초보자부터 상급자까지 다양한 재미를 느낄 수 있도록 설계되어 휘닉스파크 스키장을 대표하는 슬로프로 자리매김하고 있다.

2003년부터는 스노보더들을 위해 하프파이프, 테이블탑, 라운드쿼터, 레일 등이 설치된 '익스트림 파크'가 운영되고 있으며, 2005년에는 총연장 2km의 초중급자용 '키위' 슬로프와 중상급자용 '듀크' 슬로프 등을 신설하여 이용객들의 즐거움을 위해 끊임없이 변모하는 모습을 보여주고 있다. 또한 온 가족을 위한 눈 테마파크 '스노빌리지'를 오픈하면서 눈썰매와 튜브봅슬레이 등 가족고객들의 마음을 사로잡고 있다.

2011 / 2012시즌부터는 '2018년 평창동계올림픽' 경기장으로 사용될 공식코스를 고객들이 미리 즐길 수 있도록 하여 눈길을 끌고 있다. 평창동계올림픽 유치 결정에

▲ 휘닉스파크 파노라마 슬로프 전경

따라 프리스타일 스키(freestyle ski)[2]와 스노보드 부문 총 6경기(스노보드 3종목 : 하프파이프, 스노보드 크로스, 평행대회전(PGS) / 프리스타일 3종목 : 모굴[3], 에어리얼[4], 스키크로스[5])를 진행하는 휘닉스파크는 이미 두 개의 국제규격 슬로프를 고객들에게 공개해 마니아들의 뜨거운 사랑을 받고 있다.

2) 골프장

1988년에 개장한 휘닉스파크 골프클럽은 국내 최초로 잭 니클라우스가 코스설계를 맡아 관심과 화제를 불러 모았다. 총연장 6,336m(6,932yards), 18홀(par 72)로 구성된 휘닉스파크 골프클럽의 코스는 광대한 자연지형을 최대한 이용하여 설계된 코스

▲ 휘닉스파크 골프클럽 전경

---

2) 프리스타일 스키(freestyle ski)는 공중곡예를 통해 예술성을 겨루는 스키 경기로 자유롭고 익스트림한 면을 즐길 수 있다. 에어리얼스키 · 모굴스키 · 발레스키 · 스키크로스 · 하프파이프 등의 세부 종목으로 구분된다.

3) 모굴스키는 인위적으로 울룩불룩하게 만들어놓은 눈언덕의 슬로프에서 점프와 턴 기술을 가급적 많이 사용하여 여러 가지 동작을 구사하는 종목이다.

4) 에어리얼스키는 경사가 심한 슬로프를 활강하는 가속도를 이용하여 트위스트 등의 묘기를 펼치는 종목으로, 프리스타일 스키 가운데 가장 흥미로우면서 가장 위험한 종목이기도 하다.

5) 스키크로스는 4~5명이 집단으로 출발하여 웨이브 코스와 경사진 뱅크 트랙, 여러 개의 점프대와 장애물을 통과하여 활주하면서 속도를 겨루는 종목이다.

로서 힘과 정확도의 균형에 역점을 두고 있으며, 환경 친화적이고 자연스러운 아름다움을 추구하고 있다.

2001년부터는 클럽하우스의 테라스 확장과 스타트 하우스의 신규 운영으로 더 넓고 편안한 휴식공간을 제공할 수 있게 되었다. 2008년에 골프회원의 그린피 면제와 비회원의 그린피 할인정책을 시행함으로써 회원들에게 좀 더 많은 혜택을 주기 위한 골프클럽이 되기 위해 노력하고 있다.

3) 숙박시설

휘닉스파크는 특급호텔과 콘도미니엄, 유스호스텔 등 총 973실의 객실을 보유하고 있다. 휘닉스파크 '더 호텔(The Hotel)'은 자연 속에서 레저와 비즈니스를 동시에 즐길 수 있는 특급호텔로서 141실의 객실을 보유하고 있다. 본격적인 리조트 호텔인 휘닉스파크 '더 호텔'은 국제 세미나와 워크숍이 가능한 최첨단 A/V시스템과 연수시설을 갖추고 있다.

휘닉스파크 콘도는 국내 콘도 중 최고층을 자랑하는 스카이콘도(28층)를 포함하여 콘도 3개동, 빌라 4개동으로 구성되어 있다. 블루, 그린, 오렌지 3개동으로 구성되어 있는 메인 콘도는 동양과 서양의 이미지를 절묘하게 조화시킨 건축물로 유명하다. 특히 KBS미니시리즈 '가을동화'의 메인 촬영지인 유로빌라는 국내는 물론 동남아 관광객의 발길이 끊이지 않는 관광명소이다. 2003년부터는 1,000여 명을 수용할 수 있는 76실 규모의 유스호스텔이 완공되어 각종 대형행사 및 학생들의 스키캠프 전용 숙소로 이용되고 있다.

4) 워터파크

휘닉스파크는 2008년 6월에 '고품격 지중해풍 물놀이 공간'을 테마로 '블루캐니언(Blue Canyon)'을 개장하였다. 블루캐니언은 실내 3,500평, 실외 4,500평 등 총 8,000평 규모의 워터파크로 동시에 1만 명 이상을 수용할 수 있다.

블루캐니언은 무엇보다 물이 좋다는 것이 가장 큰 특징이다. 일반적으로 워터파크 내에서는 수영복과 수영모는 필수사항이다. 그러나 블루캐니언은 패션에 민감한 여

성고객들을 위해 수영모를 쓰지 않고도 이용이 가능하게 하였다. 실내는 온가족이 즐길 수 있는 편안한 공간, 실외는 재미있고 흥미진진한 공간으로 구성되어 각기 다른 종류의 물놀이 시설은 물론 고품격 스파시설까지 제공하고 있다.

5) 기타 시설

보광휘닉스파크의 편의시설로는 골프연습장, 쇼핑가, 아로마 건강관리센터, 수영장, 사우나, 볼링장, PC방 등 총 24개의 편의시설이 갖추어져 있으며, 부대시설로는 한 · 중 · 일식 및 양식을 즐길 수 있는 다양한 식음료시설과 센터프라자 내에 여러 가지 편의시설이 갖추어져 있다.

스키시즌 이외에도 몽블랑 정상까지 관광곤돌라를 운영하고 있으며, 그 외에도 유로번지, AVT체험장(4WD 오토바이 체험장), 전동 골프카트, 극기 훈련장인 챌린지 어드벤처 코스를 이용한 극기프로그램을 운영하고 있다.

▲ 휘닉스파크 '블루캐니언' 워터파크 전경

〈표 5-14〉 보광휘닉스파크 시설현황

구 분		시 설 현 황
숙박시설	호텔	· 특2등급(141실)
	콘도	· 756실(스카이콘도 648실, 유로콘도 108실)
	유스호스텔	· 76실
스키장	슬로프	· 23면(FIS 공인슬로프 4면, 모굴코스 1면 포함)
	리프트	· 8기(리프트 7기, 곤돌라 1기)
골프장	홀수	· 회원제 18홀, 퍼블릭 9홀
워터파크	블루캐니언	· 실내존(파도풀 등), 실외존(웨이브리버, 업힐슬라이드 등)
식음료	한·양식당	· 지오프라자, 신라(숯불구이), 태기산, 캐슬파인 등
	카페테리아	· 르블르, 피자, 스타벅스 등
	일·중식당	· 클럽하우스, 자스미나 등
부대시설	실내업장	· 사우나, 볼링장, 수영장, 오락실, 슈퍼마켓 등
	야외시설	· 유로번지점프, 산악오토바이, 전동골프카트 등

4. 웰리힐리파크(옛 현대성우리조트)

웰리힐리파크(Welli Hilli Park)는 횡성군 둔내면 술이봉 일대 200만여 평 위에 조성된 종합휴양 리조트이다. 서울에서 80분이면 도착할 수 있으며, 치악산 국립공원, 청태산 등 천혜의 자연환경이 인접한 무공해 청정지대의 종합리조트로 최적의 입지조건을 갖추고 있다.

최고급숙박시설, 위락시설, 스키장, 골프장 및 청소년의 정서함양을 위한 각종 교육문화시설, 실내체육관, 수영장, 소극장 및 야외 체육행사를 위한 운동장 시설 등을 갖추고 있다. 또한 다양한 부대시설과 첨단 설비의 교육기자재를 완비하고 있어 각종 연수 모임이나 연회, 단체연수, 세미나, 심포지엄 등 성공적으로 행사를 개최할 수 있는 리조트이다.

2011년 5월에는 현대시멘트(주)에서 현대성우리조트를 신안그룹에 자산 및 부채 일괄인수 방식으로 매각하였다. 매각대상은 스키장과 콘도미니엄 등 숙박시설, 웰리힐리CC(회원제36홀) 등 현대시멘트 레저사업부이다. 따라서 현재는 신안종합리조트(주)에서 웰리힐리파크를 운영하고 있다.

▲ 웰리힐리파크의 야간 전경

1) 스키장

웰리힐리파크의 스키장 슬로프는 캐나다 ECOSIGN사의 '풀 메튜스'가 설계하여 국제스키연맹(FIS)으로부터 규모와 안전성을 공인받은 슬로프를 자랑하고 있다. 스키장의 전체면적 45만 평 중 슬로프 면적은 16만 평이며, 슬로프의 면적은 20면(초급 7면, 중급 4면, 상급 5면, 최상급 4면)이다.

특히 국제규모의 하프파이프 조성과 보드워크의 신설(길이 150m, 폭 16.5m, 높이 4.5m, 경사 16.5도)은 에이프런 앞쪽에 설치되어 접근이 빠르고, 파이프 전용 보드워크를 신설해 안전하게 이동하도록 세심한 배려를 하여 스키어들에게 개방하고 있다.

또 하나의 이색코스로는 국내에서 처음으로 모굴코스 국제공인을 획득한 중급자 전용 모굴코스(델타 3)이다. 모굴코스는 인위적으로 조성된 요철사면으로 울퉁불퉁한 눈언덕을 형성하고 있는데, 200m의 길이에 최대 경사도는 15도이며 2~3m당 1개의 눈언덕을 형성하고 있다. 눈언덕의 높이는 평균 1m이다.

▲ 웰리힐리파크 스키장 전경

▲ 웰리힐리파크 스노보드 전용 하프파이프 전경

2) 골프장

웰리힐리파크는 36홀의 회원제 골프장 웰리힐리CC(Ostar Country Club)와 10홀의 성우퍼블릭을 운영하고 있다.

웰리힐리CC는 세계적인 골프코스 디자이너인 로버트 트렌드 존스 주니어(Robert Trend Jones Jr)가 디자인했으며, 서로 다른 지형과 분위기를 가진 2개의 18홀 코스로 되어 있다. 2007년에 자연경관을 최대한 고려하여 배치한 남코스 18홀을 오픈하였고, 2009년에는 자연림 계곡을 따라 연속적으로 배치한 18홀의 북코스를 오픈하였다.

3) 숙박시설

숙박시설로는 콘도미니엄 745실(회원 538실, 지정객실 207실)과 유스호스텔 86실을 갖추고 있어 총 831실의 객실을 보유하고 있다. 객실의 형태 중 복층구조를 가진 59평형은 다른 보유객실과는 차별화를 두어 획일적인 구조를 탈피하였는데, 편안하고 안락한 거실기능의 1층과 아늑한 잠자리를 배려한 2층의 두 개 구조로 나뉘어 통나무집과 같은 이색적이면서 색다른 경험을 할 수 있는 특징이 있다.

▲ 웰리힐리파크 콘도미니엄 전경

4) 기타 시설

부대시설로는 한식당인 수리정 외에 17개의 식당시설이 갖추어져 있으며, 800명을 수용할 수 있는 대연회장을 비롯하여 16개의 크고 작은 세미나실을 갖추어 동시에 5,300명을 유치할 수 있다.

기타 시설로는 실내종합체육관, 실내수영장, 사우나, 헬스클럽, 볼링장, 소극장, 당구장, 사격장, 노래방, 유아놀이방, 스포츠용품점, 종합기념관, 포토샵 등의 시설이 있다.

〈표 5-15〉 웰리힐리파크 시설현황

구 분		시설현황
숙박시설	콘도 유스호스텔	· 745실(회원 538실, 지정객실 207실) · 86실
스키장	슬로프 리프트	· 20면(초급 7면, 중급 4면, 상급 5면, 최상급 4면) · 9기(리프트 8기, 곤돌라 1기)
골프장	웰리힐리CC 성우퍼블릭	· 회원제 36홀(2007년, 2009년 각각 18홀 개장) · 퍼블릭 9홀(2005년 7월 개장)
부대시설	실내	· 17개 식당, 대 · 중 · 소 연회장 16개, 기타
	실외	· 산악자전거, 4WD오토바이크, 허브 · 야생화 공원 등

5. 비발디파크

VIVALDI PARK

1987년 대명레저산업 설립을 시작으로 자연과 인간이 하나 되어 가족이 함께 참여하는 휴머니티를 기반으로 미래형 레저공간 창출과 국민행복 증대, 가족가치 존중이라는 기업모토로 장족의 발전을 거듭하고 있다.

340만 평(여의도 면적의 3.5배)의 부지 위에 건립된 대명비발디파크(Vivaldi Park)는 총 2,052실의 객실과 총 13면의 슬로프 및 10기의 리프트(곤돌라 1기 포함)로 구성된 스키장으로 국제적으로도 손색이 없는 규모를 갖추고 있어 비발디파크를 찾는 스키어들을 만족시키고 있다.

양평~홍천 간 44번국도 확장(왕복 4차로)으로 잠실에서 홍천까지 1시간 10분에 도착이 가능한 대명비발디파크 스키장은 당일스키 및 야간스키까지도 이용할 수 있어 스키마니아 및 동호회원들이 즐겨 찾는 스키장 중 한 곳이다. 국내 스키장 중 최대규모의 숙박시설을 갖추고 있으며, 콘도에서 스키장으로 직접 진입할 수 있도록 편리하게 설계되어 이용의 편의성 면에서도 국내 최고 수준을 자랑하고 있다.

2010 / 2011시즌부터는 국내 최초로 스노보드 국제 하프파이프 대회인 '제1회 비발디파크 코리아 오픈'을 개최하고 있으며, 한국능률협회가 선정한 2014년 '브랜드파워 콘도부분 6년 연속 1위'와 한국에서 '존경받는 기업 4년 연속 1위'라는 업적을 달성하고 있다. 2006년에는 숙원사업이었던 오션월드를 리조트 단지 내에 개장함으로써 한국을 대표하는 사계절 종합휴양리조트로서의 면모와 명성을 갖추게 되었다.

대명비발디파크 스키슬로프에서 바라본 전체 전경

1) 스키장

대명비발디파크스키장은 언제라도 최상의 설질로 가장 쾌적한 스키를 즐길 수 있도록 완비된 총 13면의 슬로프와 곤돌라 1기를 포함한 4인승 리프트 10기를 갖추고 있다. 각종 선수권대회 및 데몬선발전을 유치할 정도의 슬로프와 설질을 보유하고 있는 대명비발디파크의 슬로프는 초보자에서 마니아까지 모두를 만족시킬 수 있도록 설계하였다.

특히 스노보드맨들을 위해 레드, 실버, 옐로, 화이트 등 슬로프를 개방하였으며 250여 대의 스노보드 신장비를 보유하고 있다. 모굴코스와 웨이브코스를 선호하는 마니아들을 위해 길이 300m, 넓이 40m, 경사도 28도를 갖춘 아주 특별한 코스를 선보여 호기심을 자극하고 있다. 또한 그린 슬로프는 폭이 100m 이상 넓어서 최근 모험스포츠를 즐기려는 카빙스키어와 스노보드를 배우려는 초보자들에게 인기가 있어 많은 마니아들의 발길이 이어지고 있는 환상적인 코스이다.

리프트와 곤돌라에는 최신 컴퓨터 안전시설을 갖추고 있고 시간당 2만여 명이라는 국내 최대의 리프트 수용능력을 갖추고 있으며, 최신 렌털스키 4,000여 대를 보유하여 렌털 대기시간을 최대한 단축하였다.

또한 굳이 스키를 즐기지 않더라도 곤돌라를 타고 올라가 정상휴게소에서 설경을 감상하며 커피 한 잔의 여유를 가질 수 있도록 하였으며, 어린이들을 위한 눈썰매장과 유아스키학교(캠프)를 운영하고 있다. 이외에도 서비스실명제(발권담당자, 안전담당자 사진게재)를 실시하여 서비스의 질을 한 단계 높였으며 안내도우미를 승차장에 배치하여 안전사고 예방멘트, 정원제 탑승유도 등을 실시하며, 스키상해보험도 운영하고 있다.

2) 골프장

대명비발디파크 골프장은 340만 평 규모의 대자연 속에 위치하고 있으며, 자연과 인공을 적절히 조화시킨 골프장이다. 단지 내에 위치한 골프장으로는 비발디파크 CC(18홀), 퍼블릭골프장(9홀), Par-3골프장(18홀), 골프연습장이 있다.

대명비발디파크 골프장 전경

3) 숙박시설

대명비발디파크의 숙박시설은 오크동/파인동 1,090실, 메이플동 453실, 노블리안 콘도 70실, 체리콘도 279실, 유스호스텔 160실 등 총 2,052실을 갖추고 있다. 2009년에는 프랑스의 세계적인 건축가 다비드 피에르 잘리콩(David Pierre Jalicon)이 디자인한 소노펠리체(Sono Felice) 160실을 개관하였다. 소노펠리체는 골프, 스키, 승마, 문화생활, 그리고 메디케어 서비스까지 복합적으로 받을 수 있는 특급호텔 수준의 레지던스형 숙박시설이다.

2010년 7월에 기존 유스호스텔을 허물고 신축하여 최신 설비를 갖춘 유스호스텔을 개장하였고, 같은 해 12월에는 279실의 체리동을 개장하였는데, 체리동의 7~9층 124실은 미(未)취사 객실로 특급호텔 수준에 준하는 고급객실을 지향하고 있다.

▲ 소노펠리체 전경

4) 워터파크

대명비발디파크는 사계절 종합리조트로 거듭나기 위해 스키장, 골프장에 이어 대규모 워터파크 오션월드(Ocean World)를 오픈하였다. 오션월드는 거대한 스핑크스와

▲ 오션월드 전경과 슬라이드 시설

피라미드 이미지를 이용해 이집트 특유의 신비성을 테마로 하였으며, 동시수용 인원이 4만 3,000명 규모이다.

오션월드는 2006년에 일부시설을 첫 오픈하였고, 2007년에 파도풀 개장, 2009년에 다이내믹존을 개장함으로써 워터파크의 주요 시설인 실내존, 익스트림존, 다이내믹존, 파도풀존 등을 모두 갖춘 세계적인 워터파크로 거듭 태어났다. 이후에도 오션월드는 지속적인 시설투자와 스타마케팅으로 대한민국 워터파크 1위 자리를 차지하였으며, 2013년에는 세계테마파크협회(TEA)가 선정하는 '세계워터파크 TOP 4'에 3년 연속으로 선정되면서 세계적인 워터파크로 성장하였다.

5) 부대시설

스키장은 콘도에서 직접 진입할 수 있도록 편리하게 설계되어 이용이 편리하며, 콘도 지하에는 7,000평 규모에 범퍼카, 티컵, 회전목마 등의 유기시설을 갖추어 무한한 재미와 즐거움을 제공하고 있다.

또한 16레인의 볼링장을 비롯해 당구장, 수영장, 남녀사우나, 호수공원, 삼림욕장, 테니스장, 배드민턴장, 농구장 등의 각종 레저시설과 슈퍼, 약국, 나이트클럽, 노래방, 커피숍, 각종 식당가 등 40여 종의 다양한 부대시설을 갖추고 있다.

〈표 5-16〉 대명비발디파크 시설현황

구분		시설현황
숙박	콘도 유스호스텔	· 오크동 715실, 파인동 375실, 메이플동 453실 등 · 160실
스키장	슬로프 리프트	· 11면(초급 2면, 중급 5면, 상급 3면, 최상급 1면) · 10기(리프트 9기, 곤돌라 1기)
골프장	홀수	· 회원제 18홀, 퍼블릭 9홀, Par3골프장, 골프연습장
워터파크	오션월드	· 실내존, 익스트림존, 다이내믹존, 파도풀존으로 구성
부대시설	실내	· 레스토랑 28곳, 쇼핑 9곳, 편의시설 15곳, 놀이시설 5곳
	실외	· 오로번지, 물보라썰매, 산악자전거, 유희시설, 체육시설, 호수공원 등

6. 오크밸리리조트

한솔 오크밸리리조트(Oak Valley Resort)는 강원도 원주시 천혜의 자연환경 속에서 54홀의 회원제 골프장과 9홀의 퍼블릭 골프코스, 골프연습장, 그리고 1,105실의 고품격 콘도미니엄과 슬로프 9면의 스키장, 수영장 등 다양한 레저시설을 갖추고 개장하였다.

오크밸리는 이름처럼 원래는 울창한 참나무 군락지였는데, 개발 당시부터 자연훼손을 최소화하기 위하여 개발면적의 75% 이상을 자연 그대로 보전하였고, 일반 공사비의 2배 이상인 친환경관리로 철저한 환경 친화를 추구하였다.

콘도미니엄은 자연과의 조화를 고려해 고층건물을 지양하고, 지중해 스타일의 건축양식을 채택하여 조성하였다. 이러한 노력의 일환으로 2011년에는 레저신문 주관의 '친환경 베스트 골프장 1위'에 선정되었고, 강원권 종합리조트 최초로 'KS 서비스 인증'을 획득하였다.

2000년부터는 '1등 서비스 실천'이라는 슬로건을 내걸고 지속적인 서비스 개선 활동을 벌이고 있으며, 이 덕분에 한국능률협회컨설팅(KMAC)에서 주관하는 '서비스품질인증' 심사에서 국내 최고등급인 AAA+등급을 10년 연속으로 인증받고 있다.

1) 스키장

오크밸리 스키장은 50만 평 규모에 9면의 슬로프를 만들어 2006년 12월에 개장하였다. 슬로프는 초급 2개, 중급 5개, 상급 2개 코스가 다양한 경사면을 구성하고 있다. 특히 초보자 슬로프는 경사도가 완만하고 폭이 넓어 스키나 보드를 처음 접하는 사람들에게 좋은 연습코스가 되고 있다.

2013 / 2014시즌에는 제설용 펌프를 추가 도입하여 제설력 강화에 주력하였고, 최신 스노보드와 스키장비를 추가로 구입하였다. 리프트는 1시간에 9,000명을 수송할 수 있는 첨단 고속리프트가 설치되었고 최장 슬로프 길이도 1,610m에 달한다.

오크밸리 스키장 전경

2) 골프장

오크밸리 골프장은 정규 36홀의 회원제 골프장을 비롯해 9홀의 퍼블릭 골프장을 운영하고 있다. 여기에 오크힐스CC(회원제 18홀)가 2007년 5월에 개장하면서 오크밸리 골프장은 63홀로 단일 골프장으로는 군산CC(81홀), 인천의 스카이72CC(79홀)에 이어 국내에서 세 번째로 큰 규모로 운영하고 있다.

오크힐스CC는 잭 니클라우스가 설계하였는데, 특히 숲속 자연림 사이로 골프코스의 카트(cart) 도로를 설치하여 골프와 삼림욕을 동시에 즐길 수 있도록 조성해 기존 골프장과 차별화하고 있다. 2011년 11월에는 한국표준협회로부터 'KS 서비스 인증'을 획득해 고객서비스 만족 및 환경 친화적인 골프장 운영을 실천하고 있다.

▲ 오크밸리 골프장 전경

3) 숙박시설

오크밸리 리조트는 총 1,105실의 객실을 보유하고 있다. 1998년에 지중해풍의 유럽식 건축양식으로 설계된 골프콘도 444실과 주거형 빌라식 콘도 8실을 오픈하였고, 다음 해에 노스콘도 103실을 연이어 오픈하였다.

▲ 오크밸리 콘도미니엄 야간 전경

2001년에는 객실 내 통신, 인터넷, 자동환기 및 온도, 습도조절이 가능한 설계로 '초고속 정보통신 인증'을 획득한 사이버 콘도 165실을 오픈하였고, 2006년에 스키콘도C 240실, 2009년에는 스키콘도D 145실을 연이어 확충하였다. 이에 따라 오크밸리는 총 1,105실의 콘도미니엄과 63홀의 골프코스, 9면의 스키장, 수영장, 볼링장, MTB 코스 등을 보유한 대규모 종합리조트로 성장했다.

7. 하이원리조트

High1 하이원리조트 Resort

하이원리조트(High1 Resort)는 한국광해관리공단과 강원도개발공사, 그리고 폐광지역 4개 시군(정선, 태백, 영월, 삼척)이 51%의 지분을 보유하여 정부 수준의 신용도를 유지하고 있다. 1995년 「폐광지역 개발지원에 관한 특별법」이 제정되면서 2000년 10월에 내국인 출입이 가능한 스몰카지노를 최초로 오픈하였고, 현재의 메인카지노에서는 게임테이블 200대, 슬롯머신 및 비디오게임 1,360대를 갖추고 오전 10시부터 다음날 오전 6시까지 하루 20시간 영업을 하고 있다.

2005년 7월에는 18홀 퍼블릭 골프장인 하이원CC와 197실의 골프텔을 개장하였다. 2006년 12월에는 150만 평 부지에 슬로프 18면을 보유한 스키장과 403실의 콘도미니엄을 개장하였다. 이로써 강원랜드는 호텔, 카지노, 골프장, 스키장, 콘도미니엄 등을 보유한 사계절 가족형 종합리조트로서의 면모를 갖추게 되었다.

따라서 2007년에는 카지노리조트라는 이미지를 벗기 위하여 새로운 기업이미지(CI)를 하이원리조트(High1 Resort)'로 선포하였다. 하이원이란 천혜의 고원지형과 자연경관을 그대로 살린 국내 최대의 리조트란 의미와 더불어 최고급 프리미엄급 가족휴양지를 의미한다.

▲ 하이원리조트 강원랜드호텔(좌)과 컨벤션호텔(우) 전경

1) 스키장

하이원스키장은 2006년 12월에 150만 평 부지에 슬로프 18면(총길이 20,777m), 리프트 7기, 곤돌라 3기, 제설기 765대를 갖추고 개장하였다. 스키 슬로프의 길이는 무

▲ 하이원스키장 슬로프 전경

주덕유산리조트 스키장 다음으로 길고 리프트의 수송능력은 시간당 1만 9,000명에 달한다. 난이도는 초급부터 쳐다만 봐도 발바닥이 짜릿거리는 최상급코스까지 다양하게 갖춰져 있으며, 특히 초보스키어를 유혹하는 최장 4.2km의 슬로프(표고차 645m)는 거의 직선인데다 경사도 약해 정상에서부터 활강해 콘도까지 이어지는 매력적인 코스이다.

스키장에서는 신속한 리프트 탑승과 고객편의를 위해 국내 최초로 리프트권을 달고 다니거나 보여줄 필요가 없는 자동인식시스템 렌즈프리 검색대를 도입하였다. 자동인식시스템을 통해 종이재질의 일회용 RF카드(리프트권)를 주머니에 넣고 꺼내지 않아도 소지여부가 자동으로 인식된다.

18면의 슬로프 중 11면이 국제스키연맹(FIS)으로부터 국제공인인증을 받아 2007년에는 'IPC 대륙간컵 알파인스키대회'를 개최하였고, 2011년 3월에는 '제20회 알파인선수권대회'를 개최하였다.

2) 골프장

하이원CC는 해발 1,137m의 고지에 조성된 18홀 퍼블릭골프장이다. 고원지대에 조성된 만큼 빼어난 자연경관과 코스 레이아웃이 절묘한 조화를 이루고 있으며, 무엇보다 넓은 고원에서 세상을 굽어보며 라운딩하는 색다른 묘미가 골프마니아를 매료시키고 있다.

공기저항이 적은 고원의 산악형 코스이기에 장쾌한 드라이버 샷이 가능하고, 홀별 난이도 측정과 코스별 난이도의 밸런스가 유지되도록 설계하였다. 특히 한 여름에도 25도씨를 넘지 않고 백두대간의 시원한 바람을 만날 수 있는 것도 하이원CC만의 장점이다. 골프빌리지 내에는 특2급 하이원호텔이 다양한 부대시설을 갖추고 있어 골프를 겸한 고원 휴양을 즐길 수 있다.

3) 숙박시설

하이원리조트는 총 1,827실의 객실을 보유하고 있다. 세분하여 살펴보면 2003년에 개장한 특1급 강원랜드호텔(477실), 2005년에 개장한 특2급 하이원호텔(197실), 2007년에 개장한 마운틴콘도(437실), 밸리콘도(123실), 2010년에 개장한 힐콘도(343실), 2011년 9월에 개장한 특1급 컨벤션호텔(250실)을 고루 갖추고 있다.

특히 강원랜드호텔의 4층에는 메인카지노가 자리하고 있으며, 객실은 탁 트인 조망과 함께 특1급 호텔의 격조 높은 서비스를 누릴 수 있다. 2011년 9월에 개장한 강원랜드 컨벤션호텔은 23층 높이에 250실의 객실을 갖춘 컨벤션 중심의 특1급 호텔로서 대규모 컨벤션센터, 국제회의실 및 공연시설을 완비하였으며, 아시아 국가 최초로 '2012년 국제스키연맹(FIS) 총회'를 개최하였다.

▲ 강원랜드호텔 전경

▲ 마운틴콘도 전경

4) 카지노

국내에는 총 17개의 카지노가 운영 중에 있는데, 그중 강원랜드를 제외한 16개는 외국인 전용으로 내국인 출입이 불가능하며, 강원랜드만이 특별법에 의해 지정된 내국인 출입 카지노이다. 강원랜드는 2000년 10월에 스몰카지노를 오픈한 이후, 2003년 4월에 강원랜드호텔 4층에 현재의 메인카지노를 오픈하였다. 메인카지노는 테이블게임 200대, 슬롯머신 및 비디오게임 1,360대를 갖춘 국내 최대 규모의 카지노이다.

강원랜드 카지노는 화려하고 웅장한 실내인테리어와 상냥하고 정중한 딜러 응대, 무료로 제공되는 다양한 차와 음료서비스, 카지노뷔페와 VIP라운지를 이용할 수 있으며, 편안하고 건전한 게임문화를 경험할 수 있다. 카지노에 대한 좀 더 자세한 내용은 "11장 카지노리조트"편에서 자세히 다루기로 한다.

8. 엘리시안강촌리조트

GS건설이 건설하고 운영 중인 종합레저단지 엘리시안강촌리조트(Elysian Gangchon Resort)는 1997년 4월에 강원도 춘천시 남산면 일대 60만 평에 36홀의 골프장인 강촌CC 개장을 시작으로, 2002년 12월에는 222실의 콘도미니엄과 슬로프 10면의 스키장을 오픈하였다. 이에 따라 '엘리시안강촌리조트'는 콘도미니엄, 골프, 스키가 결합된 종합리조트로서 봄, 여름, 가을, 겨울 언제나 다채로운 모습과 한 차원 높은 서비스로 새로운 여가문화를 만들어가고 있다.

엘리시안강촌리조트의 가장 큰 장점으로는 기존에 100분 정도 소요되던 경춘선 구간이 복선전철로 다시 개통되면서 서울에서 출발하면 50분대에 스키장에 닿을 수 있게 됐다. 특히 백양리역(부기명 : 엘리시안강촌역)은 리조트 입구와 바로 연결되게 신축되어 스키장을 이용하기가 더욱 편리해졌다. 개찰구를 나와 리프트권을 구입한 후, 리프트를 타고 정상을 올라가는 데 20분도 안 걸린다. 또한 서울 춘천고속도로가 개통되면서 서울에서 고속도로와 국도를 이용해 승용차로 50분대에 스키장에 도착할 수 있다.

1) 스키장

2002년 12월에 개장한 엘리시안강촌스키장은 총 10면의 다양한 슬로프와 6개의 리프트를 갖추고 있다. 엘리시안강촌스키장이 내세우는 가장 큰 장점은 슬로프 면적 대비 리프트 수송능력이 월등해 리프트 탑승 대기시간이 거의 제로에 가깝다는 것이다. 여기에다 모든 슬로프가 바람의 저항을 최소화할 수 있도록 계곡형 구조의 탁트인 경관을 갖추고 있다. 아울러 초중상급의 어떤 슬로프를 이용하더라도 활주거리 1,000m 이상을 보장할 수 있어 메이저 스키장과 비교해도 손색이 없다.

직장인이나 학생들을 위해 스키장 야간영업 시간도 종전의 새벽 4시에서 5시까지 연장하여 운영하고 있다. 수도권에 근무하는 직장인들이 퇴근 후 야간 특별스키열차를 이용해 심야스키 P.K.G. 상품을 구매하면 오후 10시부터 다음날 새벽 5시까지 심야스키를 즐길 수 있다.

▲ 엘리시안강촌리조트 스키장 전경

2) 골프장

엘리시안강촌CC는 1997년 4월에 회원제 골프장 18홀을 개장한 데 이어, 같은 해

9월에 9홀을 추가로 개장하였고, 2005년 5월에는 골프연습장, 8월에는 9홀의 퍼블릭 골프장을 개장함으로써 총 36홀을 갖추게 되었다.

플레이하는 동안에는 사계절 변화무쌍한 북한강, 삼악산, 검봉산 절경을 감상할 수 있으며, 세심하고 정성스럽게 설계된 정규홀에서 자연을 벗삼아 최상의 라운딩을 즐길 수 있다.

▲ 엘리시안강촌CC 전경

3) 숙박시설

숙박시설로는 콘도 222실을 갖추고 있는데, 5인 가족에 적합한 패밀리타입의 객실이 210실, 격조 높은 실내인테리어의 디럭스 룸 8실, 고품격 객실의 스위트룸 4실로 구성되어 있다. 콘도 1층에는 발마사지, 스포츠마사지 등을 즐길 수 있는 스포츠클리닉, 콘도 2층에는 기업 연수 및 세미나를 위한 600명 수용가능한 대연회장이 있다.

▲ 엘리시안강촌리조트의 콘도 전경

9. 파인리조트

고객의 즐거움과 만족을 최우선으로 생각하는 (주)파인리조트(Pine Resort)는 국내 리조트 중 서울에서 30분이면 도착할 수 있는 가장 근접한 지리적 장점을 가진 사계절 종합리조트이다. 1970년 6월에 18홀의 양지골프장을 최초로 개장하였으며, 1982년 12월에는 '양지스키장'이라는 이름으로 스키장을 개장하였다. 1996년 12월에는 357실의 콘도미니엄을 개장하면서 주변의 아름다운 소나무 숲을 상징하는 '파인리조트'로 브랜드를 변경하면서 사계절 종합리조트로 탈바꿈하였다.

2006년 12월에는 스키장의 슬로프와 리프트를 확장함으로써 현재는 슬로프 10면과 리프트 6기를 보유하고 있으며, 27홀의 회원제 골프장 파인CC가 있으며, 2007년 5월에는 파3골프장과 골프연습장을 추가로 개장하였다.

1) 스키장

파인리조트 스키장은 해발 490m의 독조산 기슭 일대에 위치하고 있다. 초보자에서 최상급까지 10면의 다양한 슬로프와 6기의 리프트를 보유하고 있으며, 서울과 경기지역의 직장인을 중심으로 야간 스키 이용객들에게 선호도가 높은 스키장이다. 특히 최상급 코스인 챌린지 코스는 정상 직벽의 난코스와 넓은 폭을 자랑하고 있으며, 중급의 옐로코스는 안정적이고 균일한 경사도를 유지해 스키를 배우기에 적합하다.

2005 / 2006시즌에는 보드전용공간인 스노파크에 킨크박스레일, 에스박스레일을 추가하고 점프대의 반경을 넓게 해 부상의 위험을 최소화했으며, 휴식공간인 지오돔을 설치했다. 2006 / 2007시즌에는 중상급 슬로프 1면을 추가로 신설하였으며, 2010 / 2011시즌부터는 담수화공사를 통해 제설용 담수량을 확충하고 신규 제설차를 도입

▲ 파인리조트 스키장 전경

함으로써 제설능력을 크게 향상시켰다.

2) 골프장

27홀의 국제적 규모를 가진 회원제 골프장 파인CC는 1970년 6월에 18홀을 오픈한 이후 1982년에 추가로 9홀이 조성되었다. 골프장이 조성된 지 30여 년이 지나면서 골프장 주변에 소나무, 전나무, 단풍나무 등 대형수목이 숲을 이루고 있어 자연경관이 뛰어나고, 여름철에는 시원한 골프를 즐기고, 가을철에는 수려한 단풍구경을 할 수 있으며, 겨울철에는 눈꽃축제를 보면서 골프를 즐길 수 있다.

특히 서코스는 업다운(up down)이 심하지 않아 여성, 시니어, 주니어 골퍼들도 골프를 편하게 즐길 수 있는 평탄한 코스로 설계되었고, 남코스, 서코스, 동코스에는 야간 조명시설이 설치되어 야간골프가 가능하다. 2007년 5월에는 파3 골프장을 오픈하였는데, 리프트를 타고 정상까지 올라가서 슬로프를 내려오면서 골프를 칠 수 있도록 설계하였다.

▲ 파인CC 전경

3) 숙박시설

파인리조트는 콘도미니엄 357실과 유스호스텔 48실을 보유하고 있다. 2008년에는 357실의 객실 중 55실을 호텔식 '이그제큐티브 스위트(executive suite)' 객실로 리모델링하면서 고급콘도를 지향하고 있다.

콘도에는 양식당을 비롯한 4개의 레스토랑과 수영장 등 12개의 편의시설이 운영되고 있다. 2000년에 개장했던 파인유스호스텔 48실은 대대적인 리모델링을 거쳐 2010년 12월에 재오픈하였다.

10. 지산포레스트리조트

지산포레스트리조트(Jisan Forest Resort)는 1996년 12월에 경기도 이천시 마장면에 개장하였으며 현재는 56실의 콘도미니엄과 슬로프 10면의 스키장, 36홀의 골프장을 운영하고 있다.

콘도미니엄은 25평형 56실을 운영하고 있는데, 콘도 내에는 슈퍼 등 다양한 부대시설이 있으며, 그 외 레저시설로는 마운틴보드, 웨이크보드, MTB파크 시설을 갖추고 있다. 또한 2009년부터는 매년 여름 '지산 록 페스티벌'이 개최되고 있는데, 국내외 유명 음악가들의 공연을 보기 위해 3일의 개최기간 동안 7만여 명이 방문하고 있다.

스키장은 슬로프 7면과 보조슬로프 3면을 운영하고 있는데, 유아 및 초보자와 동남아 관광객을 위한 전용 슬로프 등 다양한 코스와 편의를 위한 선키드(에스컬레이터)를 갖추고 있다. 2006 / 2007시즌에는 기존 중상급 슬로프의 폭을 확장하고 직선코스로 단장했다. 2010 / 2011시즌부터는 신규 렌털장비를 다량 입고하였으며, 렌털하우스도 추가로 오픈했다. 지산리조트스키장은 중상급자용 및 상급자 슬로프 2개면의 폭과 길이를 늘려 국제공인 슬로프 인증을 받았다.

하프파이프는 국제적인 규모(길이 180m, 폭 18m, 높이 5m)로 확장해 스키장 중앙으로 이동시켰으며, 정규시합을 진행할 수 있는 규모이다. 스노보더들에게는 슬로프 전면을 개방하고 있다.

지산CC는 1994년 7월에 개장한 27홀의 회원제골프장과 1999년 5월에 개장한 9홀

▲ 지산포레스트 스키장 전경

의 퍼블릭 골프장과 골프연습장을 보유하고 있다. 골프의 진수를 완벽하게 느낄 수 있는 전통 프라이비트 골프장으로서, 36개의 홀과 함께 어우러진 대형 연못은 신비로움과 도전감을 심어주며 크고 작은 연못들은 홀의 전략성과 함께 수려한 분위기를 연출하고 있다.

11. 오투리조트

오투리조트 O_2 RESORT

태백시에서 출자한 태백관광개발공사가 운영하는 오투리조트(O_2 Resort)는 강원도 태백시 황지동 함백산 일대에 2008년 12월 개장했다. 스키장을 포함해 27홀의 골프장, 424실의 콘도미니엄, 101실의 유스호스텔을 갖추고 있다.

해발 1,100m 높이에 위치하고 있는 콘도미니엄은 지상 10층으로 건설된 374실 규모의 타워콘도와 50실 규모의 빌라콘도가 있으며, 콘도 외에 101실의 유스호스텔도 운영하고 있다. 따라서 오투리조트의 숙박시설은 총 525실의 객실규모로 동시에 2,800여 명을 수용할 수 있다.

오투리조트 스키장은 2008년 12월에 슬로프 12면, 리프트 6기(곤돌라 1기 포함)를 갖추고 개장하였다. 해발 1,420m 함백산 정상에 위치한 평균 50m 광폭 슬로프는 4단계의 난이도로 구분해 자신의 수준에 맞는 코스를 즐길 수 있도록 설계되었다. 2009 / 2010 시즌에는 기존 10면의 슬로프의 연결구간을 통합하여 12면의 슬로프로 조정했다. 또한 국제스키연맹(FIS) 공인슬로프 규정에 맞춰 국제대회 유치가 가능한 슬로프와 최신식 고속리프트 6기, 하프파이프, 모굴, 눈썰매장 등의 스키시설 등을 갖추고 있다.

2008년 10월에 오픈한 오투골프장은 18홀 회원제와 9홀의 퍼블릭 코스로 나누어져

▲ 오투리조트 전경(위)과 스키장 슬로프(아래) 전경

있다. 특히 전국에서 가장 높은 그린(회원제 14번 홀, 1,100m)과 독도가 있는 한반도 모양의 페어웨이 벙커(회원제 18번 홀)가 이색적이다. 2010년에는 일부 티 신설과 페어웨이 조정, 골프장 진입로 정비와 코스개선, 홀별 경관식재 및 보완식재 작업을 마쳤다.

그러나 태백관광개발공사는 오투리조트의 경영적자와 영업손실 누적 등 재무구조 악화로 2010년에 정부로부터 민영화 경영개선 명령을 받고 2011년 3월부터 2014년 현재까지 매각을 추진하고 있는 실정이다.

12. 알펜시아리조트

강원도 개발공사는 평창동계올림픽 유치를 주 목적으로 알펜시아리조트(Alpensia Resort)를 개발하였다. '환상적인 아시아의 알프스'를 의미하는 '알펜시아'는 '2018년 평창동계올림픽'의 메인 무대로서 870실의 고급 숙박시설과 함께 45홀의 골프장, 슬로프 6면의 스키장, 워터파크 오션700, 총 2,600명 수용 가능한 컨벤션센터 등의 시설을 갖추고 있다.

▲ 알펜시아리조트 전경

알펜시아리조트는 계획 초기부터 대관령의 아름답고 깨끗한 자연을 만끽할 수 있는 사계절 복합 관광단지로 설계되었다. 다양한 연령대와 다양한 계층의 사람들이 연중 어느 때나 찾아와 자연에서 휴식과 레저스포츠를 즐길 수 있다. 또한 1시간 이내에 설악산국립공원, 오대산국립공원, 동해해수욕장 등이 위치하고 있어 연계관광이 가능하고, 쇼핑과 식도락, 문화, 예술까지 경험할 수 있는 세계적인 명문 리조트이다.

1) 스키장

알펜시아 스키장은 스노보더와 가족스키어에게 특화된 6면의 슬로프를 구성하였으며, 초·중급자를 위한 1.4km 슬로프를 제공하며, 숙련된 스키어뿐만 아니라 초급 스키어도 다이내믹한 스키를 즐길 수 있다.

스키시즌이 끝난 오프시즌(off season)에는 4월부터 스키장과 슬로프 사이에 위치한 알파인코스터를 즐길 수 있다. 알파인코스터(alpine coaster)는 최고속도 40km의 빠른 스피드로 하강 시에 스키에 버금가는 스피드와 짜릿함을 즐길 수 있다. 또한 슬로프 하단부분의 넓은 에이프런 지역은 야생화 초원으로 가꾸어져 사계절을 다용도로 즐길 수 있다.

▲ 알펜시아리조트 스키장 전경

2) 올림픽 스포츠파크

스포츠파크는 2018년 동계올림픽 때 주요 스포츠경기가 진행되는 경기장과 시설물이 갖추어진 스포츠 지구이다. 알펜시아 스포츠파크에는 지상 115m 높이로 세워져 알펜시아의 랜드마크로 소개되고 있는 '스키점핑타워'와 관람석이 있다. 알펜시아 스키점프대는 국제적 수준의 시설을 갖추고 있으며, 이미 '2009, 2011 세계스키점프 FIS컵 대회'를 성공적으로 치를 만큼 대외적으로 인정받고 있다. 또한 스키점프대 하단 부분의 메인 스타디움은 1만 5,500여 명을 수용할 수 있으며, 동계시즌 이후에는 천연잔디 축구경기장으로 활용되고 있다.

이 밖에도 크로스컨트리스키(Cross-country Ski)[6]와 바이애슬론(Biathlon)[7] 경기장이 갖추어져 있다. 2008년에는 바이애슬론 월드컵대회를 개최하여 세계인들의 시선을 집중시켰으며, 2009년에는 바이애슬론 세계선수권대회를 성공적으로 개최하여 시설과 규모 면에서 이미 완벽함을 인정받았다. 2010년 8월에는 봅슬레이와 스켈레톤, 루지 경기의 스타트 훈련장(길이 120m, 폭 3m)이 추가로 준공되어 국내 선수들의 연습장으로 이용되고 있다.

▲ 스키점핑타워 전경

▲ 바이애슬론대회 전경

6) 크로스컨트리스키는 노르딕 종목의 하나로 거리경기 전반을 가리키며 15, 30, 50km 등 정해진 코스를 주파해 타임을 겨룬다. 강인한 체력, 기술이 요구되며 도중에 급식소도 설치된다. 북유럽을 중심으로 겨울철 건강스포츠로 시민에게도 인기가 높아 장거리를 자기 페이스에 맞춰 즐기는 '설상(雪上)조깅' '스키 마라톤'으로 붐을 이루고 있다.

7) 동계(冬季) 근대 2종경기로서, 스키를 신고 라이플총을 등에 메고 일정한 거리를 주행하여 그 사이에 설치되어 있는 사격장에서 사격을 하는 스키와 사격의 복합경기이다. 체력과 사격의 우열을 겨루는 스포츠로 개인경기와 릴레이경기가 있다. 1958년 제1회 세계선수권대회가 개최되었으며 1960년 제8회 스쿼밸리 동계올림픽대회부터 정식종목이 되었다.

3) 골 프

알펜시아리조트는 27홀의 '트룬CC'와 18홀 '알펜시아700'이라는 2개의 골프장을 보유하고 있다. 골프장의 경영은 미국의 트룬골프 매니지먼트(Troon Golf Management)사가 위탁경영하고 있는데 차별화된 운영서비스와 최고의 잔디유지관리를 책임지고 있다.

트룬골프사는 현재 전 세계에서 190여 개의 명문 골프클럽을 직영 및 위탁경영하고 있으며, 운영 중인 190여 개의 골프장 가운데 26개 골프클럽이 세계 100대 골프장에 선정되어 있는 최고의 골프매니지먼트 기업이다.

▲ 알펜시아 트룬CC 전경

4) 숙박시설

- 인터컨티넨탈리조트호텔(특1급, 238실)
- 홀리데이인리조트호텔(특1급, 214실)
- 홀리데이인스위트콘도(콘도미니엄, 419실)

알펜시아리조트는 2개의 특급호텔과 1개의 콘도미니엄을 합쳐 총 871실의 객실을 보유하고 있다. 알펜시아리조트는 세계적인 호텔매니지먼트사인 인터컨티넨탈호텔

▲ 인터컨티넨탈호텔 전경

▲ 홀리데이인스위트콘도미니엄 전경

그룹과 20년간 위탁경영계약을 체결하여 경영전반을 위탁하고 있다.

인터컨티넨탈리조트호텔은 고품격 서비스와 유서 깊은 월드클래스호텔에서 느낄 수 있는 우아한 분위기를 경험할 수 있으며, 홀리데이인 & 리조트호텔은 호텔 & 스파의 콘셉트로 운영되는 특급호텔로서 호텔동, 스파동, 컨벤션센터가 별도로 분리되어 있어 비즈니스와 웰니스를 동시에 경험할 수 있다.

홀리데이인스위트콘도미니엄(419실)은 기존의 국내 콘도에서는 볼 수 없었던 해외 유명리조트 스타일을 도입하여 리테일 빌리지가 결합된 형태로 구성함으로써 뛰어난 편의성과 활기찬 분위기를 더한 빌리지 콘도미니엄이다. 또한 세탁서비스를 이용할 수 있으며, 국제 규모의 테니스경기장에서 건강과 활기를 재충전할 수 있다.

5) 워터파크

강원도 평창의 대자연이 주는 신선함과 열대지방의 생명력이 넘치는 명랑함을 콘셉트로 설계된 워터파크 '오션700'은 인체의 생체리듬에 가장 좋은 해발 700m 천혜의 청정고원인 알펜시아리조트빌리지 내에 자리하고 있다. 사계절 내내 편안한 휴식제공을 위한 실내 중심의 설계로 지어졌으며, 실내에는 유수풀과 파도풀 등 다양한 물놀이 시설이 있으며, 야외에는 수영풀과 키즈풀이 있다.

▲ 오션700 워터파크 전경

13. 곤지암리조트

KONJIAM RESORT

LG그룹의 기술과 신뢰를 담은 곤지암리조트(Konjiam Resort)는 경기도 광주군 태화산 노고봉 계곡에 자리 잡고 있으며, 중부고속도로 곤지암IC에서 5분 거리에 있어 서울 강남에서 불과 40분 만에 도착할 수 있는 뛰어난 접근성을 자랑하고 있다.

북미스타일의 이국적이고 차별화된 콘도시설과 젖줄처럼 단지를 관통하는 생태하천, 경기도 최대 규모의 스키장과 국내 최초로 도입되는 데스티네이션 스파 등 특급호텔을 능가하는 각종 시설을 통해 국내 어디에 내놓아도 손색없는 최상의 경험을 제공하는 리조트이다.

1) 스키장

곤지암 스키장은 서울에서 40분 거리에 위치한 수도권 최대 규모의 스키장으로 다양한 등급의 슬로프 11면, 고속리프트 5기 등 강원권 스키장 못지않은 시설과 규모를 자랑하고 있다.

스키장은 패밀리형 스키장을 지향하고 있기 때문에 상급자 위주의 슬로프로 구성된 타 스키장과는 달리 슬로프의 70% 이상을 초중급자와 시니어 이용자들을 배려한 공간으로 구성함으로써 온 가족이 이용하는 데 편리하게 설계되었다. 따라서 초중급자를 포함해 누구나 정상에서부터 멋진 풍광을 감상하며 편안하게 스키와 보드를 즐길 수 있다.

국내 최초로 시간제 리프트권 제도인 미타임 패스(Me Time Pass)를 도입하여 운영하고 있다. 미타임 패스는 정해진 시간에 따라 운영되던 기존의 권종(오전권, 오후권, 야간권 등) 제도와 달리 스키장 운영시간 내내 고객 스스로 이용시점과 이용시간을 결정할 수 있는 국내 최초의 시간제 리프트권이다.

또한 빠르고 쾌적한 스키장을 위한 첨단시스템을 위해 'DRFID 카드' 한 장이면 렌털, 리프트 탑승 등 모든 서비스가 가능하다. 따라서 곤지암리조트 스키장은 불필요한 대기시간을 획기적으로 단축시켜 빠르고 쾌적하게 스키와 보드를 즐길 수 있도록 운영하고 있으며, 최신 제설시스템과 다양한 정설장비를 갖추고 최상의 설질관리 상태를 유지하고 있다.

▲ 스키장 슬로프에서 내려다본 곤지암리조트 전경

2) 숙박시설

곤지암리조트의 객실은 독특한 분위기를 선사하는 테마객실로 설계되었다. 4개 평형, 3개동 476실의 객실로 구성된 콘도는 부티크호텔 콘셉트를 적용하여 기존 리조트 객실과는 전혀 다른 새로운 비일상의 즐거움을 경험할 수 있다. 이와 함께 회원들의 편안한 휴식을 위해 특급호텔에서 만날 수 있는 다양한 서비스를 제공하고 있다.

▲ 곤지암리조트 콘도미니엄 전경

3) 기 타

최첨단 시설을 갖춘 150평 이상의 그랜드 볼룸을 비롯해 다양한 규모의 중소회의실까지 총 21개의 연회 및 세미나 시설이 마련되어 있어 국제회의, 워크숍 등 다양한 행사를 진행할 수 있다. 리조트의 모든 세미나 시설에서는 무선인터넷 서비스가 제공되어 한결 편안한 비즈니스가 가능하다. 또한 이태리식당인 '라그로라'를 비롯해 8개의 다양한 레스토랑 & 바를 운영하고 있다.

야외에는 인조잔디를 비롯한 축구장과 농구장, 그리고 최신형 야외무대, 등산로 등이 마련되어 다양한 옥외행사도 가능하다.

제5절 외국의 스키리조트

1. 캐나다(레포츠 천국, 휘슬러)

휘슬러(Whistler)는 캐나다 브리티시컬럼비아주에 있는 마을로서 밴쿠버에서 북쪽으로 125km 떨어진 곳에 위치한다. 휘슬러는 스키장 규모 면에서 세계적이다. 우선 용평리조트 10개를 합친 크기의 스키장이 2개나 있는데 하나는 휘슬러이고 또 하나는 블랙콤이다.

휘슬러와 블랙콤은 35개의 리프트를 보유하고 있는 세계 최고의 스키리조트 지역으로 사계절 내내 관광객이 끊이지 않고, 특히 겨울에는 스키와 스노보드, 크로스컨트리, 아이스 스케이트, 패러글라이딩, 스노모빌, 눈썰매를 즐기는 사람들로 가득하다.

휘슬러와 블랙콤에서 스키를 즐긴 후 1분 정도의 가까운 거리에 호텔과 리조트들이 즐비하여 근처의 80개가 넘는 레스토랑에서 제공하는 세계적 수준의 다양한 식도

▲ 휘슬러에는 북미에서 규모가 가장 큰 스키장인 휘슬러와 블랙콤 스키장이 위치하고 있다(휘슬러리조트 전경).

▲ 휘슬러 스키장 주변의 리조트 전경

락을 즐길 수 있다. 그리고 200여 개의 상점에서 제공하는 수공예품과 의류 등을 포함한 다양한 아이템의 쇼핑을 즐길 수도 있다.

이곳은 국제적인 골프지역으로도 명성을 얻고 있는데, 휘슬러 빌리지에서는 손쉽게 잭 니클라우스와 아놀드 파머가 디자인한 4곳의 골프코스를 포함한 세계적 명성의 골프코스에서 골프를 즐길 수 있다. 골프와 스키뿐만 아니라 하이킹, 바이킹, 헬리스킹, 테니스, 스쿼시 등의 다양한 즐길거리로 가득한 곳이다.

1) 휘슬러 마운틴 스키장

휘슬러 마운틴 스키장(Whistler Mountain Ski Resort)은 1966년에 자연적인 지형을 이용해 개발되었으며, 스키를 즐기기에 최상의 곳으로 스키 애호가에게 사랑받는 곳이다. 이곳에는 약 100개에 이르는 다양한 코스가 마련되어 있어서 초보자나 숙련자 모두 자신의 수준에 맞는 적합한 코스를 선택할 수 있다. 초·중급자 코스가 많고 산 정상보다는 산 아래쪽으로 내려오면서 슬로프가 넓어진다. 휘슬러 리프트 티켓은 편의점인 'Save on Food'에서 10% 이상 저렴하게 구입할 수 있다.

▲ 휘슬러 마운틴 스키장 전경

산 정상은 해발 2,182m이며, 최장 스키코스는 11km이다. 리프트는 10인승 고속 곤돌라 1개, 캡슐형 4인승 고속 체어리프트 4기, 3인승 체어리프트 3기, 2인승 체어리프트 1기, T바 리프트 1기, 핸들토우 2기, 접시형 리프트 1기가 있다. 휘슬러 산의 정상으로 가려면 곤돌라 빌리지(gondola village)와 휘슬러 빌리지에서 리프트나 곤돌라를 타야 한다.

2) 블랙콤 마운틴 스키장

블랙콤 마운틴 스키장(Blackcomb Mountain Ski Resort)은 휘슬러산 옆의 블랙콤산 사면에 꾸며진 스키장으로 해발 2,284m의 정상에서부터 슬로프가 이어지는데, 정상 부근의 슬로프는 넓게 펼쳐지며 중급자용 코스가 많다.

휘슬러 스키장보다는 험준하므로 초급자들이 타기에 다소 무리가 있으며, 100여 개가 넘는 정규코스와 빙하를 포함하는 비정규 코스는 수없이 많다. 1980년에 개장하였고 오후 3시까지만 리프트를 운행하므로 오후에 늦게 가서는 스키를 즐길 수 없다.

▲ 블랙콤 마운틴 스키장 전경

▲ 정상에서 본 블랙콤 마운틴 스키장 전경

2. 미 국(스키장의 대명사, 에스펜리조트)

세계 최고의 스키리조트 지구로 불리는 미국 콜로라도주 덴버시 서쪽에 위치한 에스펜리조트(Aspen Resort)는 본격적인 겨울이 찾아오면 지구촌의 스키광들이 몰려든다. 개장 50년의 역사가 말해주듯이 에스펜은 미국 스키장의 대명사이며, 로키산맥을 따라 조성된 수백 개의 스키장 중 가장 광활한 스키장으로 손꼽힌다.

최초의 스키지구인 에스펜을 비롯해 버터밀크, 스노매스, 에스펜하이랜드 등 4개의 스키지구로 이루어진 에스펜리조트는 총 500만 평의 설원 위에 40개의 리프트와 274개의 슬로프가 펼쳐져 있어 일주일의 스키여행으로도 다 둘러볼 수 없을 만큼 그 규모가 세계적이다.

에스펜마운틴은 가파른 산정에서 가벼운 눈사태를 동반한 익스트림스키(전문가가 즐기는 모험스키)를 즐길 수 있을 뿐만 아니라 수목 한계선을 중심으로 1km가 넘는 모굴스키와 그 위에 자연설이 쌓여 있는 예측불허의 슬로프를 동시에 즐길 수 있다. 마을에서 3,400m의 산정까지 15분 만에 도착할 수 있는 퀵실버 곤돌라리프트가 가동 중이며, 에스펜마운틴의 슬로프는 초·중·상급으로 다양하게 나눠져 있어 가족단위의 스키어들에게 더없이 좋은 장소가 된다.

세계적 스키리조트답게 에스펜 스키스쿨은 스키, 스노보드, 모굴스키, 어린이스키 등 스키어의 수준에 맞는 다양한 강습프로그램을 만들고 있으며 스키장 가이드와 함께하는 파우더 스노투어도 제공하고 있다.

스키장 베이스와 맞닿아 있는 마을에는 스케이트장, 아이스하키장, 인도어 테니스장, 실외수영장(heated swimming pool) 등이 있고 스노모빌, 개썰매 등을 즐길 수 있어 스키 외에 겨울스포츠를 즐길 수 있다.

▲ 에스펜리조트 전경

▲ 에스펜리조트 스키장 슬로프 전경

3. 일 본(스키장의 총집결, 북해도)

북해도(北海道)를 일본에서는 1869년부터 '홋카이도(Hokkaido)'라고 칭하고 있는데, 일본의 4개 주요 섬 중 제일 북쪽에 위치한 섬으로 몇몇 작은 섬과 함께 행정상 도(都)를 이루며, 일본 육지 면적의 21%를 차지한다. 한랭한 기후와 화산활동의 영향으로 온천이 발달하였으며, 관광 · 상업 · 행정의 중심지는 '삿포로'이다.

일본에 있는 700여 개의 스키장 중, 북해도 지역에 100여 개의 스키장이 밀집해 있다. 그중에서도 '니세코 국제히라우 스키장'은 21개의 리프트와 1개의 곤돌라를 갖추고 있으며, 북해도에서 가장 오래되고 큰 스키장이다. 또한 '니세코 안느프리 국제 스키장'은 니세코 최고의 슬로프와 개성있는 호텔, 펜션 등의 숙박시설로 최고의 인기를 끌고 있다.

또한 '알파리조트 도마무 스키장'은 1,239m의 도마무 산정으로부터 뻗어진 다이내믹 슬로프가 타의 추종을 불허한다. '후라노 스키장'은 양질의 눈과 바리에이션이 풍부한 코스로 유명해 월드컵스키대회가 개최되기도 하였다. 이외에도 치세프리, 모이와, 히가시야마, 와이스 등의 스키장이 안느프리 산을 둘러싸고 있다.

북해도에서 또 다른 볼거리는 '삿포로 눈축제'이다. 삿포로 유기마쓰리라고 하는 이 축제는 삿포로의 중심지 오오도리공원의 외곽 마코마나이에서 매년 2월 초순에 일주일간 펼쳐진다. 아름다운 눈의 예술이 총동원되는 이 행사는 20여 개 국가의 설상 조각가들이 참가하여 자신들의 눈 조각기술을 최대한 발휘하여 만든 설상작품을 볼 수 있어 북해도를 방문하는 관광객들을 환상의 세계로 몰아넣는다.

▲ 북해도 '도마무리조트' 스키장 전경

▲ 북해도 '니세코 국제히라우 스키장' 슬로프 전경

Introduction to Resort Management

제 6 장 테마파크

제1절 테마파크의 개요

제2절 테마파크의 분류

제3절 국내 테마파크 현황

제4절 국내 주요 테마파크

제5절 외국의 테마파크

제1절 테마파크의 개요

1. 테마파크의 개념

테마파크는 우리나라에서 여러 명칭으로 불리고 있다. 테마파크를 번역하면 '주제공원(主題公園)', '놀이동산', '위락공원' 등의 일반명칭과 '○○랜드'처럼 고유명칭이 사용되기도 한다. 영어표현으로는 'theme park', 'pleasure garden', 'amusement park' 등의 일반명칭과 특정주제와 연관된 'marine park', 'water park' 등으로 불린다.

일반적으로 테마파크는 하나의 중심주제(main theme) 또는 연속성을 갖는 몇 개의 주제하에 설계되며, 매력물(attraction)의 도입, 전시(exibition), 놀이(entertainment)[1] 등으로 구성하되, 중심 주제를 실현하도록 계획된 공원이다. 즉 테마파크는 특정주제를 설정하고 이러한 주제에 따른 오락시설(amusement)과 각종 이벤트를 개최하고 환경을 조성하여 전체를 운영하는 여가·놀이시설의 한 형식으로서 흥분과 감동을 발생시키는 볼거리와 놀거리를 구비한 공간이다.

그러므로 주제공원은 특정주제를 중심으로 상호 연관적 기능제고가 가능하도록 주제를 연출·운영하여 가족위주의 창조적 놀이공간으로서 각종 볼거리, 놀거리, 먹을거리 등과 이에 필요한 다양한 서비스를 통하여 즐거운 경험을 제공해 주는 문화적 체험의 공간이다.

기존의 유원시설(amusement park)[2]들이 서로 비슷비슷한 유기시설을 설치해 두고

---

1) 엔터테인먼트란 공원 내의 분위기와 흥미를 유도하기 위하여 여러 시설물을 이용할 때 쇼(show), 마술, 퍼레이드, 길거리 이벤트, 마스코트, 레이저 쇼, 폭죽 등으로 고객을 환대하는 오락프로그램이며, 공원의 분위기를 생동감 있게 만드는 요소이다.

2) 법률상으로 테마파크는 유원시설에 가깝다고 하겠지만 테마파크는 유원시설보다는 큰 의미로 사용되고 있다. 관광사업의 종류로서 테마파크 사업은 관광진흥법상 유원시설업에 해당된다.

* 유원시설업(관광진흥법 제3조제1항제6호)이란?

유기시설 또는 유기기구를 갖추어 이를 관광객에게 이용하게 하는 업(다른 영업을 경영하면서 관광객의 유치 또는 광고 등을 목적으로 유기시설 또는 유기기구를 설치하여 이를 이용하게 하는 경우를 포함한다).

* 유원시설업의 종류

- 종합유원시설업 : 유기시설 또는 유기기구를 갖추어 이를 관광객에게 이용하게 하는 업으로 대규모의 대

고객들을 유인했다면 새로이 탄생한 테마파크들은 자신만의 독특한 테마를 가지고 이를 표현하기 위해 여러 가지 조작적 장치를 해서 고객들이 일상으로부터 탈피할 수 있는 시간을 제공하는 체험공간이다.

또한 테마파크 사업은 고객에게 '꿈'을 파는 사업인데, 이 꿈을 실현하기 위해서는 막대한 자금이 투자되어야 한다. 테마파크의 수익성을 확보하기 위해서는 입장객을 많이 유치해야 한다. 입장객 수는 파크의 입지, 규모, 시설, 서비스 등 여러 가지 요소에 의해 결정된다. 아무리 입지가 좋더라도 시설과 서비스가 매력적이지 못하다면 집객력은 낮을 수밖에 없다. 반대로 시설과 서비스가 아무리 매력적이고 대규모라 할지라도 입지가 나쁘면 집객력은 떨어진다. 특히 입장객 수를 지속적으로 확보하기 위해서는 추가적인 설비투자가 필수적이다.

우리나라의 대표적인 테마파크는 삼성에버랜드, 롯데월드, 서울랜드, 이월드(옛 우방랜드), 한국민속촌 등이 있으며, 주요 업체 소개는 뒤편에서 별도로 다루기로 한다.

2. 테마파크의 특성

1) 테마성

테마파크는 하나의 중심적 테마 또는 연속성을 가지는 몇 개의 테마들이 연합으로 구성되는 것이므로 테마성은 테마파크에 있어서 생명이라 할 수 있다. 따라서 주된 관람시설, 전시시설, 놀이시설들은 테마를 실현하도록 계획된다.

테마성의 또 한 가지 주안점은 지역 밀착도이다. 테마파크의 성패는 보다 넓은 지역에서 어느 정도 고정고객을 확보할 수 있느냐에 달려 있다. 미국의 경우, 크게는 반경 300km 이내를 상업권의 범위로 간주한다. 고정고객의 확보를 위해서는 테마의 지역밀착도, 즉 지역주민에게 친근감을 주는 테마설정이 중요하다.

지 또는 실내에서 법 제31조의 규정에 의한 안전검사 대상 유기기구 6종류 이상을 설치·운영하는 업.

- 일반유원시설업 : 유기시설 또는 유기기구를 갖추어 이를 관광객에게 이용하게 하는 업으로서 법 제31조의 규정에 의한 안전검사 대상 유기기구 1종류 이상을 설치·운영하는 업.
- 기타 유원시설업 : 유기시설 또는 유기기구를 갖추어 이를 관광객에게 이용하게 하는 업으로서 법 제31조의 규정에 의한 안전성 검사의 대상이 아닌 유기기구를 설치·운영하는 업.

▲ 동화 속 마을풍경을 테마로 하는 롯데월드의 매직아일랜드 전경

2) 통일성

테마파크는 주제부각이라는 측면에서 이용객에게 통일적인 이미지를 주기 위한 통일성이 필요하다. 즉 주어진 테마에 의한 건축양식, 조경, 위락의 내용, 등장인물에서 식당의 메뉴, 심지어는 종업원의 제복, 휴지통의 모양이나 색깔에 이르기까지 통일된 이미지를 형성하기 위해 고안된다. 이러한 모든 요소가 균형과 조화를 이루는 또 하나의 독립된 세계를 창출하는 것이다.

통일성으로 테마파크 안에 있는 모든 시설이나 운영은 주제에 어울리게 구성되기 때문에 주제와 어울리지 않는 것은 인위적으로 배제하여 통일성을 이루게 된다. 일단 테마파크가 관람객에게 통일적인 인상을 심어주게 되면 성공적인 것으로 볼 수 있다.

▲ 건축양식과 등장인물, 종업원 제복 등을 이용한 통일된 이미지 전달(롯데월드)

3) 비일상성

테마파크는 하나의 독립된 완전한 공상체계로서 일상성을 완전히 차단한 비일상적인 유희공간이다. 따라서 관람객들은 테마에 의해 연출된 비일상적인 공간에서 관람객이기보다는 참여자로서 그 공간에 맞는 비일상적인 행동을 일으킨다.

일반적으로 유희시설, 이벤트, 쇼 중심의 참여형 테마파크의 경우에는 끊임없이 새로운 시설, 새로운 이벤트의 도입이 필요하다. 한편 거리풍경관광 중심의 관람형 테마파크에 있어서는 획기적인 비일상적 분위기를 창출하기 위해 노력하고 있다. 테마파크가 대단히 각광받고 있기는 하지만 비일상화를 창출하기 위하여 무한의 설비투자를 계속하기에는 한계가 있으므로 프로그램 투자에 역점을 두어야 할 것이다.

▲ 롯데월드의 획기적인 비일상성 연출(혜성특급)

4) 미국자본 위주의 지배구조

테마파크가 갖고 있는 특징 가운데 우선적으로 지적할 수 있는 것은 전 세계 테마파크의 75% 이상을 미국자본이 지배하고 있다는 점이다. 특히 연간 입장객 수 기준으로 세계 1위부터 6위까지의 테마파크가 모두 Walt Disney사에 의해 개발된 것으로 세계 테마파크 시장에서 Walt Disney사의 위치를 분명하게 알 수 있다.

5) 입지의존적 사업

테마파크는 국민소득이 일정 수준에 도달한 이후에야 비로소 꽃을 피울 수 있는 소득탄력적인 성격을 갖는 동시에 상대적으로 입지조건의 유연성을 갖고 있는 지역산업이라는 점에서 그 특징을 찾을 수 있다.

세계 여러 나라의 테마파크 입지를 살펴보면 대도시 중심지나 근교형 또는 지방도시 리조트나 관광지 위치형 등으로 구분할 수 있지만, 테마파크의 건설이 불가능한 장소는 없다고 해도 과언이 아니다.

6) 계절에 민감한 사업

테마파크는 계절산업이다. 테마파크의 운영과 관련하여 특징적으로 지적할 수 있는 것은 판매의 수급조절이 어려운 계절산업이란 점이다. 특히 야외 테마파크의 경우에는 계절변동과 날씨(기온)변동에 민감한 사업이다. 세계적으로 유명한 대부분의 야외형 테마파크는 3월에 파크 영업을 시작하여 11월 중에 영업을 종료하는 계절에 따른 개원과 폐원이 이루어지고 있다.

이용객의 계절적 편중현상은 관광산업이 공통적으로 직면하고 있는 특징 가운데 하나이지만, 테마파크의 경우에는 다른 레저산업보다 시간대별 · 요일별 · 계절별로 이용객의 편중현상이 발생한다.

▲ 야외형 테마파크는 계절변동과 날씨에 매우 민감하다(에버랜드의 겨울철 전경).

3. 테마파크의 구성요소

테마파크의 구성요소로는 다음과 같은 8가지가 있는데, 어느 한 가지라도 빠지게 된다면 테마파크의 성격을 상실하게 될 것은 명확하다. 테마파크의 구성요소를 살펴보면 다음과 같다.

1) 건축물의 일관된 디자인

테마파크 내의 건축물이나 사인물, 그리고 각종 유기시설 등의 디자인은 일관성을 가져야 한다. 고객들이 테마파크에 처음 입장했을 때부터 퇴장할 때까지 일관된 디자인의 패턴을 접하면 그들은 파크에 머무는 동안 현실세계와 동떨어진 다른 세계에 있다는 기분을 느끼게 될 것이고, 이는 바로 테마구현의 바람직한 모습이다.

2) 탑승시설

탑승물(riders)은 속도감, 비행감을 느끼거나 주위의 전경관람을 위하여 이동, 회전, 선회하는 유기시설을 총칭하며, 어린이들의 체력향상을 위한 놀이시설의 설치장도 탑승시설로 규정하고 있다.

▲ 테마파크의 탑승시설물(롯데월드 자이로스윙)

3) 관람시설

관람시설(attractions)은 스크린이나 기타의 장소에 나타나는 영상 및 이에 준하는 시각적 효과를 관람하거나 스스로 참여하여 즐길 수 있는 시설을 총칭한다.

▲ 싱가포르 주롱 새공원의 관람시설

▲ 홍콩 디즈니랜드의 공연 관람시설

4) 공연시설

공연시설(entertainment)은 캐릭터(character), 캐스트(cast) 등이 출연하여 주제에 합당한 연주와 쇼를 통하여 생동감 넘치는 공원으로 만드는 행위 및 공간을 말한다.

▲ 에버랜드의 거리 퍼레이드 공연 모습

5) 식음료시설

식음료시설(food & beverage)은 공원의 유형시설로서 요리나 음료가 제공될 뿐만 아니라, 인간의 서비스가 부가되기 때문에 푸드서비스산업(Food Service Industry)이라고도 한다.

▲ 롯데월드의 식음료시설(저잣거리)

6) 상품 및 게임시설

상품 및 게임시설(merchandise & game)은 해당 테마공원의 심벌이 되는 캐릭터를 이용하여 제작된 상품이며, 방문자들이 게임을 통하여 만족을 느끼게 하는 장소를 말한다.

7) 고객 편의시설

고객 편의시설(guest facilities)은 테마공원에 찾아온 고객이 하루를 유쾌하게 활동하도록 최대한의 편의와 안전을 위한 시설이다.

8) 휴식광장 및 지원관리시설

휴식광장은 테마파크를 방문한 고객들이 여유롭게 쉴 수 있는 공공장소 공간이다. 지원관리시설은 테마파크를 관리하는 사무실로서 고객센터, 영업지원센터, 관리사무소 등이 있다.

제2절 테마파크의 분류

1. 인간사회의 민속을 테마로 하는 파크

1) 민가와 민속, 공예, 예능을 종합적으로 연출한 파크

특정 시대나 지역의 민속적 · 문화적 특성을 재현해 놓은 장소로서 파크 내에서는 각종 민속 공예품을 전시하거나 판매하며, 민속공연이나 민속적 이벤트를 개최하기도 한다. 한국민속촌, 일본의 하우스텐보스, 스페인촌, 하와이 폴리네시안 빌리지 등이 해당된다.

▲ 네덜란드를 재현한 일본의 하우스텐보스 파크 전경

▲ 조선시대의 민가와 민속을 테마로 한 한국민속촌 전경

2) 특정 지역을 보전하여 지역 전체를 파크화

지역에 밀착된 건축양식을 전통적 문화유산으로 보존하고 활용하는 경우로 생생한 생활 자체가 존재하며, 통상 입장료는 없으나, 수익을 확보하기 위한 개별 시설물은 확보할 수 있다. 안동 하회마을과 낙안읍성 등이 이에 해당된다.

▲ 마을 전체를 파크화한 안동 하회마을

3) 지역의 전통 공예예술 등을 테마로 한 파크

지역 특산의 농수산물 또는 산업제품 등을 특성화하여 재현하고 체험하며 정보전시 등을 주로 하는 파크로서 이천의 도자기촌, 담양의 죽세공마을, 금산의 인삼파크 등이 있다.

2. 역사축의 단면을 테마로 하는 파크

1) 건설, 문학, 유적을 테마로 하는 파크

고대의 전설이나 유명한 작가나 문학작품, 문화유산 등에서 테마를 설정하고 이에 얽힌 스토리를 전개하는 것으로 영국의 셰익스피어 생가와 국내에서는 평창(『메밀꽃 필 무렵』의 배경지)의 이효석 생가 주변의 테마파크 등이 있다.

영국의 작은 시골마을 스트랫퍼드(Stratford)는 윌리엄 셰익스피어(William Shakespeare)의 생가를 원형대로 복원하고 테마로 설정하여 한 해 250만 명 정도의 관광객들이 방문하는 대표적인 관광지로 성장하였다.

▲ 문학을 테마로 하는 스트랫퍼드의 셰익스피어 생가 전경

2) 역사를 테마로 한 파크

하나의 역사적 사실과 인물에 중점을 두고 환경과 상황을 재현해 나가며 구성하는 것으로 지역에 밀착된 소재가 대부분이며, 사실과 가설의 조화를 기할 필요가 있다. 국내에서는 청해진의 장보고 테마파크, 충무의 이순신 파크 등이 있다.

3. 지구상의 생물을 테마로 하는 파크

1) 동물, 조류, 곤충관 등을 테마로 한 파크

동물이 본래의 생식하는 환경처럼 재현하여 보여주는 파크이다. 동물에 관한 정보를 전시하며 사파리의 형식도 있다. 플로리다의 디스커버리월드(Discovery World), 싱가포르의 주롱 새공원, 국내에서는 해남의 공룡발자국 보존지역과 공룡박물관 등이 있다.

▲ 조류를 테마로 한 싱가포르의 주롱 새공원

2) 바다생물을 테마로 한 파크

바다생물을 테마로 한 파크는 어류, 펭귄, 물개, 돌고래 등 바다 생물의 전시를 중심으로 정보, 컬렉션, 동물 쇼 등으로 구성하며 진기한 종류의 동물전시 여부에 따라 인기가 좌우된다. 일본의 요코하마 시 파라다이스, 플로리다 시월드(Sea World), 홍콩의 오션파크(Ocean Park), 국내에서는 63빌딩 수족관, 코엑스의 아쿠아리움 등이 있다.

▲ 어류를 테마로 한 코엑스 아쿠아리움 수족관 전경

4. 구조물을 테마로 한 파크

1) 거대한 건축물을 테마로 한 파크

구조물의 규모, 높이, 거대 조형물의 매력이 화제와 흡인력의 원인이 된다. 외관의 건축적 이미지와 내부 공간으로부터의 조망 및 내부 공간의 이용과 연출이 중요하다. 파리의 에펠탑, 시드니의 오페라하우스, 뉴욕의 자유여신상 등이 있으며, 국내에는 엔서울타워 등이 있다.

2) 건축과 환경을 미니어처화한 테마파크

미니어처 테마파크는 특정한 도시의 환경상황, 유명 건축물, 생활모습 등을 일정 스케일로 축소하여 전시한 파크로서 네덜란드의 마두로담 및 대만의 소인국, 롯데월드의 민속관 등이 있다.

▲ 건축물을 미니어처화한 테마파크 롯데월드 민속관

▲ 네덜란드 마두로담 파크 전경

5. 예술을 테마로 하는 파크

1) 영화를 테마로 한 파크

영화세트를 환경으로 이용하는 경우로 명화의 한 장면을 어트랙션으로 재현한다. 영화정보의 전시, 로케 현장 및 어트랙션 등을 종합적으로 구성한다. 미국의 유니버

▲ 유니버설스튜디오에서 실제 영화제작 광경을 관람하고 있는 관광객들과 세트장 전경

▲ 미국 LA 유니버설스튜디오에서는 케빈 코스트너가 주연했던 영화 '워터월드'의 세트장에서 스턴트맨들이 영화를 재연하는 쇼를 관광객들에게 보여주고 있다.

설스튜디오, 디즈니 할리우드스튜디오 등이 있으며, 국내에서도 최근에 지방에 위치한 드라마 촬영을 위한 세트장이 관광상품으로 등장하는 예가 많다.

2) 미술과 음악을 테마로 한 파크

야외 갤러리 정원, 음악 스튜디오 또는 이벤트 등으로 구성된다. 파리의 라빌렛 공원, 스페인의 가우디 공원 등이 있고, 국내에서는 에버랜드 내에 위치한 조각공원으로 호암미술관 등이 있다.

6. 놀이를 테마로 하는 파크

1) 스포츠를 테마로 한 파크

골프나 스키, 사이클과 같은 스포츠활동과 건강을 아이템으로 한다. 캐나다의 휘슬러 스키리조트나 일본 북해도 지역의 스키리조트, 발리의 골프리조트, 국내에서도 골프리조트나 스키리조트의 건설이 활성화되고 있다.

2) 레저풀을 테마로 한 파크(워터파크)

파도풀, 유수풀, 슬라이더풀 등 물놀이를 할 수 있는 다양한 장치를 갖춘 풀로써

▲ 캐리비안 베이 파도풀 전경

구성되며 최근에는 슬라이더, 파도풀의 대형화가 특징이다. 일본의 와일드 블루 요코하마, 미야자키 시가이어, 에버랜드의 캐리비안 베이 등이 있다.

3) 어뮤즈먼트 기종의 놀이 자체를 테마로 한 파크

코스터, 드롭, 다크라이더 등 다양한 라이드물을 체험하는 즐거움을 중심으로 하며 기종의 다양성이 매력의 포인트이다. 국내에는 에버랜드, 롯데월드, 서울랜드 등이 있다.

▲ 테마파크의 다양한 탑승시설물 전경

4) 자동차를 테마로 한 파크

자동차를 테마로 한 파크는 자동차 박물관, 자동차 경주장(서킷트, circuit), 드라이빙센터 등이 있는데, 그중 가장 대표적인 사례는 2000년 독일 북부의 인구 12만 명 도시 볼프스부르크에 개장한 자동차 테마파크 '아우토슈타트(자동차 도시라는 뜻)'가 대표적이다.

이곳에는 25만㎡ 부지에 자동차출고센터 · 박물관 등이 들어서 있고, 벤츠 · BMW · 폴크스바겐 · 아우디 · 포르셰 · 람보르기니 등 8개 브랜드 전시관이 별도로 마련되어 있다. 특히 벤츠박물관을 찾은 외국인 관광객만 2013년 한 해 동안 28만 명에 달한다. 이처럼 독일 자동차기업들은 자동차와 전시 · 문화산업을 결합해 전 세계 관광객들을 유치하고 있다.

▲ 독일 벤츠박물관에서는 그동안 모터스포츠 대회에 출전시켰던 레이싱카를 도로에서 경주하는 모습처럼 전시해 놓고 있다.

7. 자연자원(바다, 산, 폭포, 공원, 온천 등)을 테마로 한 파크

1) 자연경관을 테마로 한 파크

설악산국립공원, 나이아가라 폭포, 그랜드 캐니언 등의 국립공원 등이 해당된다.

2) 온천을 테마로 한 파크

온천리조트 중에서 온천, 쿠어시설, 스포츠시설을 복합시켜 체재형 파크로서 구성한다. 종합적이기 때문에 테마를 특정하기 어렵다. 온천이 발달된 일본의 사례가 많고 도마무리조트, 삿포로리조트, 독일의 바덴바덴, 한국의 설악한화리조트(워터피아) 등이 있다.

제3절 국내 테마파크 현황

1. 발전과정

국내 유원지는 1960년대 동식물을 주제로 한 창경궁이 효시이다. 1973년에는 동양 최대 규모의 어린이대공원과 한국민속촌이 개장하였다. 1976년도에는 테마파크의 효시라 할 수 있는 용인자연농원이 관수단지, 식물원, 동물원, 사파리 및 놀이시설 등을 점차로 도입함으로써 테마파크의 모습을 갖추게 되었다.

1980년대에 들어서면서 테마파크는 레저수요의 급증과 함께 본격적인 관심을 끌게 되어 놀이시설 중심의 테마파크인 드림랜드가 1987년에 개장하였고, 도심형 테마파크인 롯데월드가 1989년에 개장하였다. 1990년대에는 대전에 첨단과학을 주제로 한 박람회가 개최된 후 대전엑스포 과학공원(1994)과 대구의 이월드(1995)가 개장해 수도권 외 지역주민들의 놀이장소로 제공되었다.

2. 개발형태

우리나라의 대표적인 테마파크로 수도권에서는 롯데월드, 에버랜드, 서울랜드가 있으며, 지방에서는 경주보문단지의 경주월드(1985), 속초의 프라자랜드(1984), 전남 광주의 패밀리랜드(1991), 대구의 이월드(1995) 등이 있다. 지방에 위치한 테마파크의 경우 규모나 투자가 소규모로 이루어져 지역의 놀이공원 역할로서 만족하는 경우가 대부분이다.

국내 테마파크의 개발형태는 투자규모와 입지 등에 따라 크게 3가지로 분류할 수 있는데 이는 다음과 같다.

첫째, 롯데월드, 에버랜드와 같은 대도시 입지형 주제공원이다. 대도시에 입지해 있기 때문에 대량 수요를 기대할 수 있지만 단점으로는 지가가 높아 토지매입이 어려운 점을 들 수 있다. 따라서 대규모의 부지를 확보하는 것이 어렵기 때문에 고밀도의 실내복합시설이나 탑승시설 위주의 라이드 파크인 경우가 많다. 투자규모도 대규모여서 1천억 원 이상이 투자되는 경우이다.

둘째, 지방도시나 그 근교에 입지한 지방도시 입지형이다. 이러한 지방도시 입지형은 대전 엑스포 과학공원이나 대구 이월드 등을 들 수 있다. 성공의 관건은 지방도시의 특색있는 역사와 문화자원과 연계하는 지역연계형의 테마파크 개발이 중요하고 투자규모는 500억 원 정도이다.

셋째, 관광단지형으로 기존 관광지에 입지하여 다른 목적으로 방문한 관광객을 유치하는 테마파크이다. 대표적으로 부곡온천의 부곡하와이나 경주 보문단지의 경주월드가 있다. 투자규모는 소규모로 이루어지는 경우가 많으며, 투자금액은 100억 원 정도이다. 이러한 특성들을 정리하면 〈표 6-1〉과 같다.

〈표 6-1〉 국내 테마파크의 개발형태

구 분	소규모 개발	중규모 개발	대규모 개발
개 념	소규모 종속·보조적 파크	중규모 독립적 파크	대규모 독립적 파크
입지형태	기존 관광단지형	지방도시 입지형	대도시입지형
투자금 규모	100억 원 이하	500억 원 내외	1,000억 원 이내
주요 타깃	관광지의 방문고객과 지역의 가족단위 고객(숙박시설과 레저시설을 활성화시키기 위한 놀거리 제공과 수익성 제공이 주요 목적)	대도시의 레저수요와 국내외 관광객(대도시를 배경으로 종합리조트 추구)	
국내사례	경주월드, 부곡하와이, 통도환타지아	대전엑스포, 민속촌, 우방랜드	롯데월드, 에버랜드, 서울랜드

3. 국내 테마파크 경영현황

국내에는 테마파크를 포함한 유원시설업이 전국적으로 250여 곳 정도가 운영 중에 있는데, 본서에서는 그중 최근 3년간의 입장객 수 집계가 가능한 27개사를 선정하여 테마파크의 경영현황 자료로 활용하였다.

2013년에 국내 27개 테마파크의 총 입장객 수는 30,739,813명으로 전년보다 3.1% 증가하였다. 업체별로 살펴보면 도심형 실내 테마파크인 롯데월드의 입장객 수가

740만 명으로 가장 많았고, 다음으로는 대도시 근교형 테마파크인 에버랜드의 입장객 수(캐리비안 베이 제외)가 730만 3,310명으로 많았다. 그 다음 순서로는 서울대공원이 371만 2,081명으로 3위를 기록하였고, 남이섬유원지 270만 6,774명, 서울랜드 189만 8,594명, 경주월드 114만 7,864명, 한국민속촌 103만 4,996명 순이었다. 남이섬의 경우는 자연과 공원을 테마로 한 파크로서 유원시설업종에 해당되므로 테마파크의 범주에 포함시켰다.

〈표 6-2〉의 27개 테마파크 기업 중 입장객 수가 연간 100만 명을 넘는 테마파크는 롯데월드, 에버랜드, 서울대공원, 남이섬유원지, 서울랜드, 경주월드, 한국민속촌 등 7개 업체가 있다. 이들 기업 중 5개 업체가 서울 · 경기지역에 위치하고 있으며, 지하철이나 고속도로와 인접한 최적의 접근성을 자랑하고 있다. 또한 이들 7개 업체 중 세계 25대 테마파크에 속하는 기업으로는 롯데월드(14위)와 에버랜드(15위)가 포함되어 세계적인 리조트로 인정받고 있다.

다음으로는 〈그림 6-2〉에서 보는 바와 같이 국내 3대 테마파크라 할 수 있는 롯데월드, 에버랜드, 서울랜드의 월별 입장객 수 추이를 살펴보기로 한다. 먼저 테마파크의 계절별 추이를 살펴보면 날씨가 온화한 봄철과 가을철에는 3개 업체 모두 연중 가장 높은 입장객 수 추이를 보이고 있어, 연중 가장 성수기임을 알 수 있다.

그러나 여름과 겨울에는 실내형 테마파크인 롯데월드와 실외형 테마파크인 에버랜드, 서울랜드의 입장객 추이가 전혀 다른 대조를 보이고 있다. 이러한 차이가 발생하는 주요 원인은 계절과 날씨에 기인하고 있다. 롯데월드는 여름철인 7~8월과 겨울철인 12~1월에도 내장객 수가 증가하는 반면, 야외형인 에버랜드는 11월부터 3월까지 내장객 수가 급격히 하락하는 것을 알 수 있다. 그러나 에버랜드는 캐리비안 베이의 입장객 수를 합할 경우 7~8월이 연중 가장 많은 내장객이 방문하는 최성수기이다. 서울랜드의 경우에는 여름철인 7~8월 사이에 내장객 수가 가장 저조한 추이를 보이고 있으며, 겨울철에는 눈썰매장의 개장으로 내장객 수에서 높은 증가세를 보이고 있다.

결과적으로 야외형인 에버랜드와 서울랜드는 봄철의 비중이 가장 높은 것을 알 수 있는데, 이는 벚꽃축제, 어린이날, 수학여행 시즌 등과 맞물려 관광객들이 실내보다는 야외형 테마파크를 선호하기 때문이다. 반면 도심지에 위치하면서 실내 돔의 장점을 가지고 있는 롯데월드의 경우에는 사계절 모두 평균적인 입장객 추이를 보이고 있어 사계절 테마파크의 장점을 유지하고 있다. 이와 같은 내용을 좀 더 쉽게 이해하기 위해서는 〈표 6-2〉, 〈그림 6-1〉, 〈그림 6-2〉를 참고하기 바란다.

〈표 6-2〉 국내 주요 테마파크 입장객 수 현황 (단위: 명)

지역	업체명	2011년	2012년	2013년
서울	롯데월드	6,082,005	6,383,000	7,400,000
경기	에버랜드	6,015,837	6,853,000	7,303,310
	서울랜드	1,713,803	1,804,342	1,898,594
	서울대공원	4,076,023	3,496,286	3,712,081
	한국민속촌	1,086,795	1,002,006	1,034,996
	허브아일랜드	664,040	746,182	540,815
	카트랜드	35,225	76,520	50,406
	베다골 테마파크	103,795	121,900	124,017
	용인농촌테마파크	301,865	352,253	384,267
강원	치악산드림랜드	64,553	40,163	57,699
	남이섬유원지	2,298,961	2,587,729	2,706,774
충남	아산 피나클랜드	150,480	150,075	109,005
	부여 서동요테마파크	21,743	14,712	24,600
충북	상수허브랜드	1,001,278	949,979	540,819
경북	대구 허브힐즈	326,841	357,763	310,712
	경주월드	1,187,839	1,130,443	1,147,864
울산	울산대공원	551,947	518,078	291,177
경남	통도환타지아	508,198	452,591	477,134
	합천 영상테마파크	245,114	323,104	308,235
전북	임실 사선대해피랜드	33,305	36,378	88,220
	무주 반디랜드	136,520	143,364	230,817
	춘향테마파크	139,634	142,197	151,155
	부안 영상테마파크	113,147	106,995	97,833
	임실치즈테마파크	3,930	51,750	58,896
전남	편백숲우드랜드	1,275,860	1,253,870	943,378
제주	소인국테마파크	729,794	146,332	288,675
	일출랜드	643,139	546,890	458,334
합계(27개사)		29,511,671	29,787,902	30,739,813

* 상기 27개사는 한국문화관광연구원에서 제공한 자료 중 최근 3년간의 입장객 수 집계가 가능한 업체만을 저자가 임의로 선정한 것임.

[그림 6-1] 국내 주요 테마파크의 입장객 수 현황

(단위 : 명)

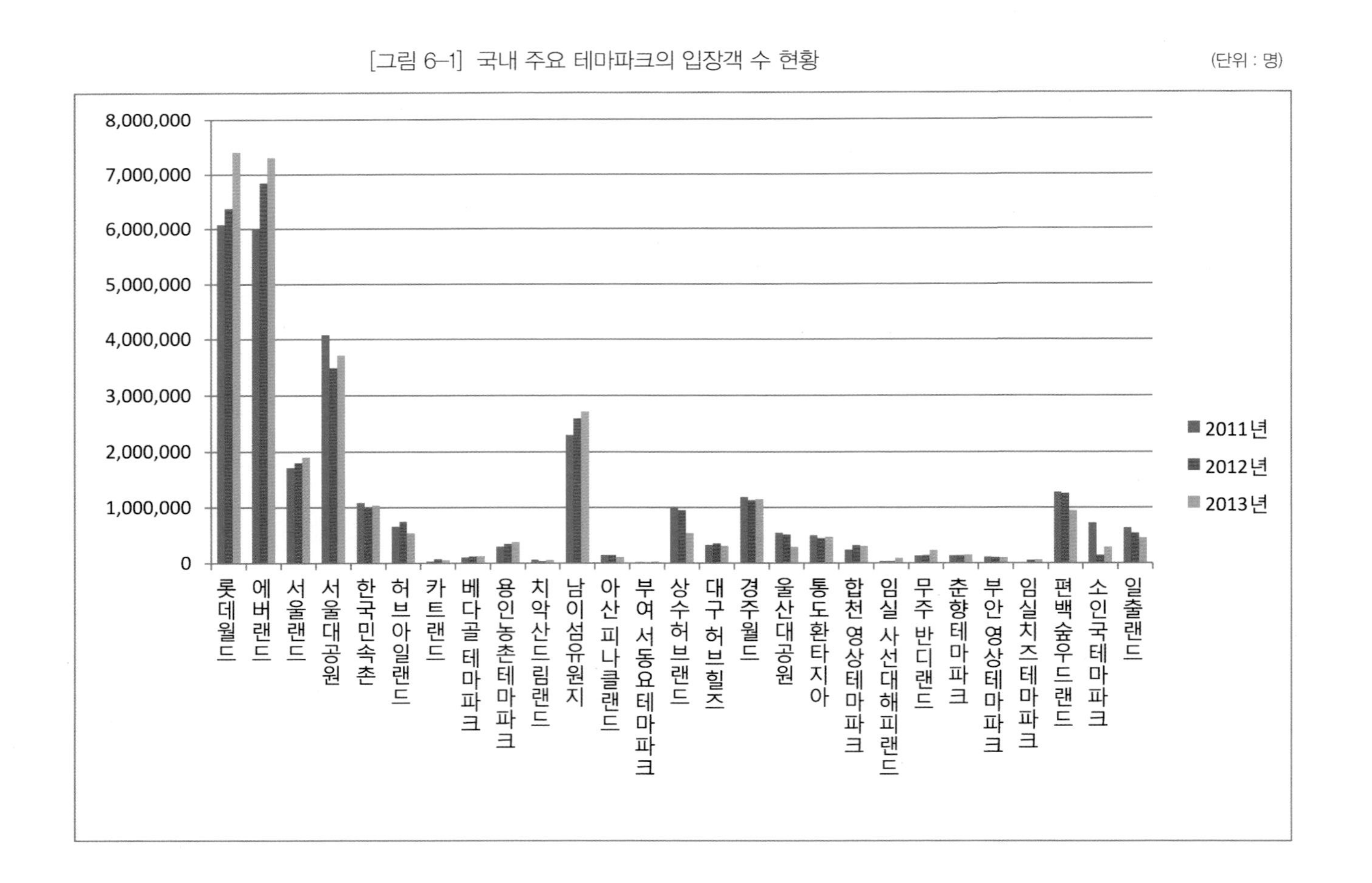

[그림 6-2] 국내 주요 테마파크 월별 입장객 추이

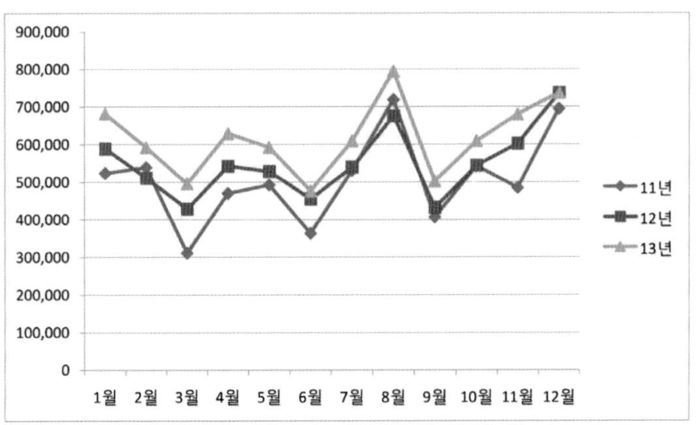

롯데월드

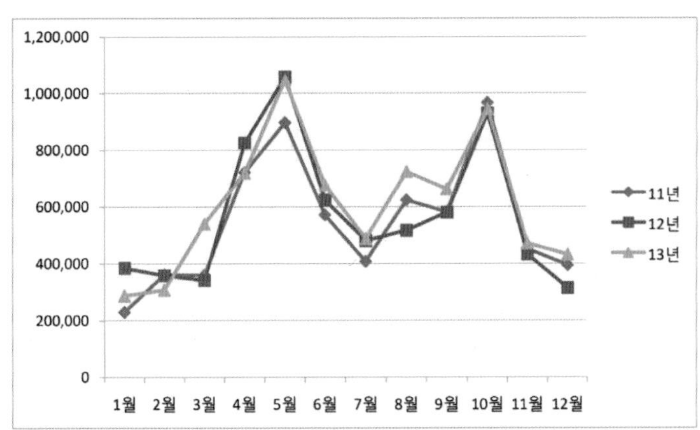

에버랜드

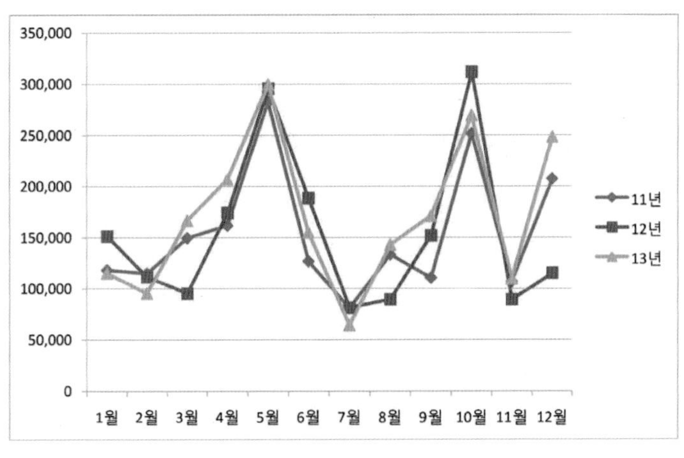

서울랜드

제4절 국내 주요 테마파크

1. 에버랜드

에버랜드는 국내에 놀이시설과 휴양시설이 턱없이 부족한 1970년대에 서울어린이대공원(1973년 개장)에 이어 1976년에 '자연농원'으로 개장하였다. 에버랜드는 개장한 이래 1970년대의 '사파리 월드', 1980년대의 '눈썰매장', 1990년대의 '캐리비안 베이'와 더불어 2005년 오픈한 세계 최초의 이솝 테마파크 '이솝빌리지'까지 차별화된 엔터테인먼트와 가족, 연인과 함께하는 특별한 축제를 통해 국내 테마파크의 수준을 선도하고 있다. 2006년에는 '에버랜드리조트'로 BI를 변경하였다.

에버랜드는 21세기 체재형 복합리조트로서 전 단지를 3개의 주제구역으로 구분하고 있다. 첫 번째 지역은 '페스티벌월드'로서 5개의 주제(글로벌 페어, 아메리칸 어드벤처, 매직랜드, 유러피언 어드벤처, 이퀴토리얼 어드벤처)로 구분된다.

두 번째 지역은 세계적 수준의 중미 카리브해안을 테마로 한 스페인풍의 물놀이시설인 '캐리비안 베이'가 있다.

세 번째 지역은 자동차 전용 경주장으로서 '스피드 웨이'를 1992년에 개장하였다. 이 밖에 숙박시설로서 67실의 유스호스텔을 보유하고 있으며, 국내 최장의 눈썰매장과 문화시설로서 한옥형태의 호암미술관이 있다.

한편, 에버랜드는 2016년 개장 40주년을 앞두고 종합엔터테인먼트 연출 서비스를 통해 21세기 초일류 테마파크로 도약하기 위해 국내 최대 규모의 멀티미디어 쇼 '올림푸스 판타지'와 K-POP 콘서트 전용관 등을 새롭게 오픈하였다. 그리고 국내 최대 규모의 생태형 사파리인 '로스트 밸리'와 체험형 동물원인 '애니멀 원더월드' 등을 개장하고, 어린이 전용 신개념 놀이터인 '키즈커버리' 등을 추가로 오픈하였다.

이처럼 에버랜드의 차별화된 서비스와 우수성은 각종 수상내역을 살펴보면 이해할 수 있는데, 국제적으로는 퍼레이드 부문 Big E Awards 수상(2005, 세계테마파크협

▲ 에버랜드 전경(① 정문 입구 ② 거리 퍼레이드 ③ 애니멀 원더월드)

회(IAAPA)), 세계 4대 테마파크에 선정(2006, 미국 포브스지), 2008년 1월에는 브랜드 가치평가 전문회사인 '브랜드스톡'이 발표한 대한민국 100대 브랜드에서 8위를 차지하는 등 세계적인 테마파크로서 인정받고 있다. 2014년 8월 기준으로 에버랜드의 누적 입장객 수는 2억 명을 돌파하였다.

〈표 6-3〉 에버랜드 시설개요

구 역	시설별 테마	시설내용
페스티벌월드	글로벌페어	아케이드 야외극장, 26종의 매장(토이랜드 외), 식음료시설, 기타 서비스센터 등
	아메리칸 어드벤처	모험과 스릴 위주의 탑승시설 위주(독수리요새 외 14종), 관람시설, 식음료시설 등
	매직랜드	놀이시설이 가장 많은 지역으로 첨단과학을 이용한 동화의 세계 구현(바이킹 외 30종)
	유러피안 어드벤처	프랑스식 가든과 네덜란드풍의 건축물들, 계절별 꽃축제, 첨단레이저쇼, 음악분수쇼 등 33종
	이퀴토리얼 어드벤처	기존 와일드사파리를 보완한 육식 · 초식동물이 함께 공존하는 복합 야생사파리, 물개쇼장 외 총 19종
캐리비안 베이	디자인 테마	중남미 카리브해안 테마, 스페인풍
	실외시설	인공파도풀(2.4m), 유수풀, 각종 슬라이드(최장 135m)
	실내시설	실내파도풀, 어린이풀, 유아풀, 스파, 실내유수풀
	기타	라커룸, 의무실, 보관소, 식당 7개, 기념품점 외
스피드웨이	자동차경주장	국내 최초의 온로드(on road) 자동차경주장, 4층 통제실
기타	식당 및 상가	한식당(3개), 양 · 중 · 스낵(31개), 기념품점(31개), 휴게실(2개)
	부대시설	눈썰매장, 자동차박물관, 교육원(서비스아카데미, 환경아카데미, 조리아카데미)
홈브리지	유스호스텔	객실 수 67실, 일반식당(190석)
	강의실	7개(15~200명)
호암미술관	시설	2만여 평의 한국전통정원 및 브르델 정원
	소장품	15,000여 점
글랜로스골프장	규모	로랜스 트렌존스 설계, 퍼블릭 9홀, 골프연습장(180yard / 45타석)

2. 롯데월드

롯데월드는 서울 잠실 일대에 1989년 7월 '동양의 디즈니랜드'를 추구하면서 오픈했다. 올림픽스타디움의 2배인 38,798평의 대지 위에 6,500억 원을 투자해 연건평 169,000평을 건설했고 종업원은 950명에 달한다. 또한 1990년에는 석촌호수 65,900평에 매직아일랜드를 개장했다.

롯데월드의 사업자인 (주)호텔롯데는 2010년 3월에 송파구로부터 20년 무상 임대했던 매직아일랜드의 사용연한을 10년 더 연장했다. (주)호텔롯데는 1990년 매직아일랜드에 대해 송파구와 시설물 20년 무상사용 계약을 체결했으며, 계약내용은 놀이시설 등의 건축물 대부분을 기부채납하고 연간 12억 원가량의 토지사용료를 내는 조건이었다.

롯데월드는 유리 돔이 씌워진 테마파크로는 세계 최대로서 1995년 기네스북에 올랐으며, 한 해 평균 800만 명에 가까운 관광객이 방문하여 개장 이후 2014년 1월에는 총 방문객 수가 1억 8,000만 명을 넘어섰다. 이 가운데 약 10%의 입장객이 외국인 관광객으로 이는 롯데월드가 세계적인 관광명소로서 위상을 얻고 있음을 보여주고 있다.

한편 롯데월드는 2010년 11월에 최종건축허가를 받고 서울 송파구 일대에 3조 원을 투자하여 제2 롯데월드를 2016년 말까지 완공할 계획이다. 제2 롯데월드는 지상 123층(높이 555m)으로 실내외 전망대(484m)와 아트갤러리(479m), 6성급호텔, 다국적 기업 오피스, 복합쇼핑몰 등이 들어설 계획이다. 이외에도 롯데월드는 총 3,000억 원을 투자해 김해관광유통단지 내 11만 8,000㎡ 부지에 롯데워터파크를 조성하여 2012년 5월에 개장하였으며, 2014년에는 서울 잠실에 도심 최대 규모인 수량 5,200톤의 '롯데월드 아쿠아리움'을 개장하였다.

2014년에는 한국능률협회가 선정한 국내 테마파크 부분 브랜드파워 7년 연속 1위를 차지하고 있으며, 미국 Forbes지가 선정한 세계 10대 테마파크로도 선정되었다.

▲ 롯데월드 전경(① 전체 전경 ② 어드벤처 ③ 매직아일랜드)

〈표 6-4〉 롯데월드의 시설개요

시설명	시설종류	내 용
설계 및 건설	바타글리아(미국)+인타민(스위스)+롯데건설	
어드벤처 (실내 테마파크)	놀이기구	27종(환상의 오디세이 등), 공연물 13종(월드 카니발퍼레이드 등)
	영화관	5개관
	레스토랑	한식당 3개소, 중식당 2개소, 일식 및 양식당 1곳, 패스트푸드 4개소
	스포츠	볼링장, 스포츠센터, 쇼핑몰, 화랑
매직아일랜드 (실외 호수공원)	놀이기구	15종(자이로드롭, 혜성특급 등) 마법의 성, 음악분수
	공연물	6여 종
	레스토랑	한식 1개소, 주막 1개소, 양식당 1개소, 패스트푸드 5개소
민속박물관	규모	역사전시관, 모형촌, 매직비전 영상관, 전통예술공연장, 8도 저잣거리 등 3,400여 평
수영장	규모	7,548㎡, 870명 수용
	종류	정규풀, 유수풀, 잠수풀, 각종 슬라이드
	부대시설	동굴탕, 카페테리아, 수영복숍, 라커(2,000개) 등
아이스링크	규모	3,435㎡, 628명 수용
	부대시설	식당, 매점, 스낵바, 운동용품, 스케이트 정비코너 등
볼링장	규모	13레인, 편의시설

3. 서울랜드

서울랜드는 88서울올림픽에 발맞춰 서울시의 주요 추진사업의 일환으로 경기도 과천시 청계산 기슭의 서울대공원에 인접해 1988년 5월에 오픈했다. 현재 서울랜드는 한덕개발(주)이 위탁경영을 맡고 있다. 한일시멘트가 100% 출자한 한덕개발(주)은 약정에 따라 건설 완료된 시설을 서울시에 반납하게 되어 있는데, 1차 기부시설은 2004년 7월에 만료되었고, 2차 기부시설은 2011년에 무상사용기간이 만료되었다. 1차 기부시설 무상사용기간이 만료됨에 따라 서울시에 1차 기부시설에 대한 토지와 시설물의 감정평가액에 대한 연 2.5%의 사용료를 지급하고 있다.

▲ 서울랜드 전경(① 블랙홀 2000 ② 스카이엑스 ③ 삼천리동산거리)

1994년 지하철 4호선의 개통과 더불어 과천 서울대공원의 동물원, 식물원, 삼림욕장, 국립현대미술관 등이 활성화되어 가족의 1일 나들이 코스로 각광받으며 종합레저단지로 자리매김하게 되었다.

2000년 4월에는 국내 최초의 비행체험시설인 스카이엑스와 차세대 롤러코스터인 샷드롭이라는 새로운 기종을 도입해서 많은 이들의 사랑을 받고 있으며, 2002년 6월에는 ISO 9001(국제표준협회 품질경영시스템), ISO14001(환경시스템) 인증을 획득하였다. 2009년 9월에는 온라인 게임을 실제 체험할 수 있는 '서든어택'을, 2010년 5월에는 레포츠 체험시설인 '스카이 어드벤처'를 설치했다. 현재 40여 종의 첨단 놀이시설로 늘어나 세계적인 놀이공원으로 손색이 없도록 공원을 유지하고 있다.

한편 서울랜드는 2020년까지 기존의 서울대공원과 통합하여 친환경과 생태개념을 강조한 새로운 '5세대 테마파크'로 조성될 계획이다. 2012~2020년까지 3단계로 나뉘어 조성되며, 놀이시설을 즐기거나 동식물을 관찰하면서 기후대별 생태계를 경험하는 대초원, 빙하시대, 한국의 숲, 열대우림과 대양주 등 '4개 테마존'과 테마존의 주출입구로 생태와 미래를 주제로 한 각종 건축물과 첨단 놀이시설이 있는 '우듬지마을'로 구성된다.

4. 이월드

대구 도심에 있는 도심형 테마파크인 이월드(옛 우방랜드)는 지난 1995년 3월에 개장했다. 우방랜드는 2000년 8월 母기업인 (주)우방이 부도나면서 법정관리상태에 있었으나 2010년 3월에 (주)이랜드레저비스가 (주)C&우방랜드의 지분을 매입하여 우방랜드를 인수했다. 이에 따라 (주)이랜드레저비스가 59.1%의 주식을 소유해 우방랜드의 최대주주로서 경영권을 행사하게 되면서 우방랜드 대신 이월드로 브랜드를 변경했다.

부지면적은 12만 3,000평(40만 6,800㎡), 시설면적은 4만 8,374평(15만 9,915㎡)인 우방랜드의 시설을 보면, 놀이시설은 부메랑 코스타 등 31종이고, 교양시설은 공연장 3개소, 전시관 3개소가 있으며 식음시설은 회전식 레스토랑 등 35개소, 상품시설은

▲ 이월드(옛 우방랜드)의 상징인 타워(202m)가 중앙에 위치하고 있는 이월드 전경

▲ 이월드의 아쿠아 판타지 여름축제 전경

선물의 집 등 25개소에 달하고 있다.

이월드 안에는 타워가 있는데, 높이가 서울타워(236.7m)보다는 낮지만 202m에 이른다. 여기에는 회전식 레스토랑이 있는데, 식사하면서 대구 시내를 구경할 수 있다는 장점 때문에 연인들이나 가족단위의 이용객들이 즐겨 찾는 장소이다.

한편 이월드는 집객력을 높이기 위해 지속적으로 투자하고 있다. 2004년 5월에는 타워 주차장 약 1,000여 평에 야외 자동차극장과 타워 내부 약 1,000여 평에 사계절 이용 가능한 실내 아이스링크장을 설치했다. 2006년 10월 개장한 실내 골프장인 '브리스톤'은 도심을 내려다보며 골프를 즐길 수 있도록 타워 건물 5, 6층에 설치돼 있으며, 아쿠아리움에는 아마존강 유역을 재현한 열대 우림존과 3D 입체영화 상영관을 새롭게 설치했다. 2006년 12월부터 운영하는 '스카이 점프'는 높이 202m, 타워 77층 전망대에서 4층 타워광장까지 126m를 낙하하는 시설이다. 향후 이월드는 회사 이미지 개선 등을 위해 52억 2,000만 원을 들여 신규 시설물 투자 및 기존 시설물의 개보수(리뉴얼)를 계획하고 있다.

제5절 외국의 테마파크

1. 미 국

비록 테마파크의 유래가 유럽에서 시작되었으나 미국은 세계적인 대규모 테마파크의 70%를 점유하고 있어 세계 테마파크의 주 무대로서 역할을 담당하고 있다. 특히 디즈니랜드의 영향력은 미국뿐만 아니라 전 세계 테마파크 시장에서 가장 강력하다.

1) 디즈니랜드

▲ 디즈니랜드 설립자 월트 디즈니

세계 최초의 디즈니랜드(Disney Land)는 캘리포니아 남서부 에너하임에 위치한 디즈니랜드인데, 1955년에 만화영화제작자 월트 디즈니가 세운 대규모 테마파크이다.

월트 디즈니(Walt Disney : 1901. 12~1966. 12)는 애니메이션을 문화적 상품이자 작품으로 만들어낸 인물이며, 미키마우스, 도날드 덕 등 다수의 애니메이션 캐릭터를 개발하면서 20세기 이후, 캐릭터 산업이라는 새로운 사업 영역을 개척한 장본인이기도 하다. 그는 1955년에 그 누구도 상상하지 못한 거대 규모의 테마파크 '디즈니랜드'를 건설하면서 어린이들이 상상하고 꿈꾸던 것이 눈앞에서 현실화되는 경험을 할 수 있도록 했다.

개장 이후 총 입장자 수는 4억 명을 넘어섰으며 연간 입장자가 1,000만 명을 넘고 그중 70%가 어른이다. 바깥 둘레를 산타페 철도가 돌고, 유원지 안에는 1890년대의 미국 마을을 재현한 '메인 스트리트 USA'를 중심으로 '모험의 나라', '개척의 나라', '동화의 나라', '미래의 나라' 등 7개 구역이 테마별로 배치되어 있다. '모험의 나라'는 미개척 정글을 여행하는 곳, '개척의 나라'는 개척시대 미국을 재현한 곳, '환상의 나라'

▲ 월트 디즈니는 1955년에 최초의 테마파크인 '디즈니랜드'를 로스앤젤레스 인근에 개장하였다(① 디즈니랜드 '환상의 나라' 전경 ② 디즈니랜드 놀이시설 전경).

에서는 유럽의 도깨비 이야기들이 재미있게 펼쳐지고 '내일의 나라'에서는 로켓 등 미래를 엿볼 수 있는 세계가 마련돼 있다. 공원을 가로지르다 보면 '미키 툰타운(Mickey Toon Town)'이 나오는데, 미키 마우스 복장을 한 배우들이 함께 포즈를 취해주기도 하고, 잠자는 숲속의 공주에 나오는 성곽을 본떠 만든 공원들이 한없는 상상의 날개를 펼치도록 도와준다.

미국 내 테마파크 상위 40개 레저랜드의 입장객 중 디즈니랜드와 디즈니월드가 전체 입장객 비율 중 35%의 점유율을 보이고 있다. 또한 캘리포니아 및 플로리다 주에 상위 13개 테마파크가 위치하고 있으며, 13개 테마파크의 입장객 비율이 미국 전역 테마파크 입장객 비율의 61%를 차지하고 있다.

2) 월트 디즈니월드

플로리다 올랜도에 위치한 월트 디즈니월드(Walt Disney World)는 세계에서 가장 큰 테마파크로서 4개의 테마파크, 2개의 워터파크, 32개의 테마호텔 및 리조트, 그 외 쇼핑, 식사, 엔터테인먼트 지역으로 이루어져 있다. LA 디즈니랜드의 100배가 넘는 부지에 1966년부터 구상되어 1971년에 매직킹덤(Magic Kingdom)을 개장하였고, 뒤이어 1982년에는 엡콧센터(Epcot Center), 1989년에는 디즈니 할리우드 스튜디오(Disney Hollywood Studio), 4번째로 1998년에 디즈니 애니멀 킹덤(Disney's Animal Kingdom)을 개장하였다.

월트 디즈니월드는 크게 4개의 테마로 구성되어 있는데, 이는 첫째, 환상의 나라와 미래의 나라 등이 재현된 마법의 왕국 매직킹덤(Magic Kingdom), 둘째, 미래사회와 기술을 소개하는 엡콧센터(Epcot Eenter), 셋째, 실제의 동물들과 디즈니의 캐릭터들이 혼합되어 있는 애니멀 킹덤(Disney's Animal Kingdom), 넷째, 디즈니 영화를 테마로 하는 영화촌인 디즈니 할리우드 스튜디오(Disney Hollywood Studio) 등이다.

또한 총 1만 실에 가까운 호텔과 천연호수를 이용한 워터리조트, 대규모 워터파크, 열대성 동/식물원, 골프장, 쇼핑시설, 레스토랑 등 다양하고 편리한 부대시설들도 완벽하게 갖추어져 있다. 월트 디즈니월드의 특징을 정리하여 살펴보면 다음과 같다.

- 대규모 복합형 테마파크이며, 레저시설로서 세계 최대의 수용력 보유
- 레저파크와 동시에 고급수준의 숙박시설 완비
- 종업원을 Cast로 존중하며, 종업원이 디즈니랜드를 자신의 것으로 생각하게 하는 기업정신을 관철
- 항공교통을 중시한 접근성을 지향함으로써 국제적인 집객력 확보
- 해당 연령층의 흥미를 유도할 수 있는 설계(마술의 왕국 = 어린이, Epcot = 청년층, Pleasure Land = 중년층)
- 기업으로 설립되었지만 오늘날 미국인의 삶과 동질화된 미국의 핵심적 상징이 되었음

〈표 6-5〉 월트 디즈니월드의 구성

테 마	내 용	
매직킹덤	모험의 나라	이국적인 열대지방 분위기의 장소로 문명세계와 동떨어진 신비한 곳으로의 여행을 주제로 함
	개척의 나라	미국의 서부개척시대를 주제로 재창조함
	환상의 나라	월트 디즈니의 만화를 주제로 함
	미래의 나라	미래에 대한 기대감을 주제로 미래는 황홀한 시대가 될 것이며 우주과학시대의 도래를 예측하는 주제
엡콧센터	미래에 대한 상상의 세계인 Future World로 세계 각국의 역사촌인 World Show Case를 주제로 하고 있음	
디즈니 스튜디오	디즈니에서 제작한 영화를 중심으로 촬영세트관광 및 체험 등을 주제로 구성됨	
애니멀 킹덤	일반적인 동물원과는 차별적으로 각종 캐릭터와 뮤지컬, 애니멀 킹덤이라는 주제에 맞도록 설계된 볼거리가 많은 동물의 왕국	

(1) 매직킹덤

- 개장 : 1971년
- 위치 : 미국 플로리다 올랜도 키시미(Kissimmee)
- 테마 : '마술의 왕국' 안에 7개의 소테마 구역으로 구성

매직킹덤(Magic Kingdom)은 1955에 오픈한 LA 디즈니랜드와 매우 유사한데, 복사

판이라기보다는 크고 더 많은 입장객을 고려해 지어진 2세대의 파크라고 보는 것이 옳을 듯하다.

매직킹덤은 월트 디즈니월드의 다섯 개의 테마파크 중 하나로서 디즈니월드를 대표하는 공원이다. 특히 매직킹덤에서는 미키마우스, 미니마우스, 구피 등의 디즈니를 대표하는 캐릭터를 쉽게 만날 수 있다. 일반적으로 알고 있는 디즈니월드는 '매직킹덤'이라고 해도 과언이 아닐 정도로 디즈니의 모든 것을 접할 수 있는 곳이다.

거대한 호수를 Ferry Boat로 건너 진입광장에 도착하게 하는 연출기획은 현실세계에서 꿈의 세계로 이동하는 듯한 경이로움을 갖게 하는 구역이다. 여기에서는 신데렐라 성과 미키의 집을 비롯한 디즈니의 상징적인 어트랙션들(정글크루즈, 카리브해의 해적, 유령의 집 등)을 볼 수 있다. 매직킹덤은 2013년까지 5년 연속 세계 50위 테마파크 중 입장객 수에서 1위를 차지하고 있다.

▲ 월트 디즈니월드를 대표하는 매직킹덤 전경

(2) 엡콧센터

- 개장 : 1982년
- 위치 : 플로리다 올랜도 월트 디즈니월드 리조트 내
- 테마 : 미래의 세계와 세계의 전시장

엡콧센터(Epcot Center)는 월트 디즈니가 구상한 미래의 도시를 테마로 출발하였으나, 실제로는 일종의 세계 각국의 문화와 산업을 전시하는 형태로 마무리되었다. 모래시계형태의 설계는 파크를 '미래의 세계(Future World)'와 '세계의 전시장(World Showcase)'으로 구분하고 있다.

'미래의 세계'는 교육적 내용과 홍보가 혼합된 거대한 기업스폰서 파빌리온으로 구성되어 있다. 여기에는 거대한 아쿠아리움(유나이티드 테크놀로지社 스폰)과 미래 농장의 전형(네슬레社 스폰), 에너지의 세계(엑손社 스폰), 인체의 전쟁을 테마로 한 시뮬레이터 라이드(메트라이프社 스폰), GM 시험트랙(GM社 스폰) 등으로 구성되었으

▲ 세계 각국의 문화와 산업을 전시하고 있는 엡콧센터 전경

며, 대기업의 홍보에 따른 스폰서십으로 운영되는 게 특징이다.

'세계의 전시장'은 다양한 국가의 대표적인 관광이미지를 형상화한 파빌리온으로 구성되어 있다. 이곳은 월트 디즈니월드 내에서 최고의 쇼핑과 식사장소로 상품점에서는 각국으로부터 온 독특한 상품을 구입할 수 있고, 레스토랑에서는 프렌치 패스트리, 영국산 장어요리, 로마의 페투치니 요리 등을 맛볼 수 있으며, 다양한 놀이시설들이 있다. 엡콧은 세계 50위 테마파크 중 2013년 기준 6위를 기록하였다.

(3) 디즈니 할리우드 스튜디오

- 개장 : 1989년
- 위치 : 플로리다주 올랜도 월트 디즈니월드 리조트 내
- 테마 : 디즈니 영화를 토대로 한 다양한 라이브 쇼의 체험

'디즈니 MGM 스튜디오'는 '디즈니 할리우드 스튜디오(Disney Hollywood Studio)'로 새롭게 개명하였다. 스튜디오는 영화관이 테마파크로 변모해 가는 과정을 보여주는 파크라 할 수 있다. 영화를 테마로 다양한 어트랙션을 구성하였으며, 유니버설 스튜

▲ 디즈니 할리우드 스튜디오에서 세트장을 이용한 실제 영화촬영 장면

디오의 강력한 라이벌로 등장하였다.

다른 파크에 비해 규모가 작지만 충분한 흥밋거리를 가지고 있다. 디즈니 할리우드 스튜디오의 하이라이트는 촬영 중인 스튜디오의 투어, 애니메이션 스튜디오, 스타 투어즈 시뮬레이터 등을 꼽을 수 있다. 이외에 디즈니 영화를 토대로 한 다양한 라이브 쇼를 즐길 수도 있다. 디즈니 할리우드 스튜디오는 세계 50위 테마파크 중 2013년 기준 8위를 기록하였다.

(4) 디즈니 애니멀 킹덤

- 개장 : 1998년
- 위치 : 플로리다 올랜도 월트 디즈니월드 리조트 내
- 테마 : 실제의 동물들과 디즈니의 캐릭터를 혼합

디즈니 애니멀 킹덤(Disney' s Animal Kingdom)은 가장 최근에 오픈한 테마파크로 실제의 동물들과 디즈니 테마구현이 독특하게 혼합되어 있다. 이곳의 주요 놀이시설로는 카운트 다운 투 익스팅션과 칼리리버 래피드, 킬리만자로 사파리, 잇츠 터프 투 비어버그 등이 있다. 디즈니 애니멀 킹덤은 세계 50대 테마파크 중 2013년 기준 7위를 기록하였다.

▲ 디즈니 애니멀 킹덤의 어트랙션 전경

2. 일 본

일본에서는 1983년을 테마파크의 원년으로 본다. 1983년 4월 도쿄 디즈니랜드와 동년 7월에 나가사키 오란다촌이 개장되면서 테마파크의 개념이 정착되기 시작하였다.

이후 테마파크에 대해 대기업들이 사업의 다각화와 재테크의 일환으로 신규 참가가 줄을 이었으며, 2013년도에 일본에 등록된 테마파크 수는 학습형 테마파크가 68개소(27.7%), 산업형 테마파크 111개소(48.8%), 어뮤즈먼트형 63개소(26.5%) 정도이다. 일본 내 테마파크를 소개하면 다음과 같다.

1) 도쿄 디즈니랜드

도쿄 디즈니랜드(Tokyo Disneyland)는 일본 최대의 테마파크로 25만 평(공원 14만 평, 주차장 8만 평, 기타 3만 평)의 면적에 5가지 테마로 구성되어 있으며, 어트랙션 39기종과 식음시설 37개소, 상품시설 55개소, 인근지역 5개 호텔(3,160실) 등의 시설을 갖춘 복합 테마파크이다.

미국의 디즈니사는 세 번째의 디즈니랜드를 미국이 아닌 일본의 도쿄 중앙에서 10km 떨어진 치바현 우라야스에 개장하였다. 아시아의 첫 번째 사업으로 설립 당시에는 성공가능성에 상당한 회의를 가졌던 도쿄 디즈니랜드는 현재는 세계에서 가장

▲ 도쿄 디즈니랜드 전경

유명한 놀이공원 중 하나이고, 놀라운 사업성공의 표본이 되었다.

도쿄 디즈니랜드는 미국 올랜도 디즈니랜드의 복사판이지만 규모 면에서는 뒤지지 않는다. 총면적은 82.6ha이고(약 25만 평), 그중 공원 46.2ha, 주차장 25ha(8,000대), 그 외 10.8ha라고 하는 장대한 규모를 가지고 있다. 테마파크만의 넓이로는 미국의 월트 디즈니월드(43ha)의 면적보다 넓다. 도쿄 디즈니랜드는 2013년 한 해 동안 1,721만 4,000명이 방문하여 입장객 수 기준 세계 2위를 기록하였다.

2) 시파라다이스

일본 요코하마의 핫케이지에 위치한 시파라다이스(Sea Paradise)는 약 240㎢의 부지에 프레저랜드, 시파라다이스 마리나 등의 구역으로 구분되어 있다. 일본 최대의 수족관인 아쿠아 박물관을 비롯하여 여러 가지 놀이시설과 레스토랑 · 호텔 등의 시설이 들어서 있다. 최근에는 요코하마의 명소를 둘러보는 크루징 여행이 인기 있는 관광코스로 꼽힌다.

대표적인 볼거리로는 '바다와 사람의 커뮤니케이션'을 테마로 한 체험형 수족관 아쿠아 박물관이다. 여기에는 500여 종의 물고기와 10만 종 이상의 바다생물이 107m 높이의 3층으로 된 거대한 수조 속에서 살고 있다. 수조 중간으로 통로가 있어 관람객들은 마치 바닷속에서 물고기 곁을 지나가는 듯한 착각을 일으킨다.

▲ 시파라다이스 아쿠아 박물관

그 밖에 프레저랜드에는 107m 높이에서 수직 낙하하는 블루풀, 카니발 하우스, 일본 최초의 해상 주행 코스터, 급류타기, 바이킹 배, 90m 높이의 회전 전망대인 시파라다이스 타워 등의 놀이시설이 있고, 시파라다이스 마리나에서는 요트와 크루저를 비롯한 다양한 수상 스포츠를 즐길 수 있다. 시파라다이스는 2013년 한 해 동안 414만 9,000명이 방문하였고, 세계 50

대 테마파크 중 25위를 기록하였다.

3) 하우스텐보스

하우스텐보스(Huis Ten Bosch)는 네덜란드와 나가사키의 역사적인 교류를 배경으로 네덜란드 정부와 일본 기업의 협력을 얻어 1992년 3월 25일에 나가사키현 사세보시에서 개장하였다.

▲ 네덜란드를 테마로 한 하우스텐보스 전경

하우스텐보스의 특징은 네덜란드를 테마로 쾌적한 환경에서 '자연과 인간이 공존하는 파크' 지향의 콘셉트로 일본인의 발상으로 일본인에 의해 건설된 본격적인 테마파크이다.

네덜란드의 국토건설 사업노하우를 바탕으로 하우스텐보스는 공업단지로 조성된 후 분양이 되지 않아 장기간 방치된 불모의 토지를 개량하고, 40만 그루의 나무를 심어 개발하였다. 길이 6km에 달하는 운하(너비 20m, 깊이 5m)를 파고 자연석으로 연안을 쌓아올려 오오무라만의 해수를 끌어들이고 거리에는 동·식물의 생명과 윤택함을 부여하여 연간 400만 명이 방문하는 관광도시로 변모하였다.

중요시설 및 부대시설로는 쇼핑시설 68개소, 식당 58개소, 놀이시설 13개, 박물관형 시설 12개, 워터파크(보유선박 42척)와 스포츠시설로 골프장 18홀, 테니스장 18면, 숙박시설로 호텔 및 빌라 6개동(1,454실), 맨션(250동), 컨벤션시설(600평)을 갖추고 있다.

3. 유 럽

유럽은 기후적으로 동절기가 하절기에 비해 상대적으로 길고 일조시간이 짧은 관계로 사계절 내내 운영하는 테마파크가 미국에 비해 적은 편이다.

그러나 EU통합 추진을 계기로 본격적인 테마파크가 등장하였다. 전 유럽인을 모을 수 있는 수단뿐만 아니라 관광사업으로도 대단한 경제효과를 수반한다는 점에 착안하여 테마파크가 개발되기 시작하였다. 1992년 EU통합, 스페인 바르셀로나 올림픽, 만국박람회를 계기로 유로디즈니를 등장시키기도 하였다. 유럽의 주요 테마파크를 소개하면 다음과 같다.

1) 디즈니랜드 파리

디즈니랜드 파리(Disneyland Paris)는 1992년 4월에 파리에서 동쪽으로 32km 떨어진 마린 라 발레(Marine La Vallee)에 583만 평의 규모로 세워졌는데, 이는 파리시의 1/5에 해당하는 거대한 규모이다. 이 중 테마파크의 규모는 18만 9,000평이며, 파크는 크게 5개의 테마로 구성되어 있다. Attraction은 29기종이며, 시설과 부대시설로는 식음료 및 상가시설 32개, 그리고 호텔 6개소(5,200실), 방갈로 414개 외 캠핑그라운드, 골프장 18홀 등을 갖추었다.

1987년 유럽의 중심지이자 관광도시인 파리의 매력에 더해 프랑스 정부의 파격적 지원[3)]에 힘입어 건설되었다. 유로디즈니와 디즈니랜드 호텔을 합한 건설 총 투자액은 223억 프랑이었으며, 1988년 8월 토지조정공사, 1990년 8월 대형 Attraction 건설공사 등을 통해 1992년 4월 12일 처음으로 개장하였다.

그러나 개장 첫날 입장객 수는 예상인원 30~40만을 크게 밑도는 5만 명이었으며 매스컴의 반응도 상당히 냉담했다. 디즈니랜드 파리의 문제점은 크게 4가지로 정리되는데, 우선 기후가 걸림돌이다. 현존하는 4개의 디즈니랜드 중 겨울의 파리는 습도가 높고 추위가 상당히 심하다. 둘째, 프랑스인들이 디즈니에 대한 기본적 이미지가

3) 프랑스 정부의 파격적인 세금감면 혜택(18.9%→9%)과 파리고속 지하철의 노선을 연장하고, TGV역 신설과 고속도로 I.C 신설 등을 통하여 교통망을 정비하였다.

▲ 디즈니랜드 파리는 유럽지역에 첫 번째로 개장한 디즈니파크로서 파리시의 1/5에 해당하는 거대한 규모이다(디즈니랜드 파리 전경).

좋지 않은 것이 문제이다. 미국의 디즈니는 경박하고 단순하다는 의견을 대체적으로 보이고 있으며, 바캉스에 대한 사고방식도 미국과 매우 차이가 나고 있다. 세 번째 문제점은 가격이다. 자유이용권의 가격이 지나치게 높게 책정되어 있고, 음식이나 주변 호텔요금이 크게 비싸다는 불만이 있다. 마지막으로 가족을 위한 공원이라는 개념을 고수하고 있는 디즈니랜드 사업부는 파리에서도 음주를 인정하지 않고 있는데, 프랑스인들에게 와인은 물과 같은 필수적인 존재로 인식되고 있어 반발이 크다.

이러한 주요 이유로 인해 디즈니랜드 파리는 프랑스인들의 외면을 받고 있는데, 유로디즈니의 입장객 수에서 프랑스인 입장객은 35% 미만이다. 디즈니랜드 파리는 미국 월트 디즈니사의 지분(49.9%)과 프랑스 정부, 기업, 개인 등의 지분(51%)으로 구성되어 있으며, 로열티는 입장료의 10%, 기타 매출의 5%를 미국 월트디즈니사에 지급하고 있다.

2) 파크 아스테릭스

유럽 최초의 테마파크인 '파크 아스테릭스(Park Asteriks)'는 프랑스의 만화 아스테릭스의 성공을 배경으로 1989년 4월에 개장하였다. 아스테릭스는 미국의 미키마우스, 일본의 아톰, 한국의 뽀로로와 같이 프랑스 문화를 상징하는 대표적 만화 캐릭터이다. 아스테릭스의 배경은 로마 제국의 지배를 받는 현대 프랑스인들의 조상 골족의 갈리아 마을로서, 아스테릭스는 갈리아 마을에 살고 있는 덩치 작은 영웅이다.

파리 북쪽의 샤를르 드 골 공항 근처에 위치하고 있으며, 전 세계 70대 주요 대형 테마파크 중 하나로 꼽히는 이곳은, 유럽에서는 10대, 프랑스에서는 3대 안에 속하는 규모로 지난 2013년에는 220만 명이 관람했다.

파리 인근에 위치한 또 다른 테마파크 '디즈니랜드 파리'에 비하면 시설 면에서나 접근성, 규모 면에서 비교가 되지 않지만 입장객 수에서는 대등한 수치를 보이고 있다. 1990년 중반에는 디즈니랜드를 압도하는 성적을 내 디즈니랜드가 상징하는 미국 문화에 대응하려는 프랑스인들의 자존심으로 읽히기도 했다.

기원전 50년경 골족의 생활상을 보여주는 건축물에서 시작하여, 1세기의 로마군의 생활상, 그리고 오늘날까지 과거와 현재를 넘나들며 시간을 초월하는 재미있는 세계를 경험하는 색다른 테마를 제공한다. 만화에서 보여주는 코믹하고 기발한 장면이 축제행사 퍼레이드로 벌어지기도 한다.

갈리아 마을을 지나는 특급기차, 영리한 세자르의 첩보활동을 보여주는 세자르의 집, 달타냥의 펜싱싸움과 로마황제, 군대의 행렬, 그리고 그리스 신들의 행진과 20세기 도둑이 모나리자 그림을 훔쳐서 달아나는 것을 추적하는 경찰의 스릴 있는 장면 등을 스펙터클하게 느낄 수 있다.

호텔 등의 편의시설 역시 숲속의 갈리아 마을 분위기를 내는 12개의 대형 방갈로를 이용했으며, 나무로 된 실내 장식을 통해 기원전의 느낌을 받을 수 있다.

▲'파크 아스테릭스 월드'의 테마가 된 만화주인공 아스테릭스와 그의 친구 오벨릭스의 캐릭터

▲'파크 아스테릭스'는 프랑스의 만화 주인공 아스테릭스와 프랑스인들의 조상 골족의 갈리아 마을을 테마로 하고 있다.

3) 티볼리 가든

티볼리 가든(Tivoli Garden)은 세계에서 가장 오래된 테마파크 중 하나이다. 2007년에는 포브스(Forbes)지가 선정한 세계 10대 테마파크에 선정되었다. 덴마크의 코펜하겐에 있는 남유럽풍의 정원으로 1843년에 탄생하여 1944년에 대부분의 건축물과 시설이 공원의 특성과 규모를 유지하게끔 재건되었다. 1956년 새로운 공연장이 개장되었고 어린이 놀이터가 1958년에 완공되었다. 150년간 운영된 세계에서 가장 오래된 테마파크 중 하나이다.

파크의 면적은 2만 4,000평이며, 소규모 매력물이 25개, 레스토랑이 29개가 있고, 미니카지노와 슬롯머신 등이 있다. 티볼리 가드(guard)의 퍼레이드와 11만 개 전구로 이루어진 환상적인 조명에 800그루 수목 등이 인상 깊다. 4월 하순에서 반년 간만 개장하지만 450만 명 전후의 집객을 자랑한다.

로마의 동쪽 32km에 있는 티볼리시에 440년 전 에스테가의 별장으로 조성된 티볼

▲ 티볼리 가든은 1843년 남유럽풍의 정원으로 시작한 세계에서 가장 오래된 테마파크이다.

리 공원을 모델로 한 것이며, 공원의 운영주체가 시민을 주주로 하는 주식회사이다.

아침부터 낮 동안은 중년 이상의 사람, 낮부터는 학교에서 돌아온 아이들로 붐비고, 밤에는 젊은 쌍쌍이 주역이 되는 3세대 교대가 자연스럽게 이루어지는 이상적인 배열이다. 모든 시설은 프로그램과 함께 각각의 테마를 표현하고 환상의 조형, 즐거움의 조형을 창출하고 있다.

4) 마두로담

마두로담(Madurodam)은 유럽의 대표적인 테마파크로서 1952년 네덜란드 헤이그에 개장하였다. 네덜란드 각지의 명소와 대표적 시설 122개를 정확하게 1/25로 축소하여 만든 미니어처랜드이다.

마두로담은 네덜란드의 대부호 마두로의 아들 공군장교 조지 마두로가 제2차 세계대전 당시 레지스탕스 운동에 참가하여 나치의 손에 의해 강제수용소에서 사망한 아

▲ 마두로담은 네덜란드 각지의 대표적 시설물 122개를 축소하여 재현한 미니어처랜드이다.

픔을 겪은 뒤, 자식이 사랑했던 인형과 완구를 전시하였고, 그것을 확대하여 운영할 기금을 정부가 제공하여 원형이 완성되었다. 그 후 네덜란드에서 복지사가 계속 미니어처를 기부하여 현재는 122개의 시설이 완성되었다.

교회, 고성, 운하, 광장, 항구, 공장, 은행, 박물관, 골프장, 주택, 국철열차, 비행선, 축구장, 고속도로, 해수욕장 등 122개의 미니어처 중 어느 하나 똑같은 타입의 것은 없다. 마두로담 그 자체가 나라로서 역사를 만들고 있다. 10세기경 네덜란드 마을에서부터 최신의 비행장까지 만들어져 있으며, 한눈에 네덜란드의 역사와 도시의 발전을 그야말로 손으로 잡을 수 있을 듯이 실감나게 재현하였다.

마두로담의 테마는 존엄한 명을 받들어 평화를 지키고자 한 청년과 어버이의 애정을 기본 틀로 평화와 번영, 그리고 네덜란드의 아이들에게 역사와 사회를 가르치고자 하는 것에 있으므로 교육적인 파크로 분류할 수 있다. 영업기간은 5월부터 9월 말까지이며, 야간 개장 시 5만 개의 조명이 켜진다.

4. 중국, 홍콩 디즈니랜드

홍콩 디즈니랜드(Hong Kong Disneyland)는 2005년 9월에 개장하였는데, 월트디즈니사의 11번째 테마파크이다. 홍콩 정부와 월트디즈니사가 합작 투자해 건설한 홍콩 디즈니랜드는 홍콩 첵랍콕(Chek Lap Kok) 국제공항이 위치한 홍콩 최대 섬인 란타우(Lantau)섬 북부에 자리 잡고 있으며, 126ha의 부지에 디즈니파크와 2개의 리조트호텔 및 다양한 부대시설을 갖추고 있다.

또한 홍콩 디즈니랜드 파크에는 홍콩만의 어트랙션과 독특한 기념품을 구입할 수 있는 기프트숍, 홍콩식 메뉴가 준비된 레스토랑 등 동양적인 분위기가 감도는 테마파크이다. 그래서 홍콩 디즈니랜드는 동서양의 조화를 주제로 전통적인 디즈니 캐릭터 주인공들과 함께 중국, 아시아 문화를 체험할 수 있게 하는 것을 특징으로 하고 있다.

주요 구성은 20세기 초 미국의 거리 풍경을 재현한 메인 스트리트 USA, 공상과학이나 우주 체험을 할 수 있는 투모로랜드, 잠자는 숲속의 공주 성(城) 등 독특한 테마 경관을 갖춘 판타지 랜드, 밀림 등을 체험할 수 있는 어드벤처 랜드가 주축을 이루고 있다.

디즈니랜드에서 가장 인기 있는 롤러코스터인 '스페이스 마운틴', 20m 높이의 '우주궤도차' 등 최신 놀이기구와 함께 인어공주, 라이온 킹, 미녀와 야수 등 디즈니랜드 고전을 입체 스크린으로 볼 수 있는 영화관 '미키 필하매직'도 들어섰다.

이들 놀이시설 외에 400실 규모의 디즈니 캐릭터를 형상화한 홍콩 디즈니랜드호텔, 1930년대 할리우드의 황금기를 묘사한 600실 규모의 디즈니 할리우드호텔이 들어섰다. 또한 디즈니랜드 주고객을 대륙 중국인들로 예상하고 광둥(廣東)요리, 상하이(上海)요리를 비롯한 중식, 동남아식, 일식 등 아시아 음식점 8곳을 갖춰 놓았다. 홍콩 디즈니랜드는 2013년 한 해 동안 740만 명이 방문하여 세계 50대 테마파크 중 13위를 기록하였다.

▲ 홍콩 디즈니랜드 거리 퍼레이드 전경

〈표 6-6〉 세계 25대 테마파크 현황

	PARK AND LOCATION	CHANGE	2013	2012
1	Magic Kingdom at Walt Disney World, Lake Buena Vista, FL	6.0%	18,588,000	17,536,000
2	Tokyo Disneyland, Tokyo, Japan	15.9%	17,214,000	14,847,000
3	Disneyland, Anaheim, CA	1.5%	16,202,000	15,963,000
4	Tokyo DISNEY SEA, Tokyo, Japan	11.3%	14,084,000	12,656,000
5	EPCOT at Walt Disney World, Lake Buena Vista, FL	1.5%	11,229,000	11,063,000
6	Disneyland Park at Disneyland Paris, Marne-La-Valleo, France	-6.9%	10,430,000	11,200,000
7	Disney's Animal Kingdom at Walt Disney World, Lake Buena Vista, FL	2.0%	10,198,000	9,998,000
8	Disney's Hollywood Studios at Walt Disney World, Lake Buena Vista, FL	2.0%	10,110,000	9,912,000
9	Universal Studios Japan, Osaka, Japan	4.1%	10,100,000	9,700,000
10	Disney's California Adventure, Anaheim, CA	9.5%	8,514,000	7,775,000
11	Islanda of Adventure At Universal Orlando, FL	2.0%	8,141,000	7,981,000
12	Ocean Park, Hong Kong SAR	0.5%	7,475,000	7,436,000
13	Hong Kong Disneyland, Hong Kong SAR	10.4%	7,400,000	6,700,000
14	Lotte World, Seoul, South Korea	15.9%	7,400,000	6,383,000
15	Everland, Gyeonggi-do, South Korea	6.6%	7,303,000	6,853,000
16	Universal Studios at Universal Orlando, FL	14.0%	7,062,000	6,195,000
17	Universal Studios Hollywood, Universal City, CA	4.0%	6,148,000	5,912,000
18	Nagashima Spaland, Kuwana, Japan	-0.2%	5,840,000	5,850,000
19	Seaworld, Orlando, FL	-5.0%	5,090,000	5,358,000
20	Europa Park, Rust, Germany	6.5%	4,900,000	4,600,000
21	Walt Disney Studios Park At Disneyland Paris, Marne-La-Valleo, France	-6.9%	4,470,000	4,800,000
22	Seaworld, San Diego, CA	-3.0%	4,311,000	4,444,000
23	Tivoli Gardens, Copenhagen, Denmark	4.1%	4,200,000	4,033,000
24	De Efteling, Kaatsheuvel, Netherlands	-1.2%	4,150,000	4,200,000
25	Yokohama Hakkeijima Sea Paradise, Yokohama, Japan	2.4%	4,149,000	4,050,000
TOTAL		4.3%	214,708,299	205,906,000

자료 : Themed Entertainment Association.

Introduction to
Resort
Management

제 7 장
워터파크

제1절 워터파크의 개념

1. 워터파크의 정의

워터파크(water park)란 단순히 물속에서 수영과 물놀이만을 즐기는 것이 아니라 물을 매개체로 한 각종 놀이시설과 건강시설, 그리고 휴식공간이 함께 갖추어진 물놀이 공간을 말한다. 즉 워터파크는 물을 이용해 즐기고 휴식하는 동시에 스릴이 추가된 복합적이고 동태적인 물놀이 기능을 가진 물 중심공원 테마파크이다.

미국의 워터파크협회(World Water Park Association)에서 발행하는 협회지 스플래시(Splash)에 의하면 워터파크란 '프리폴(free fall), 워터슬라이드(water slide), 인공 파도풀(wave pool) 등을 아이템으로 하는 레저풀(leisure pool)이 있는 것'을 말하며 대부분이 옥외형 레저시설이라고 정의하고 있다.

독일에서는 전통적인 쿠어(kur)시설에 레저기능을 병설하여 워터파크화한 경우가 많다. 예를 들어 프랑크푸르트의 '레이프 슈록바드'도 인공 파도풀, 워터슬라이드를 설치하여 워터파크의 모습을 갖춘 경우이다.

일본에서는 미국 스타일의 옥외형 레저풀과 유럽스타일의 옥내형 스파시설이 같이 병설된 워터파크의 조성이 이루어지고 있다. 레저풀을 같이 설치한 복합적인 건강센터나 스포츠센터까지도 워터파크로 정의하고 있다.

워터파크의 개념이 본격 도입된 곳은 미국이라고 할 수 있다. 미국 올랜도에 위치한 웨튼 와일드(Wet'n Wild)가 물 중심의 동태적인 놀이기능을 가진 워터파크의 원형으로 알려져 있다. 동양에서는 1926년에 일본 도쿄 도시마엔 풀이 최초로 개장되어 레저풀의 역사는 오래되었으나 본격적인 워터파크로 발전한 것은 1986년이다. 그 당시 나가시마 스파랜드(spa land)는 대규모의 바닷물을 끌어들여 해수풀을 만들고 워터 슬라이드를 도입하였다.

국내에서도 1996년 '캐리비안 베이'가 워터파크 시장에 첫발을 내디딘 이후 2006년 개장한 오션월드가 워터파크의 대중화 시대를 열었다고 볼 수 있다. 현재는 전국적으로 워터파크의 열풍이 불었다고 할 만큼 그 수가 증가하고 있으며, 하계시즌을 대표하는 레저시설로 인기가 높아지고 있다. 그러나 이러한 추세에도 불구하고 어떠한 시설기준을 갖추어야만 워터파크라고 인정할 수 있는지에 대한 명확한 기준은 제시되지 않고 있어 본서에서는 워터파크를 다음과 같이 정의한다.

"워터파크란 물을 이용해 즐기고 휴식할 수 있는 기본시설을 갖추는 동시에 스릴감을 즐길 수 있도록 인공파도풀, 유수풀, 슬라이드와 같은 주요 시설을 3종 이상 갖추고, 고유의 테마를 설정한 후 설정된 테마에 걸맞은 분위기를 연출하는 물놀이 공원이다."

2. 워터파크의 형태별 분류

1) 입지에 따른 구분

시설입지에 따라 도시형, 교외형으로 나눌 수 있다. 도시형의 경우 집객력은 강하나 경관이나 좁은 면적이 불리한 요소가 될 수 있다. 이에 반해 교외형은 면적과 경관에서 유리하지만 집객력이 약하다는 단점이 있다.

리조트형의 경우 리조트가 입지한 장소(해안 또는 산악)에 따라 시설에 큰 차이가 난다. 이용적 측면은 기후와 건축적 조건에 의해 영향을 받게 되는데, 열대지방의 경우 실외형이라도 사계절 이용이 가능한 데 반해 사계절이 뚜렷한 지방에서는 실내형이라도 여름철 2개월 동안에 이용객이 집중되는 추이를 보인다.

2) 지향형태에 따른 구분

레저풀에서 발달한 오락지향형 워터파크와 온천과 스파에서 발달한 휴식지향형 워터파크로 구분된다. 오락지향형은 주로 도시 근교의 대규모 옥외형으로 보통 1계절형이며, 휴식지향형은 사계절 이용가능한 실내형이 많다. 근래의 대규모 워터파크는 이 두 가지를 모두 결합시킨 복합형으로 발전하고 있다.

3) 사업형태에 따른 구분

사업주체가 공공인 경우와 민간인 경우로 나누어진다. 공공인 경우는 지역주민에 대한 서비스 제공을 전제로 하는 반면, 민간인 경우는 어떠한 형태로든 수익성을 추구하게 된다. 이 경우도 워터파크를 단일아이템으로 하여 단독 채산성으로 운영하는 경우와 호텔이나 리조트, 건강시설의 부대형으로 운영하는 종합사업으로 구분된다.

3. 워터파크의 특성

워터파크는 대형 위락단지 내의 어메니티 지향의 테마단지이며, 자체적으로는 독립적인 엔터테인먼트의 성격을 가진다. 워터파크는 단독적으로 형성되었을 경우에도 다른 위락단지와 마찬가지로 사회 · 경제적인 측면으로 지방문화와 상업시설 등이 발전하는 계기를 불러오고, 서로 다른 지방의 관광객이 모일 수 있는 집객시설로 지역토산품 등 지방산업의 홍보도 겸할 수 있다. 워터파크의 특성은 다음과 같다.

1) 테마성

워터파크는 주 이용매체가 물이라는 기준을 가지고 있으며, 레저시설 내의 일부 또는 자체로서 독립적으로 조성되기도 한다.

따라서 다른 테마파크와 마찬가지로 하나의 중심적인 테마 또는 연속성을 가지는 몇 개의 테마들이 공간을 구성하고, 각각의 주된 어트랙션(attraction), 전시, 놀이 시설들로 주테마에 의해 결정지어지게 되며 이를 실현할 수 있도록 계획된다.

2) 독립성

워터파크의 조성은 규모가 큰 리조트의 일부시설이나 그 자체로도 충분한 독립적인 시설로 조성되고 있다. 그리고 워터파크를 구성하는 각 시설들도 워터파크 이외의 호텔, 리조트, 어뮤즈먼트 파크, 쇼핑몰 등 다른 레저시설에 적용되는 독자적인 경우도 있다.

3) 복합성

워터파크는 풀장뿐만 아니라 라이드시설, 테마구성, 편의시설, 식음료시설 등 각각의 기능을 가진 시설들이 복합적으로 배치되어 운영되는 복합성의 특징을 가지고 있다.

4) 레저성

워터파크는 단체 레크리에이션 및 이벤트 행사가 가능한 공간으로 계획되며, 이는 다른 연계성이 있는 시설들과 복합구성을 통해 레저의 성격을 가진다.

5) 문화성

워터파크 계획 시 기본적으로 고려해야 할 사항인 테마의 주제 및 스타일은 워터파크가 설치된 지역의 성격을 반영할 수 있다. 레저의 장으로서 개인적으로나 사회적으로 놀이와 문화를 창조하는 공간을 제공하여 주며, 서로 다른 지역과 나라에서 모인 사람들로 인해 자연스러운 교역 및 교류가 이루어진다.

제2절 워터파크의 공간구성과 시설구성

1. 워터파크의 공간구성

워터파크는 필수 구성시설로 인공 파도풀, 유수풀, 워터 슬라이드를 들고 있으며, 워터파크 계획의 공간구성(zoing)은 전체 면적을 몇 개의 공간으로 나누어 각 공간의 특성을 강조하여 보다 효과적인 레저의 장으로 만드는 데 그 목적이 있다.

일반적으로 기본적 시설은 각각의 이용특성 기능을 갖는 풀에 의해 구성되는 '아쿠아 존'과 온수풀, 자쿠지(jacuzzi), 사우나시설 등이 있는 '스파 존(spa zone)' 이외에 음식이나 물품을 파는 시설 등의 부대시설로 구성되어 있다.

수영이라는 형태가 워터파크로 발전하게 된 계기는 모험, 오락, 자연적인 사실감의 추구에서 비롯되었다. 어뮤즈먼트 파크(amusement park)에서의 모험과 오락성은 워

[그림 7-1] 워터파크의 공간구성

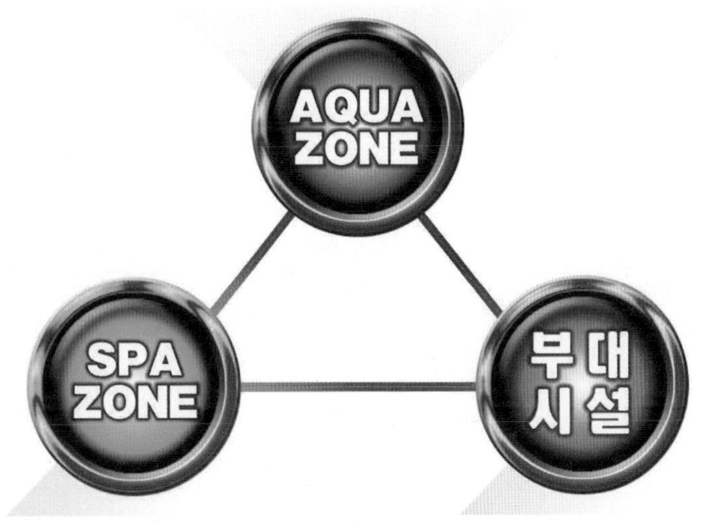

터 슬라이드를 창출해 냈고, 점차 사라져가는 해수욕장과 하천에서의 물놀이에 대한 욕구는 인공 파도풀과 유수풀 형태로 재현되었다. 이와 같은 3가지 시설은 워터파크의 가장 기본적인 시설들로 자리 잡게 되었고, 이외에 다양한 기능을 가진 풀과 함께 워터파크의 핵심인 아쿠아 존을 이룬다.

최근에는 건강에 대한 관심이 높아지면서 기존 워터파크에 스파시설이 접목되면서 온수풀(온천풀), 자쿠지, 사우나 등도 워터파크의 중요한 시설로 취급되고 있다.

2. 워터파크의 시설구성

1) 인공 파도풀

인공 파도풀(wave pool)은 1960년대 유럽에서 개발되었는데 워터파크의 주요 시설로 도입된 배경은 해안 오염과 호안공사 등으로 인한 천연 해수욕장이 감소됨에 따라 사실감 있는 인공파도를 연출하려는 기술에 의해 만들어졌다. 인공 파도풀은 여러 가지 프로그램에 의해 다양한 파도모양을 연출하며, 서핑과 바디보드(body board)까지도 즐길 수 있는 큰 파도까지 만들어내고 있다.

▲ 캐리비안 베이의 인공 파도풀

인공 파도풀을 형성하는 주요 장비

인공 파도풀의 원리를 이해하기 위해 기술적인 측면을 살펴보면 인공 파도를 형성하는 중요한 장비는 3가지로 나누어져 있으며 각 내용은 다음과 같다.

블로어 / 팬히터

에어제너레이터(air generator)는 바람이 파도를 만드는 듯한 연출을 하게 되는 원리의 역할을 한다. 공기는 공기작용밸브를 통하여 파도 끝부분에 압축된다. 이것이 밸브에서 배기될 때 물이 치솟게 되고, 풀장벽을 마찰하며 열림으로써 아래쪽과 풀장 바깥쪽의 물은 빠른 힘을 갖게 된다. 적절한 시간주기로 파도를 일치시켜 진동하도록 하며 이것은 여러 가지 파도를 연출할 수 있는 기술이다.

이 방식은 공기의 흐름을 유도할 수 있는 풀 바닥의 구배 및 기울기에도 영향을 주고 있다. 압축공기의 물속 개폐에 따른 연출방식이므로 큰 압력을 견딜 수 있는 바닥재로 설치하여야 한다.

펌프

이 스타일은 'tsunama' 라 지칭하기도 하고, 일본에서 개발된 파도형식이기 때문에 일본식 스타일이라고도 한다. 이것은 펌프의 순간 기압에 의해 큰 파도를 만들어내므로 강한 인상을 심어주기에는 적절한 형식이지만 블로어같이 연속적이고 다양한 파도형식을 만들기에는 적합하지 않다.

ball

공의 수직운동으로 인한 부력 현상으로 중앙에서 바깥쪽으로 동심원을 그리며 파도를 만들어내는 방식이다. 어린이 풀 등의 수심이 낮은 풀에서 주로 쓰이며, 안전하고 재미있는 방식이다.

2) 워터 슬라이드

워터 슬라이드(water slide)는 미끄러진다는 단순한 기능에서부터 출발하여 지금은 워터파크의 중요한 어트랙션이 되었으며 미국에서 유래되었다. 현재 직선 슬라이드, 곡선 슬라이드, 스릴 슬라이드, 매트 혹은 튜브를 이용한 슬라이드, 마스터 블라스터까지 순차적으로 발전되어 왔다.

슬라이드는 라이드 타워 및 지지대(support), 기타 구조물들이 높은 곳에 설치되므로 워터파크뿐만 아니라 일반레저 시설의 풀계획에 있어서도 까다로운 조건을 가지고 있다. 특히 경사지가 많은 우리나라의 경우 시설물의 지나친 노출이 시야를 산만하게 하기 때문에 특별한 기술이 요구된다.

이러한 이유로 최근에는 슬라이드를 어떤 장애물에 의해 보이지 않게 계획되기도 하지만, 슬라이드에 미끄러져 내려가는 이용자의 모습이 흥미를 유발시킬 수 있기 때문에 이를 적극적으로 디자인에 반영하는 경우가 많다. 새로운 디자인의 개발 및 부대시설과의 조화로운 디자인을 계획한다면 결코 시각적으로 장애가 되지만은 않을 것이다.

▲ 미국 Schlitterbahn Water Park Resort 워터 슬라이드 전경

▲ 다양한 슬라이드 유형(① 바디슬라이드 ② 매트슬라이드 ③ 튜브슬라이드)

3) 유수풀

'게으른 강'이라는 뜻의 유수풀은 느릿느릿 좀 게으르다 싶을 만큼 쉬엄쉬엄 가라는 뜻이다. 유수풀은 인공 파도풀과 마찬가지로 도시의 수변공간이나 하천이 오염되어 물놀이를 할 수 없게 된 것에서 비롯되었다. 유수풀은 1인당 필요면적이 가장 작은 아이템으로 이용자의 의도와는 상관없이 흐르는 물에서 자연스럽게 즐기면서 휴식효과도 가져온다. 단순한 아이템이기도 해서 유수풀에서는 다른 풀 시설들이 많이 접목된다.

최근에는 유수풀에도 변화가 생겨 순간적으로 속도를 즐기거나, 강렬한 스릴감을 느낄 수 있는 계곡형 유수풀이 접목되거나 유수로(流水路)의 폭에 변화를 주거나 인공바위와 나무 등의 재료를 사용하여 보다 자연스러운 분위기를 연출하고 있다.

▲ 한화워터피아 유수풀 '토렌토리버'는 계곡물이 쏟아지듯 강력한 스릴감을 더하고 있다.

4) 플로라이드

플로라이드란 경사진 물 위에서 서핑보드나 튜브를 이용해서 즐기는 아이템으로

▲ 캐리비안 베이 플로라이드 전경

파도타기의 순간적인 한계를 벗어나기 위해 개발되었다. 이것은 스키, 썰매타기, 스케이트, 워터 슬라이드와 같은 하강 시스템과는 달리 요동치며 움직이는 파도 및 물보라 위에서 즐기는 스포츠형 레저시설로, 이를 통해 'wave-mountain'과 빠른 수로를 이루기도 한다.

5) 마스터 블라스터

마스터 블라스터(Master Blaster)는 거꾸로 올라가는 슬라이드로서 최근 미국 내에서 선풍적인 인기를 모으고 있는 어트랙션이다. 초당 4~5m 정도의 평균속도를 가지며, 최고 72m까지 올릴 수 있다.

이것은 단순한 슬라이드의 변형된 형태로 단순한 슬라이드 개념에서 벗어나고자 하는 의도로 개발되었다. 이 시스템은 반드시 튜브를 사용해야 하며 종류는 1인용부터 가족형까지 다양하다.

▲ Schlitterbahn Water Park Resort의 거꾸로 올라가는 마스터 블라스터 전경

6) 어드벤처 풀

아쿠아 플레이라고도 불리며 일반 놀이터의 계단과 미끄럼틀 같은 시설물로 꾸며져 있다. 곳곳에서 물이 흘러내리고, 어떤 곳에서는 일정한 시간이 되면 상단에 설치된 거대한 물통 바스켓에서 물벼락이 쏟아진다. 캐리비안 베이의 어드벤처 풀에서는 거대한 해골 물통이 쏟아내는 2.4톤의 짜릿한 물벼락을 경험할 수 있으며, 비발디파크의 자이언트 워터플렉스에서는 총 2개의 거대한 바스켓에서 6톤의 물이 수시로 물벼락을 쏟아내고 있다.

▲ 캐리비안 베이의 어드벤처 풀에서는 거대한 해골 물통이 쏟아내는 2.4톤의 짜릿한 물벼락을 경험할 수 있다.

7) 부메랑고

주로 대형 워터파크에서 볼 수 있는 시설로서, 튜브를 타고 양쪽의 가파른 각도를 오르내리는 스릴을 맛볼 수 있는 시설이다. 국내에는 캐리비안 베이와 오션월드 등에서 운영하고 있다. 캐리비안 베이의 타워 부메랑고는 경사각도 90도에서 19m 높이의 언덕 슬라이드를 단숨에 솟구치며 오르내리는 물의 파워와 스피드를 느낄 수 있다. 오션월드의 슈퍼 부메랑고는 길이 137m, 높이 18m, 폭 4~11m의 6인승 튜브형 슬라이드이다.

▲ 캐리비안 베이 부메랑고 전경

8) 어린이 복합 놀이시설

워터파크 내 어린이를 위한 놀이시설은 필수적이다. 이러한 물놀이 시스템은 워터파크뿐만 아니라 스포츠센터, 가족형 온천시설까지도 활발하게 도입되고 있다.

어린이 및 유아들을 위한 놀이시설은 가족을 위한 워터파크 및 기타 레저풀 시설에서 반드시 설계에 반영되어야 한다. 선진국에서는 이렇게 어린이와 더불어 가족 전체가 즐길 수 있는 복합놀이시설이 끊임없이 개발되고 있다. 이것은 주로 테마파크를 형성하여 구성되고 그 주제는 나라별, 지역별, 위락단지의 콘셉트에 따라 달리 적용된다. 이 시설은 워터 슬라이드, 마스터 블라스터 및 레저풀과 서로 어울려 좋은 경관을 구성하도록 계획되어야 한다.

제3절 국내 주요 워터파크

국내 워터파크 시장은 1996년 개장한 에버랜드의 '캐리비안 베이'와 2006년 개장한 비발디파크의 '오션월드'가 강력한 양간체제를 유지하고 있으며, 그 뒤를 이어 '테딘 워터파크', '블루원워터파크', '설악 워터피아' 등이 후발주자로 경쟁하고 있다.

현재 국내 워터파크 시장의 두드러진 특징은 크게 두 가지로 요약할 수 있다.

첫째는 워터파크 시장은 수도권에서만 성공할 것이라는 편견을 불식시키고 전통적인 스키리조트에서도 워터파크를 개장하고 있다는 것이다. 좋은 예로 강원권에 위치한 비발디파크의 오션월드가 지리적 불리함에도 예상 밖으로 대성공을 거둠으로써 같은 강원권에 위치한 다른 경쟁업체들에게도 위기의식과 함께 성공의 확신을 갖게 하여 리조트 단지 내에 워터파크를 서둘러 개장하게 하였다는 것이다. 그래서 휘닉스파크에서는 '블루캐니언'을 개장하였고, 용평리조트에서는 '피크아일랜드'를, 알펜시아리조트에서는 '오션700'을 개장하였다. 또한 새롭게 개장하거나 개장을 앞둔 리조트에서도 워터파크는 이제 필수적인 사업시설로 간주되어 워터파크를 동시에 개장하고 있다.

둘째는 전통적인 보양온천들이 온천시설에 대규모 물놀이 시설을 추가하여 워터파크로 새롭게 태어나는 것이다. 이러한 현상은 국내 온천문화가 온천탕 위주에서 물놀이가 병행되는 워터파크 문화로 선호도가 바뀌면서 기업생존을 위해 변화한 경우이다. 좋은 예로 '부곡하와이', '설악 워터피아', '아산스파비스', '리솜스파캐슬' 등은 전통적인 보양온천이지만 단지 내에 인공파도풀, 유수풀, 슬라이드 등 여러 기종의 물놀이 시설을 갖추고 워터파크를 보유한 온천리조트로 새롭게 태어난 좋은 사례이다.

본 절에서는 〈표 7-1〉에서 보는 바와 같이 현재 국내에서 활발히 영업 중인 27개소의 워터파크 기업 중 종합리조트로서의 면모를 갖추면서 워터파크 부지가 17,000㎡ 이상인 시설규모를 갖춘 5개 업체를 대표적으로 소개한다.

〈표 7-1〉 국내 주요 워터파크 현황

지 역	업체명	주 소
경기	원마운트 스파플러스 안양워터랜드 웅진플레이도시 에버랜드 캐리비안 베이	고양시 일산서구 이천시 안흥동 안양시 만안구 부천시 원미구 상동 용인시 처인구 포곡읍
인천	강화로얄 워터파크	강화군 길상면
울산	울산대공원 아쿠아시스	남구 옥동
강원	설악한화 워터피아 알펜시아리조트 오션700 비발디파크 오션월드 용평리조트 피크아일랜드 휘닉스파크 블루캐니언	속초시 장사동 평창군 대관령면 홍천군 서면 평창군 대관령면 평창군 봉평면
충남	레그랜드 펀비치 상록리조트 아쿠아피아 아산스파비스 테딘 워터파크 리솜스파캐슬	보령시 신흑동 천안시 동남구 수신면 아산시 음봉면 천안시 동남구 성남면 예산군 덕산면
전남	파라오션 워터파크	여수시 소호동
경남	대명거제리조트 오션베이 부곡하와이 롯데워터파크 통도아쿠아 환타지아	거제시 일운면 창녕군 부곡면 김해시 장유로 양산시 하북면
경북	경산워터파크 펀펀비치 블루원 워터파크 캘리포니아비치 판타시온 워터파크	경산시 압량면 경주시 천군동 경주시 천군동 영주시 아지동
제주	제주워터월드	서귀포시 법환동

* 워터파크의 선정기준은 워터파크의 주요 시설이라 할 수 있는 물놀이 시설을 기본적으로 3종(파도풀, 유수풀, 슬라이드) 이상 갖춘 업체를 선정기준으로 하였다. 설악 워터피아, 아산스파비스, 덕산스파캐슬과 같은 업체들은 전통적인 보양온천인 동시에 대규모 워터파크 시설을 갖춘 온천리조트의 성격을 병행하고 있는 곳이다.

1. 캐리비안 베이

◦ 위치 : 경기도 용인시 처인구 포곡읍 유운리 에버랜드 북쪽 계곡부

▲ 캐리비안 베이 파도풀은 폭 120m, 길이 130m로서 세계 최대 수준을 자랑하고 있다.

▲ 캐리비안 베이 아쿠아루프에서는 18m 높이에서 자유낙하를 시작으로 360도 공중회전의 짜릿함을 맛볼 수 있다.

◦ 면적 : 부지 35,000평(실외 30,910평, 실내 연면적 4,090평)

◦ 테마 : 17세기 스페인풍의 카리브 해안을 테마로 구성

캐리비안 베이(Caribbean Bay)는 에버랜드의 사계절 영업 활성화 대안이자, 세계적 종합리조트로 거듭나기 위한 일환으로 1996년 7월에 국내에서는 처음으로 테마형 워터파크로 개장하였다.

캐리비안 베이는 멕시코, 콜롬비아에 걸쳐 있는 17세기 중남미 카리브해를 테마로 삼았다. 산마르코스 요새를 기본으로 구성한 캐리비안 베이는 바위벽과 발사포를 갖춘 성벽들, 중세 스페인풍의 낡은 건물로 이국적이면서도 고풍스러운 분위기를 자아낸다. 또한 주테마인 카리브해의 신비감을 그대로 전달하기 위해 해적들로부터 보물을 빼앗은 17세기 스페인의 난파선을 중앙의 가장 높은 곳에 우뚝 세우고, 주변에는 야자수와 아열대 식물들을 식재하였다.

캐리비안 베이는 국내 최초로 우리나라에 불리한 기후조건을 극복하기 위해 실내 · 외 복합형으로 조성하였으며, 유수풀로 실내 · 외를 연결하고 있다. 따라서 날씨변화에 상관없이 사계절 이용이 가능하며, 6월부터 9월까지는 실외 테마파크를 개방해 물놀이객들을 흡수하고 있다. 총 투자비는 1,000억 원이 들었고, 총 면적은 3만 5,000평으로 동시에 1만 5,000명을 수용할 수 있으며, 미국 올랜도의 '타이푼 라군(Typoon Lagoon)'에 버금가는 세계적 규모의 워터파크이다.

국내 워터파크 시장에서는 1996년 개장 때부터 독보적인 1위 자리를 지켜오다가 오션월드가 오픈한 2006년부터는 오션월드와 함께 국내 워터파크 시장에서 강력한 양강 경쟁구도를 형성하고 있다. 2008년부터 대규모 투자를 통해 워터파크 내 '와일드 리버'를 선보이며 국내 워터파크의 수준을 한 단계 끌어올렸다는 평가를 받고 있으며, 세계테마파크협회(IAAPA)에서 전 세계 최고의 워터파크에게 수상하는 'Most-see 워터파크'에 선정됨으로써 세계적인 워터파크로 두각을 나타내고 있다.

2. 오션월드

- 위치 : 강원도 홍천군 서면 필봉리
- 면적 : 총 117,604㎡, 축구장 14배 넓이, 동시수용인원 2만 3,000명
- 테마 : 이집트 룩소르 신전

강원도 홍천군 서면에 위치한 오션월드(Ocean World)는 대명비발디파크 단지 내에 위치한 워터파크로서 이집트의 룩소르 신전을 테마로 하여 2006년에 최초로 개장하였으며, 2007년에는 파도풀을 개장하였고, 2009년에 다이내믹 존(워터슬라이드 단지)을 3차로 개장하였다. 오션월드는 자연환경의 훼손을 최대한 억제한 친환경 워터파크이며, 전체 규모는 117,604㎡로서 축구장 14배 넓이로 동시 수용인원만 2만 3,000여 명이다.

2006년 개장 당시만 하더라도 많은 사람들은 오션월드가 몇 년 안에 국내 워터파크를 대표하던 '캐리비안 베이'를 입장객 수에서 능가하거나, 물놀이를 즐기기 위해 그 많은 관광객들이 강원권에 위치한 오션월드까지 방문할 것으로는 예상하지 못하였다. 그러나 오션월드는 많은 사람들의 예측을 깨고 규모나 내장객 수에서 세계 10대 워터파크에 선정되었다. 세계엔터테인먼트협회(TEA) 자료에 따르면 2007년 세계 9위(90만 명), 2008년 세계 6위(126만 명), 2013년 세계 4위(170만 명) 워터파크로 비약적인 성장을 기록하였다.

또한 오션월드는 국내 최초로 이효리 같은 당대 최고의 빅 스타를 활용한 스타마케팅을 도입해 워터파크 시장의 마케팅 트렌드를 주도해 왔다. 2008년, 2009년에는 섹시한 콘셉트와 물놀이 시설의 다이내믹한 면을 '비키니여 긴장하라', '하드코어가 되어 돌아왔다' 등의 카피로 표현해 젊은 층의 관심을 사로잡았으며, 스타마케팅 사례의 선두로 국내 워터파크 광고시장에는 소녀시대, 2PM, 티아라 등의 빅 모델 활동이 두드러지는 현상이 나타났다.

오션월드는 이집트의 룩소르 신전을 테마로 한 만큼 워터파크 내에도 피라미드, 스핑크스, 파라오 등 이집트의 숨결을 느낄 수 있는 신비로운 조형물들로 가득하다. 오션월드 입구에서부터 오벨리스크와 스핑크스 그리고 상형문자와 신들로 조각된 기둥으로 시작하여, 람세스 2세의 아부심벨, 태양신 스핑크스, 이집트의 대표동물 코브라, 어린 나이에 숨진 소년왕 투탕카멘, 미라의 내장기관을 보관하던 카노픽 항아리(canopic jar), 태양신의 상징인 오벨리스크 등이 워터파크 곳곳에 설치되어 이집트의 신비로운 분위기를 연출하고 있다. 오션월드의 시설은 크게 실내 존, 익스트림 존, 다이내믹 존, 메가슬라이드 존으로 구분되어 있다.

▲ 하늘에서 바라본 오션월드 전체 전경

▲ 오션월드는 이집트 룩소르 신전을 테마로 한 만큼 워터파크 곳곳에 이집트풍의 신비로운 조형물들로 가득하다.

▲ 오션월드는 당대 최고의 여자 연예인을 활용한 스타마케팅으로 젊은 층의 관심을 사로잡고 있으며, 2014년에는 리듬체조선수 손연재를 광고모델로 발탁하였다.

3. 설악 워터피아

- 위치 : 강원도 속초시 장사동
- 면적 : 총 부지면적 198,780㎡
- 테마 : 자연 속의 또 다른 자연을 실내로 유입시키는 물의 낙원

설악한화리조트 단지 내에 있는 설악 워터피아(Seorak Waterpia)는 1997년 개장과 함께 우리나라 물놀이 시설을 주도하고 있는 국내 최고의 워터파크이면서 동시에 온천리조트이다. 설악 워터피아는 다양한 바데풀은 물론 실내외 파도풀과 노천온천을 선보이며, 사계절 내내 즐길 수 있는 온천형 워터파크 시대를 열었다.

지금도 끊임없는 진화를 하며 워터파크의 주도권을 내놓지 않고 있는 워터피아는 대대적인 시설을 확장하여 2010년 7월 그랜드 오픈했다. 총 부지면적도 규모를 늘려 기존보다 약 1.5배 넓어졌다. 물놀이 시설도 총 12가지가 증가했으며, 수용인원도 약 3,000명가량 늘어났다.

새로운 부지에 신규로 들어선 시설물은 어드벤처아일랜드(Adventure Island)의 토렌트리버, 아틀란티스(아쿠아플레이풀)와 키즈 & 토즈풀, 야외 온천탕, 익스트림밸리(Extreme Valley)의 패밀리래프트와 월드앨리가 있다. 그리고 기존 시설인 스파밸리(Spa Valley)에는 4D극장 드림피아(Dreampia), 이벤트탕 3종이 새롭게 들어섰다.

이 밖에 메일스트롬(Maelstrom)도 워터피아에서 빼놓을 수 없는 사계절 인기 어트랙션이다. 다이내믹하고 스릴 넘치는 시설로 탑승자나 보는 사람에게 시각적인 매력과 흥분을 유발시키는 대형 물놀이 시설이다.

▲ 설악 워터피아는 대규모 워터파크를 갖춘 전통적인 보양온천리조트이다(① 설악 워터피아 파도풀 ② 설악 워터피아 패밀리래프트 전경).

4. 테딘 워터파크

◦ 위치 : 충남 천안시 동남구 성남면 용원리
◦ 면적 : 총 부지면적 46,000㎡(14,100평)
◦ 테마 : 자체 개발한 캐릭터 '테딘패밀리'와 유럽 7개 나라의 건축물과 유적지

휴러클리조트(Huracle Resort)의 단지 내에 위치한 테딘 워터파크(Tedin Water Park)는 서울에서 1시간 30분이면 도착할 수 있다. 테딘 워터파크는 천안종합휴양관광단지 내의 울창한 숲에 둘러싸인 삼림욕장 및 수영과 온천을 동시에 즐길 수 있는 초대형 워터파크로서 중부권 최대 규모로 10종이 넘는 슬라이드 시설이 들어서 규모나 시설면에서 국내 어디와 비교해도 손색이 없다. 또한 동화 속 주인공을 테딘으로 표현한 콘도미니엄의 캐릭터 콘셉트룸은 기존 리조트에서는 찾아볼 수 없는 이색적인 재미 요소를 선사한다.

테딘 워터파크는 자체 개발한 고급스러운 테딘인 '테딘패밀리'를 기본 콘셉트로 한 국내 최초 캐릭터 워터파크다. 로마, 스페인, 베니스 등 유럽의 7개 나라 유명 건축물과 유적지를 배경으로 워터파크 공간을 구성하였다. 특히 유럽 각국의 다양한 테마를 경험할 수 있는데, 스페인 타워(슬라이드 타워), 핀란드 산타마을(푸드코트), 유럽의 색다른 축제를 체험할 수 있는 유로 페스티벌(파도풀 무대), 이탈리아 베네치아(메인브리지), 노르웨이의 바이킹타워, 그리스 산토리니 이아마을(아쿠아바), 이탈리아 로마 신전(노천탕)은 또 하나의 작은 유럽이다.

워터파크에서 이것저것 몇 번 타고 나면 금방 싫증나는 기존의 미국식 워터파크가 고객들에게 피로감을 주는 것에 착안하여 테딘 워터파크는 심신의 피로를 풀어주는 고급형 웰빙 스파 시설도 갖추고 있다. 즉 온천을 좋아하는 한국인의 라이프 스타일과 결합된 한국형 워터파크를 지향하고 있다. 일반 온천과 탄산 온천 2가지 온천수를 사용해 피부미용, 다이어트는 물론 건강까지도 챙길 수 있는 웰빙형 워터파크이다. 몸과 마음을 아름답게 가꿔주는 테라피마사지, 바데풀, 넥샤워, 바디마사지, 기포욕, 세계의 다양한 스파 문화를 한자리에서 즐길 수 있는 노천 스파 등으로 심신의 피로를 풀기에 더없이 좋다.

▲ 테딘 워터파크는 자체 개발한 캐릭터 '테딘'을 테마로 한 캐릭터 워터파크이다(① 휴러클리조트 전경 ② 테딘 워터파크 전경).

5. 블루원 워터파크

◦ 위치 : 경북 경주시 천군동 보문로
◦ 면적 : 12,000평(실내 2,000평, 실외 8,500평, 광장 및 주차장 1,500평)
◦ 테마 : 남태평양의 폴리네시아[1]

블루원(BlueOne)은 용인, 경주, 상주 등 3개 지역에서 3개의 골프장과 콘도미니엄, 워터파크를 운영하는 종합레저기업이다. 그중 블루원 리조트(BlueOne Resort)는 경주 보문관광단지 안에 위치하고 있으며, 리조트 단지 내에는 블루원CC, 블루원 콘도미니엄, 블루원 워터파크가 운영되고 있다.

블루원 워터파크(BlueOne Water Park)는 영남권 최대 규모의 워터파크로서 남태평양의 폴리네시안을 테마로 하고 있으며, 총 12,000평 부지에 실내 존 2,000평, 실외 존 8,500평, 광장 및 주차장 1,500평으로 이루어져 일일 최대 1만 명을 수용할 수 있는 규모를 자랑하고 있다. 워터파크는 크게 실내형 '포시즌(four season) 존'과 실외형 '토렌트(Torrent) 존', '웨이브(Wave) 존'의 3개 존으로 나누어져 있다.

블루원 워터파크의 대표적 물놀이 시설인 '스톰 웨이브'는 파도 높이 2.6m, 총 길이 90m, 폭 26.6m의 규모로서 동시에 1,450명을 수용할 수 있으며, 이 밖에도 길이 266m, 폭 5m의 '토렌토 리버', 18m 높이에서 128m 구간을 순식간에 주파하여 스피드를 극대화한 4인승 튜브슬라이드인 '토네이도 슬라이드' 등의 매력적인 놀이 시설을 운영하고 있다.

그 밖에도 실외 가족형 복합놀이 공간인 어드벤처 플레이와 패밀리 슬라이드, 웨이브 슬라이드 등의 19가지 물놀이 시설을 갖추고 있다.

---

1) '폴리네시안'이란 '많다'는 뜻의 '폴리(Poly)'와 '섬'이라는 뜻의 '네시아(Nesia)'가 합쳐진 말로 섬이 많은 지역이라는 의미이다. 뉴질랜드와 이스트 제도 그리고 하와이를 연결하는 삼각형권내 광대한 남태평양 지역을 말한다.

▲ 블루원 워터파크는 남태평양의 폴리네시안을 테마로 하고 있다(① 블루원 리조트 전경 ② 블루원 워터파크 전경).

6. 롯데 워터파크

- 위치 : 경상남도 김해시 장유로 555
- 면적 : 12만 2,777㎡(3만 7천여 평, 축구장 17배 크기)
- 테마 : 38m 높이의 거대한 화산을 배경으로 펼쳐지는 폴리네시안 스타일

롯데 워터파크는 롯데월드가 처음으로 신규 오픈하는 워터파크로서, 롯데월드가 그동안의 성공 DNA를 바탕으로 직접 운영한다. 롯데 워터파크는 2014년 5월에 경상남도 김해시 김해관광유통단지 내에 1만 8천여 명을 동시에 수용할 수 있는 규모로 개장하였으며, 2015년 6월에는 두 개의 존을 추가로 오픈하면서 남녀노소가 함께 즐길 수 있는 43개의 어트랙션을 갖추고 전체 개장하였다.

롯데 워터파크는 크게 네 개의 존(Zone)으로 구성되어 있다. 사계절 내내 물놀이를 즐길 수 있는 '실내 워터파크 존'과 화산에서 밀려오는 거대한 파도를 즐길 수 있는 '실외 파도풀 존'이다. 이와 함께 올해 신규로 오픈한 '래피드 리버 존'과 '토렌트 리버 존'까지 총 4개의 존이다.

실내 워터파크 존은 약 6,600㎡(2천평) 규모로 국내에서 가장 큰 실내 워터파크로 조성됐다. 거대한 화산이 자리 잡고 있는 실외 파도풀 존에는 국내 최대 규모의 파도풀을 비롯해 더블 스윙 슬라이드, 토네이도 슬라이드 등 보다 스릴 넘치는 어트랙션들이 들어서 있다. 신규로 오픈한 '래피드 리버 존'과 '토렌트 리버 존'에는 워터파크의 꽃인 총 9가지의 스릴 라이드가 신규로 들어섰다.

이 외에도 롯데 워터파크에는 기존 워터파크에서 보기 어려웠던 다양한 엔터테인먼트 쇼를 선보인다. 롯데 워터파크의 심볼이자 거대한 파도를 만들어내는 높이 38m의 '자이언트 볼케이노(Giant Volcano)'는 20m 높이의 불기둥이 솟아오르고, 1.8톤의 물이 40m 높이에서 용암처럼 쏟아져 내리며 장관을 연출한다. 화산이 터지면서 시작되는 2.4m 높이의 파도가 30분 간 짜릿한 스릴을 선사한다. 또한 롯데 워터파크는 캐릭터 개발에도 주력하고 있는데, 대표 캐릭터는 '로키(Lokki)'로, 남태평양 폴리네시아의 창조신 '티키(Tiki)'를 모티브로 한다. '로키'는 파크 곳곳에서 볼 수 있을 뿐만 아니라 공연 중에도 모습을 드러내며 롯데 워터파크만의 특별한 재미를 선사하고 있다.

▲ 롯데 워터파크는 롯데월드가 직접 운영하는 워터파크로서 남태평양의 폴리네시아 스타일을 테마로 하고 있다(① 롯데 워터파크 전경 ② 야외 파도풀 전경).

제4절 외국의 워터파크

1. 일 본

1) 피닉스 시가이아 리조트 오션돔

- 위치 : 규슈 미야자키현
- 면적 : 84,622㎡
- 테마 : 남쪽의 낙원

피닉스 시가이아 리조트(Phoenix Seagaia Resort)는 세계 어디에 내놓아도 손색이 없는 고급리조트로 일본인들은 물론 세계 여행자들의 방문을 유혹할 만한 다양한 시설을 고루 갖추었다.

아름다운 자연을 배경으로 한 700헥타르의 부지에는 45층으로 된 초고층의 우아한 호텔을 비롯하여 대형 컨벤션센터, 실내 워터파크, 골프코스, 온천장 등 다양한 시설이 완비되어 있어 최고의 리조트에서 누릴 수 있는 진정한 의미의 즐거움을 선사한다.

피닉스 시가이아 리조트에서는 1994년 10월에 개장한 세계 최대 규모의 개폐형 돔 구조로 되어 있는 실내 워터파크인 오션돔이 있다. 오션돔은 Phoenix Seagaia Resort의 중심 시설로 동시에 1만 명을 수용할 수 있다. 이곳은 인공으로 조성한 해안으로 폭은 140m, 해안선의 길이는 85m에 이르고 800톤에 달하는 바다자갈이 해변에 조성되어 있다. 음향장치를 통해 새소리가 들려오게 하였고 인공 야자수에는 속이 빈 파이프를 통해 바람을 불어넣어 가지가 마치 바람에 흔들리게 하는 효과를 연출하고 있다.

인공 해변 주변에는 'Bali Hai'라는 특별한 장소가 있어 매 15분마다 인공 화산이 굉음 · 연기와 함께 폭발하는 이벤트를 제공하고 있으며, 'Water Crash'라고 하는 시뮬레이션 극장의 스크린을 통해 거품이 이는 급류가 마치 자신을 향해 돌진해 오는 형상을 재현시켜 급류타기를 약 5분 동안 경험할 수 있게 하고 있다.

▲ 피닉스 시가이아 리조트 워터파크는 천장이 개폐형으로 된 세계 최대의 실내형 오션돔이다(피닉스 시가이아 리조트 워터파크 전경).

2) 비스 스파 하우스

- 위치 : 홋카이도
- 면적 : 46,850㎡
- 테마 : 빛과 물과 소리의 오아시스

비스 스파 하우스(Vis Spa House)는 1991년 12월에 개장하였고 알파 리조트 도마무의 제2기 개발의 핵심으로서 워터파크 유형 중 건강 · 휴식형의 대표적인 예이다.

파도풀, Jet spa cottage, Logo pool, Relaxtion cottage, Sauna cottage 등 5가지 시설로 구성되어 있다. 파도풀은 2,400㎡의 면적이고 파도의 높이는 1m 정도로 잔잔하다. 풀 양편에는 약 300명 정도가 휴식을 취할 수 있는 의자와 테이블이 마련되어 있다. 특히 풀 전면에는 600인치 대형 스크린이 설치되어 있어 음악과 영상을 동시에 즐길 수 있다.

Logo pool은 야외에 설치된 풀로 테라스바닥엔 히터가 설치되어 있어 겨울철에도 야외에서 온욕을 즐길 수 있도록 되어 있다. Jet spa cottage는 550개의 제트노즐에서 뿜어나오는 물줄기로 해수욕을 즐기는 시설로 동시에 180명 정도가 이용할 수 있다. 이외에도 Spiral bath, Benchjacuzzi 등 30여 종의 스파 시설로 구성된다.

이용목적에 따라 Relaxation course, After course, Shape up course의 3가지 타입의 프로그램이 운영되고 있다. 이 밖에도 일광욕, 독서, 음악감상, 영화감상을 할 수 있는 다양한 실내·외 시설을 갖추고 있다.

2. 미 국

물 중심의 동태적인 놀이기능을 가진 워터파크의 원형은 1977년에 미국의 플로리다주 올랜도에 개장한 Wet'n Wild로 알려져 있다. 당시에는 2개의 워터슬라이드만 있는 간단한 시설이었으나, 현재는 2개의 인공 파도풀, 16개의 Activity Pool, 어린이 풀을 갖는 복합적인 물 중심의 테마파크가 되었다. 이것을 계기로 1985년에는 본격적인 대규모 워터파크인 Typoon Lagoon(월트디즈니社)이 플로리다에 개장되었고, 현재 전역에 걸쳐 300여 개소의 크고 작은 워터파크가 운영되고 있다.

1) 웨튼 와일드 워터파크

- 위치 : 플로리다주 올랜도

1977년 개장한 웨튼 와일드 워터파크(Wet'n Wild Water Park)는 젊은 계층을 겨냥한 라이드 중심의 실외형이며 오락·위락지향형 워터파크이다. 16개의 워터슬라이드, 2개의 인공 파도풀, Activity Pool, 어린이풀을 중심으로 Racing rapid, Knee ski, Mini golf, Bubble up 등의 다양한 시설로 구성되어 있다. 그리고 앞장에서 살펴본 이미지 연출방법의 경향 중 놀이활동의 콘셉트를 이용한 사례이다.

2) 타이푼 라군 워터파크

- 위치 : 플로리다주 올랜도
- 면적 : 224,400㎡
- 테마 : 태풍이 지나간 남태평양 어느 무인도의 해안 연출

▲ 다양한 놀이시설을 테마로 한 Wet'n Wild 파크 전경

▲ 무인도의 해안을 테마로 한 Typoon Lagoon Water Park 전경

월트디즈니가 개발한 타이푼 라군 워터파크(Typoon Lagoon Water Park)는 1985년 5월에 개장하였으며, 가족단위로 이용하는 실외 오락 · 위락형 워터파크이다.

화산과 열대정글, 태풍에 의해 파멸된 숲, 쓰러진 집, 화산 정상에 좌초된 새우잡이 배 미스틸리호가 떠내려 온 것을 이미지 스토리로 잡아 공간을 구성하였다.

이런 상황 설정 속에 5대의 워터 슬라이드, 서핑 풀, 급류타기 등의 다양한 시설을 설치하였고, Shark Reef에서는 열대어, 새끼 범고래 등의 해양 생물들이 살고 있는 바닷물 연못을 볼 수 있고, 간단한 스노클링 강습을 받을 수 있는 다양한 교육 프로그램이 도입되고 있다.

3. 캐나다, 웨스트 에드먼턴 몰 워터파크

- 위치 : 앨버타주 에드먼턴
- 시설면적 : 460,000㎡ 중 워터파크의 면적은 20,000㎡
- 테마 : 북쪽지방 사람들이 원하는 常夏, Fantasy, 변화라는 비일상성을 도입하여 구성

▲ 웨스트 에드먼턴 몰 내에 위치한 '월드 워터파크'는 6,000평 면적의 실내형 워터파크이다.

캐나다에는 2013년 기준으로 16개소의 워터파크가 설치되어 운영되고 있으며, 그 중 앨버타주 웨스트 에드먼턴 몰(WEM : West Edmonton Mall Water Park) 내에 위치한 월드 워터파크가 세계적으로 유명하다. 1981년, 1983년, 1985년 3기로 나누어 세계 최대의 쇼핑센터와 오락시설 호텔, 스포츠시설을 복합시킨 새로운 규모의 집객시설에 위치한 실내형 워터파크이다.

전관이 유리돔으로 되어 있어서 채광에 최대한의 배려를 해놓고 있다. 22대의 슬라이드, 스파이슬러 슬라이드가 질주하는 인공 파도풀 등으로 구성되어 있으며 워터파크와 북쪽에서 만나는 쇼핑몰에서 유리 너머로 이곳을 전망할 수 있어서 더욱 매력적이다.

4. 중국, 침롱 워터파크

미국에 디즈니랜드가 있다면 중국에는 침롱리조트(ChimeLong Resort)가 있다. 중국 광저우에 위치한 침롱 워터파크(ChimeLong Water Park)는 아시아 최대 규모이고, 디자인 측면에서도 세계적이다. 워터파크의 전체 디자인은 테마파크 디자인 전문 회사인 캐나다의 '포렉'에서 설계하였다.

침롱리조트에는 놀이공원, 서커스극장, 워터파크까지 그 규모가 디즈니랜드 못지않다. 그중에서도 침롱 워터파크는 하루 평균 3만여 명이 입장하는데 2013년 한 해 동안에만 271만여 명이 입장하여 입장객 순위에서 세계 1위 워터파크로 부상하였다.

워터파크의 주요 시설로는 급류에 몸을 맡기고 유유히 떠도는 유수풀과 자이언트 슬라이드, 하와이 워터타운, 제트슬라이드 등이 있다. 제트슬라이드는 2006년에 세계 최고의 슬라이드를 수상한 이력이 있다. 이 밖에도 세계 최대 규모의 파도풀과 20m 높이에서 50km 속도로 떨어지는 버티컬리미트 슬라이드가 있다. 어린이들을 위한 시설로는 미니 토네이도 슬라이드, 키즈 워터파크 등 다양한 어트랙션을 갖추고 있다.

▲ 침롱 워터파크는 2013년 기준 입장객 수 세계 1위이다.

〈표 7-2〉 세계 20대 워터파크 현황

	PARK AND LOCATION	CHANGE	2013	2012
1	Chimelong Water Park, Guangzhou, China	34.1%	2,710,000	2,021,000
2	Typhoon Lagoon at Disney World, Orlando, FL	2.0%	2,142,000	2,100,000
3	Blizzard Beach at Disney World, Orlando, FL	2.0%	1,968,000	1,929,000
4	Ocean World, Gangwon-do South Korea	-1.2%	1,700,000	1,720,000
5	Thermas Dos Laranjais, Olimpia, Brazil	26.9%	1,650,000	1,300,000
6	Caribbean Bay, Gyeonggi-do, South Korea	7.6%	1,623,000	1,508,000
7	Aquatica, Orlando, FL	1.0%	1,553,000	1,538,000
8	Wet'n Wild Gold Coast, Australia	17.4%	1,409,000	1,200,000
9	Wet'n Wild, Orlando, FL	1.0%	1,259,000	1,247,000
10	Resom Spa Castle, Deoksan, South Korea	2.7%	1,189,000	1,158,000
11	Aquaventure, Dubai, UAE	-7.7%	1,200,000	1,300,000
12	Sunway Lagoon, Kuala Lumpur, Malaysia	-8.3%	1,100,000	1,200,000
13	Shenyang Royal Hawaii Water Park, Shonyang, China	10.0%	1,100,000	1,000,000
14	Piscilago, Girardo(Bogota), Colombia	0.2%	1,035,000	1,033,000
15	Schlitterbahn, New Braunfels, TX	1.0%	1,027,000	1,107,000
16	Woongjin Playdoci Waterdoci, Gyeonggi-do, South Korea	-0.6%	997,000	1,003,000
17	Atlantis Water Adventure, Jakarta, Indonesia	-2.0%	980,000	1,000,000
18	Beach Park, Aquiraz, Brazil	14.4%	964,000	843,000
19	Summerland, Tokyo, Japan	-5.2%	939,000	990,000
20	The Jungle Water Adventure, Bogor, West Java	-7.5%	880,000	951,000
Total		9.3%	27,425,000	25,100,000

자료 : Themed Entertainment Association.

Introduction to Resort Management

제 8 장

마리나리조트

제1절 마리나리조트의 이해

1. 마리나리조트의 개념

통일적인 정의는 없으나 일반적인 마리나의 의미를 말하자면 모든 타입의 pleasure boat를 위한 외곽시설, 계류시설, 수역시설을 구비하는 것으로 boating 수역, 육역시설의 총합체에 대한 시설을 의미한다.

해양성 레크리에이션에 대한 수요가 점진적으로 더욱 다양화·전문화되고 있으므로 수상 및 레크리에이션의 중심시설인 마리나리조트에 대한 국민의 관심 또한 증가하고 있다.

최근에는 여가활동이 진행되는 가운데 해양레저 레크리에이션도 다양화되어 해수욕, 선텐, 낚시, 해상유람 등 전통적인 것에 비하여 세일링요트, 모터요트, 수상오토바이, 수상스키, 서핑 등 해양 레저활동의 유형이 다양해졌다. 이와 같이 해수욕, 보트타기, 요트 타기, 수상스키, 스킨다이빙, 낚시, 해저탐사 등과 같은 다양한 해변 레저활동을 즐길 수 있는 체재를 위한 종합적인 레저·레크리에이션 시설 또는 지역을 마리나리조트라고 한다.

해양레저스포츠의 발전을 위하여 마리나의 개발이 세계 각 도시에서 시작된 배경에는 지역에 따라 특성이 다르지만, 공통점은 마리나의 개발이 도시조성에 있어 매력적인 요소가 매우 많다는 점과 대도시 주변에서는 항만의 재개발에 대한 요청이 높아지고 있다는 것이다.

최근에는 시대적 변화에 따라 해양레저스포츠가 각광받고 있으며, 사회환경의 초점은 해양관광개발에 역점을 두고 있다. 이는 연안역이 국토의 효율적인 이용과 잠재력 개발, 그리고 경제개발의 미개척분야로 남아 있기 때문에 자연친화적인 환경특성으로서 부가가치를 높이고 도시의 경쟁력을 강화하기 위함이다.

2. 마리나리조트 개발 유형

1) 쾌적성 활용형 마리나

해수면이 갖는 공간적인 개방성과 낭만이 넘치는 풍광과 자연적 요소를 중시하여 지역주민이나 도시생활자에게 자연과 접하는 장소가 되며, 쾌적한 공간을 조성하는 개발형태이다.

예를 들면 미국의 실쇼울 베이 마리나(Shilshole Bay Marina)는 원래 시애틀을 중심으로 개발된 지역으로 요트환경에 대단히 혜택을 받는 곳으로서 1인당 요트보유율도 미국 내에서 최상위이다. 마리나의 특징으로서 그 본래의 쾌적성을 중시하고 있으며, 도로와 해면이 인접하고 있어 이용자가 편리하게 사용한다는 장점이 있다.

전체적으로 산뜻한 인상을 주는 풍경도 이 마리나의 실용적인 성격을 나타내고 있으며, 거리 전체가 만과 운하와 호수로 둘러싸여 있어 자연환경을 자연스럽게 재개발하였는데, 마리나의 재개발은 대규모 개발이 기존 시설을 중심으로 이루어졌다. 여기에 레스토랑과 수입 잡화점을 새롭게 설치하여 생활의 장으로서 마리나 개발이 이루어졌으며, 해양박물관과 수족관, 극장 등의 시설은 관광명소로 발전하였다.

2) 도시문제 해결형 마리나

일반적으로 세계의 대도시 지역은 주거교통, 용지부족 등 물리적인 고충뿐만 아니라 범죄, 재해의 대형화 등 사회적 분야에 이르기까지 다양한 도시문제에 노출되어 있다. 도시 중심부 공동화 현상은 토지의 효율적 이용 측면에서도 시급히 해결하여야 할 과제이다.

마리나의 개발은 주거문제의 해결 외에도 토지의 절대량 부족에서 발생한 교통, 환경, 산업입지 등의 여러 가지 도시문제를 해결하는 개발형태로 주목받고 있으며, 경직화된 도시구조를 해결하기 위한 수단으로도 매우 중요한 의미를 지니고 있다.

예를 들면 미국의 버클리 마리나(Berkeley Marina)는 마리나를 개발했다기보다는 도시계획의 일부로서 마리나 개발이 포함되었다는 개념이다. 원래는 습지대였던 이 지역에 관광객을 유치한다는 목적으로 마을을 만들고, 해안선도 충분히 살려 기반시설을 충실하게 개발하였다. 따라서 개발의 초점은 어디까지나 도시문제를 해결하기 위한 마리나를 포함한 주택과 도로의 건설에 있다.

3) 유휴지 재생형 마리나

역사적으로 볼 때 마리나가 있는 도시는 그곳에 입지하는 산업 · 해운기능 등을 토대로 도시가 형성되어 왔다. 이러한 기능도 시대의 변화에 의해 도시기능의 친수공간을 침식하고 산업화에 따른 대형선박의 도입으로 시대의 변화에 따라 적응할 수 없었던 친수공간은 황폐화되기 시작하였다. 이처럼 황폐화된 친수공간을 보전 · 수복 또는 재개발하여 새로운 도시공간으로 전환하는 것이 유휴지[1] 재생형 개발이다.

호주의 골드코스트 지역에 위치한 생크추어리 코브 마리나(Sanctuary Cove Marina)는 소택지와 같은 저습지의 하구를 이용해서 개발된 곳이다. 거대한 마린 레저는 별장과 호텔을 중심으로 생활공간과 해양레저공간으로 분리되어 있다. 1990년도 호주 제1위 관광지로 손꼽힌 바 있으며, 330척 규모로 계류시설과 함께 호주 제1의 마리나 시설로 유명하다. 골프장은 Palm Course와 Pines Course 등 2개의 챔피언십 코스로 되어 있다.

그 외 스포츠시설은 테니스코트 9면, 스쿼시볼 코트, 수영장, 트랙경기장, 잔디볼링장, 에어로빅센터, 컴퓨터 건강진료센터 등이 있으며, 100개가 넘는 쇼핑센터와 병원, 레스토랑, 예술화랑 등과 같은 편의시설들이 골고루 갖추어진 리조트이다.

4) 시장도입형 마리나

마리나는 많은 사람을 모이게 하는 응집력이 있으므로 업무기능을 위한 개발에 시장성을 확보하여 부가가치를 높일 수 있는 지역으로 만들 수 있다. 이와 같이 마리나가 가지고 있는 응집성 · 시장성에 착안하여 판매시설, 식당가, 위락시설, 문화시설 등의 다양한 시설을 갖춤으로써 도시의 활력과 번영을 제고시키는 것이 시장도입형 개발이다.

영국의 오션 빌리지 마리나(Ocean Village Marina)는 사우샘프턴(Southampton)의

1) 유휴지(unused land) : 사용되지 않거나 수익이 발생되지 않는 땅으로 묵히는 땅을 의미.

도크랜드를 재개발하여 빌리지, 오피스, 주택, 마린숍, 접견소 등을 포함한 시장성을 목적으로 개발한 복합형 마리나로서 주위에는 영화관과 주택단지가 있고 남쪽에는 조금 떨어져 은행빌딩이 건설되었다. 마리나에는 450여 척의 계류공간이 있고 연간 계류 요금이 저렴한 편이다.

5) 경기 캠프형 마리나

기존 마리나의 개발형태와는 달리 비영리적인 형태로서 각종 해양레저스포츠 프로그램과 이벤트 프로그램을 개발하고, 해양체험교실 등을 통하여 엘리트 선수의 잠재수요를 확보하고, 국가대표 선수들의 강화훈련을 목적으로 하는 마리나이다. 또한 국제대회 등을 유치하여 이벤트를 개최함으로써 부가가치를 높여 경제적인 영향이 지역주민들에게 돌아가도록 유도하는 마리나의 형태이다.

마리나 자체는 수익성이 없지만 국가차원에서 국익을 보호하거나 협동마케팅을 통한 환경정화와 지역사회에 미화된 프로젝트를 활용함으로써 공간적 참신성에 부응하고, 국가 위상의 기능을 수행하는 형태의 마리나이다. 국내에서는 부산수영만 마리나가 88서울올림픽 요트 경기를 위해 개발되었으며, 중국의 '칭다오 요트 국제경기장'도 2008년 베이징올림픽을 위해 경기장으로 건설되었다.

3. 마리나의 기본시설

1) 방파제

파도의 억제 및 요트 보호를 위한 시설로서 마리나 시설 중 가설비용이 가장 큰 부분을 점하고 있으므로 방파제는 안전성을 검토하여 가급적 비용이 적게 들도록 계획해야 한다. 방파제의 개구부(開口部)는 연안류, 표사 등의 유입을 막기 위해 폭원(幅員)이 좁을수록 유리하며, 개구부의 방향은 항풍방향과 90도의 각도를 이루는 것이 바람직하다.

▲ 요트를 보호하기 위한 방파제 전경

2) 계류시설

마리나의 가장 기본적인 기능으로서 수역과 보트를 고정시키기 위한 계류시설이다. 계류시설로는 방파제, 호안 잔교, 부교 등이 있는데, 수위의 차이에 대한 대응, 승강의 편리성과 안전성, 각종 선박형태에 대한 유연성, 정비비용 등의 관점에서 부교, 잔교가 많이 이용된다.

계류시설을 이용한 보관형태는 수면보관과 육상보관이 있는데, 수면보관은 부교 등의 계류시설에 보트를 계류한 채 보관하는 것이며, 육상보관은 유성에 보트를 인양하여 보트 선착장에 보관하는 것이다.

▲ 해상계류장에 정박 중인 요트 전경

▲ 육상계류장에 보관 중인 요트 전경

3) 인양시설

육상보관의 경우 요트의 출입 시 보트를 수면에서 인양해야 하며, 수면보관의 경우에도 수리, 보수, 점검을 위해 인양기능이 필요하다. 인양시설에는 크레인, 보트리프트 등이 있다.

▲ 요트 인양 크레인 전경

4) 수리 및 급유 시설

보팅의 안전 확보를 위한 보트의 수리와 점검, 부품의 관리 및 폐오일의 처리 및 관리를 위한 요트수리소가 필수적이며, 요트의 연료보급 및 급수시설 등도 필요하다.

▲ 요트 수리소 전경

5) 숙박 및 상업 시설

서비스시설은 숙박시설과 상업시설로 구분할 수 있는데, 숙박시설로는 호텔, 별장, 리조트 등이 있으며, 상업시설로는 레스토랑, 쇼핑센터 등이 있다. 기타 관련시설로는 레크리에이션시설, 문화학술시설로 인공해변, 조업시설, 캠프장, 풀, 수족관, 해상박물관 등이 여기에 속한다.

▲ 대규모 마리나리조트는 숙박시설과 상업시설 등을 갖추고 있으며, 주변 지역에도 많은 호텔과 상점들이 들어서 있다(말레이시아 코타키나발루 마리나리조트 전경).

6) 클럽하우스

클럽하우스는 복합적 기능을 수행하기 위한 중심적 활동시설로서 관리사무소, 로비, 홀, 휴게시설, 안전구호시설, 감시실, 정보제공시설, 탈의실, 보관함, 쇼핑시설 등이 갖추어져 있으며, 연수실은 대·소회의실, 전시실, 연회장시설 등을 갖추고 있다. 주로 클럽에 소속된 회원과 비회원에 대해 접수, 사무, 휴식, 식사, 보건, 위생, 레크리에이션, 집회, 정보제공 등의 장소적 기능을 제공하며, 한편으로 마리나의 심벌로서의 기능도 있다.

7) 정보 / 교육기능

최근 증대하고 있는 해양성 레저 · 레크리에이션의 다양화에 따른 기상, 해상 등의 안전상 불가결한 정보에서부터 이벤트까지 각종 정보제공의 중요성이 높아지고 있어 클럽회원들을 위한 정보제공이 필요하며, 요트 및 보트의 초보이용자들을 위한 다양한 요트스쿨이나 강습회 등의 교육적 시설과 기능을 필요로 한다.

제2절 수상레포츠의 종류

1. 요 트

요트(Yacht)란 상선, 어선, 군함 등과 같이 업무수행을 목적으로 하는 배가 아닌, 놀이나 스포츠에 이용되는 오락용 배로서 사람이 비교적 힘을 덜 들이고 쾌주할 수 있는 배를 총칭한다.

이는 크게 엔진의 동력으로 추진하는 모터요트(motor yacht)와 돛에 바람을 받아 운항하는 세일요트(sail yacht)로 나눌 수 있다. 엔진을 장착한 놀이 전용의 동력선이라도 선실에 주거시설을 갖추지 않은 배는 모터보트(motor boat)라 부르며 요트의 범주에 속하지 않는다.

세일요트는 선실을 갖추지 않은 작은 보트에 돛을 단 세일링 보트(sailing boat)와 선실에 주거시설을 갖춘 비교적 큰 범선 형태인 세일링 크루저(sailing cruiser)로 구분된다. 세일링 보트는 연안이나 호수에서 스포츠 또는 레저용으로 이용되며, 오늘날 올림픽과 아시아대회 등에서 채택되고 있는 경기정은 모두 이 세일링 보트이다. 세일링 보트 중에서도 작은 것들을 딩기(dinghy)라 부른다.

〈표 8-1〉 요트의 분류

구 분		용 도	편의시설	승선인원	평균가격
요트	모터요트 (Motor Yacht)	모터가 주가 되고, 돛이 부가적 기능	세일요트에 비해 규모가 대형		
	세일요트 (Sail Yacht)	작은 돛대딩기(Dinghy)	경기필수품	1~3명	6백만 원
		연안 항해용(Day Cruiser)	간이취사 및 주거	3~6명	4천 2백만 원
		대양 항해용(Offshore)	주거시설 완비	6명 이상	1억 6천만 원

자료 : 대한요트협회.

▲ 모터요트는 돛이 없고 모터로 항해하는 호화 요트이다.

▲ 세일요트는 모터엔진이 없으며, 바람을 이용한 돛으로 항해한다.

▲ 딩기요트는 세일요트 중에서도 가장 작은 요트이다.

요트관련 상식

돛대에 엔진이 달려 있으면 모터요트?

간혹 어떤 사람은 엔진이 달린 돛배(Sail Cruiser)를 모터요트라고 잘못 알고 있다. 돛배에 엔진이 부착된 것은 어디까지나 보조용이기 때문에 모터요트라고 부르지 않는다. 참고로 Sail Cruiser는 크든 작든 보조 엔진을 장착하고 있다. 근래에 항해 시간을 아끼려는 사람들이 돛배에 큰 엔진을 장착하여 바람이 약할 때는 엔진을 사용하여 달린다. 이런 배는 모터 세일러(Motor Sailer)라고 부른다.

모터요트

돛배(요트)가 국내의 호화 레저로 인식되는 것은 모터요트 때문이 아닌가 생각한다. 모터요트들은 주로 왕실이나 거부들이 타는 그야말로 호화 모터요트를 말한다. 돛이 없고 엔진으로 항해하며 배의 규모도 크고 선원들 또한 수십 명이 운영을 하는데 이러한 배는 당연히 호화 사치 레저를 위한 요트이다.

세일 크루저(Sail Cruiser)

크루저(Cruiser)라는 단어는 돛배만이 아니라 해군의 순양함, 호화 여객선, 심지어 미사일에도 이 단어를 사용한다. 이들의 특징은 어떤 일정한 목표를 향해 곧바로 가는 것이 아니라 이리저리 달린다를 의미하는데, 어원은 네덜란드의 'Kruisen' 에서 유래되었으며 의미는 해적선들이 먹잇감을 찾기 위해 정상 항로를 벗어나 이리저리 항해하면서 해적질을 하였는데 이런 항해를 Cruiser라 불렀고 17세기 후반 네덜란드 말을 영국에서 인용하여 오늘날 크루저(Cruiser)로 사용하게 되었다.

오늘날 요트에서 Sail Cruiser란 주로 30~50피트 크기의 장거리 여행용 돛배를 의미하며, 반면 대양 횡단 경기용 돛배는 Ocean 혹은 Offshore Racer로 통용된다.

자료 : 대한요트협회

2. 윈드서핑

윈드서핑(Wind Surfing)은 보드세일링(board sailing)이라고도 부른다. 세일(sail : 날개)이 받은 바람의 힘을 몸으로 조종하여 보드(board)로 달리기 때문이다. 윈드서핑은 물과 바람만 있으면 어디서든 남녀노소 누구라도 즐길 수 있는 레저와 스포츠 기능을 갖추고 있는 레저스포츠이다.

윈드서핑은 유럽에서 폭발적인 인기를 불러일으키며 보급되기 시작하였다. 1976년 바하마 세계 윈드서핑 선수권대회에서 로비 네이쉬라는 슈퍼스타가 나타나 현란한 기교를 선보이기 시작하면서 전 세계에 급속히 확산되어 지금은 세계인들에게 최고의 인기를 누리고 있는 스포츠가 되었다. 1984년 LA올림픽대회 때부터 정식 종목으로 채택되었는데, 세계 여러 곳에서 크고 작은 대회가 활발하게 개최되고 있으며 월드컵대회도 개최된다.

3. 수상스키

수상스키(Water Ski)는 비교적 많이 알려진 대중 레저스포츠이다. 하지만 어렵고 위험해 보이는 일반적인 인식과는 달리 수영을 할 줄 몰라도 30분 정도의 기초교육을 받으면 안전하게 배우고 쉽게 즐길 수 있다. 물살을 가르며 달릴 때와 물 위를 질주할 때 몸 전체의 균형을 잘 유지해야 하므로 균형감각을 발달시켜 줄 뿐만 아니라 전신운동의 효과도 매우 높다.

수상스키는 윈드서핑과는 반대로 바람이 없는 지역에서 주로 행해지는데 강이나 호수 주변에서 많이 이용되고 있으며, 시속 60km 정도로 질주하게 되므로 운동량이 많아 1회에 10분 정도를 넘지 않도록 하며, 1시간 이상의 휴식이 필요하다.

우리나라에서는 1962년 미국의 사이프러스 수상스키 팀이 내한하여 한강 인도교 밑에서 시범을 보인 것이 효시이다. 1979년에는 수상스키협회가 창립되었고, 1984년에는 세계 수상스키협회에 가입하였다.

4. 스킨스쿠버

스킨스쿠버(Skin Scuba) 다이빙이란 스킨(skin)다이빙과 스쿠버(scuba)다이빙의 복합어이다. 국내의 스킨스쿠버 인구는 약 5만 명 정도로 추산되며 매년 교육인구가 증가하고 있다. 스킨스쿠버 다이빙은 크게 세 가지로 구분한다.

1) 스킨다이빙

스킨다이빙(Skin Diving)은 수경, 오리발, 스노클의 기초적인 정비만을 착용하고 수면에서 호흡을 멈춘 상태로 10m 수심 미만까지 왕복하여 즐길 수 있는 간단한 다이빙을 말한다. 스노클(snorkel)을 이용하여 호흡하기 때문에 스노클링(snor- keling)이라고 부르기도 한다.

▲ 공기통을 착용한 스쿠버 다이빙

2) 스쿠버 다이빙

스쿠버 다이빙(Scuba Diving)은 압축공기통과 호흡기 등을 착용하고 수중에서 활동할 수 있는 다이빙을 말하며, 스포츠 다이빙에서는 약 30m 미만에서 즐기는 것이 안전하다. 스쿠버 다이빙은 생각보다

쉬우며 수영을 약간 할 수 있는 건강한 사람이면 누구나 안전하게 할 수 있는 과학적인 레저스포츠이다.

3) 헬멧 다이빙

헬멧 다이빙(Surface Supplied)은 수면으로부터 연결된 호스를 통하여 연속적으로 공급되는 공기를 이용한다. 수중에서 장시간 체류할 수 있으며 작업 다이빙에 이용된다.

5. 기타 수상레포츠

1) 제트스키

수면 위를 미끄러지듯 질주하는 물 위의 모터사이클 제트스키는 무엇보다 엄청난 스피드의 스릴감과 쾌감이 만점인 종목이다. 10분 정도 동작방법을 익힌 후 안전요원의 지시에 잘 따르면 수영을 못하더라도 손쉽게 배울 수 있다. 탑승자가 모터에서 떨어지게 되면 제트스키가 원을 그리며 추락지점으로 되돌아오도록 설계되어 손쉽게 다시 탑승할 수 있다.

2) 패러세일링

패러세일링은 모터보트에 낙하산을 매달아 견인하여 구명복을 착용한 상태로 하늘로 떠오르게 하는 종목이다. 조작이 간편하고 전문가의 도움을 받으므로 별다른

기술은 필요없지만 안전수칙을 숙지하고 임해야 한다. 말 그대로 '하늘을 나는 기분'을 만끽할 수 있는 패러세일링은 비상하는 스릴과 세상을 하늘에서 바라보는 호방함을 맛볼 수 있으며 담력을 키우는 데도 도움이 된다.

3) 워터 봅슬레이(바나나보트)

워터 봅슬레이는 보통 바나나보트라고도 불리며, 스피드 보트가 특수고무로 만들어진 바나나 모양의 무동력 보트를 초고속으로 끌어 수면 위를 달리는 것으로, 박진감 넘치는 가운데서도 매우 아기자기한 재미를 맛볼 수 있다. 5~10인이 한번에 타며 이리저리 몸을 돌려 물에 빠지지 않기 위해 안간힘을 쓰는 재미가 있다. 속도가 붙어 물 위를 솟구쳐 올라 튕겨 날아오르는 기분은 바나나보트만의 재미라 할 수 있다.

4) 바다래프팅

바다래프팅은 계곡의 급류를 헤쳐 나가는 일반 래프팅과 달리, 거센 바람을 가르고 파도를 헤쳐 나가는 호연지기를 기를 수 있는 종목이다. 무엇보다 여럿이 힘을 합쳐 공동의 과제를 해결해야 하는 행동훈련적 성격이 강하므로 협동심과 단결력을 필요로 하는 가족, 친구, 회사단체에 적합한 종목이다.

5) 플라이보드

플라이보드는 물줄기의 힘과 균형 감각을 이용해 물 위를 날아다니는 묘미를 느낄 수 있는 수상레포츠이다. 체험 방법은 발에 착용한 보드와 팔에 착용한 호스에서 물줄기가 뿜어져 나와 이 힘으로 수면 위를 상승해 마치 물 위를 나는 듯한 스릴을 즐기는 원리이다. 물줄기를 분사하는 동력은 호스가 연결된 제트스키에서 받는데 수면 위로 최대한 18m까지 상승할 수 있고, 수준에 따라 자유자재로 날아다닐 수 있는 재미를 느낄 수 있다.

제3절 국내 마리나리조트 현황

1. 국내 마리나리조트의 개요

한국의 해안은 삼면이 바다로 둘러싸여 동해안의 해안선은 비교적 단조롭고, 남해안과 서해안의 남부는 해안성이 극도로 복잡한 전형적인 리아스식 해안을 구성하고 있다. 특히 남해안의 서부에는 약 2,000개 이상의 섬이 집중적으로 분포되어 있으며, 세계적으로 희귀한 다도해를 이루고 있어 해양레저스포츠가 발달하기 좋은 여건을 갖추고 있다.

즉 아름다운 섬과 환상적인 풍광을 자랑하는 수로를 따라 한가롭게 요트를 즐길 수 있는 친수공간을 확보하고 있는 것이다. 그러나 이러한 좋은 여건에도 불구하고 아직 국내에서는 요트가 일부 부유층만이 즐기는 레포츠로 인식되어 요트산업이 선진국 수준으로 발전하지 못하고 있다. 그렇다면 우리나라 국민들이 해양레저를 손쉽게 이용할 수 있는 방법은 무엇이 있을까? 쉽게 생각하면 저렴하게 해양레저를 즐길 수 있는 공간이 많으면 된다. 하지만 아쉽게도 우리나라 해양레저 현실은 장비도 저렴하지 않고, 막상 있다고 해도 즐겁게 놀 공간 또한 턱없이 부족한 실정이다.

해양레저산업이 발전하기 위해서는 먼저 일반인들이 쉽게 접근할 수 있는 마리나 시설을 만들어야 한다. 그 다음으로 필요한 것은 일반인들이 경제적 부담 없이 즐길 수 있는 장비(요트, 보트, 해양레저 장비 등)들이 보편적으로 보급되어야 한다. 이 두 가지를 놓고 본다면 우리나라 해양레저산업은 이제 갓 태어난 아기와 같다. 이제 모든 것을 준비하고 있는 단계이기 때문이다.

이러한 어려움을 해소하고자 정부에서는 2019년까지 전국에 43곳의 마리나 항만을 개발하는 내용을 담은 '제1차 마리나 항만 기본계획'을 2011년 1월에 발표하였다. 늦은 감은 있지만 해양레저산업의 의지를 밝힌 정부의 모습은 그나마 다행한 일이다. 이에 따라 향후 10년 후에는 전국 해안 어디에서든 요트와 보트를 즐길 수 있는 해양레저시대가 국내에서도 열릴 것으로 기대한다.

2. 지자체의 마리나리조트 개발계획

바다를 낀 지자체들이 최근 해양레저 수요 증가에 따라 마리나항 개발사업에 적극적으로 뛰어들면서 국내 해양레저산업 선점경쟁이 치열해지고 있다. 국토교통부에 따르면 해양레저 활성화 및 마리나항의 체계적인 개발을 지원할 「마리나 항만 조성 및 관리 등에 관한 법률(마리나법)」이 시행되면서 지자체의 마리나 개발계획은 더욱 적극적이다. 「마리나법」은 요트와 레저보트, 마리나 계류시설, 호텔, 리조트 등 종합 해양레저시설의 체계적인 개발을 유도하기 위해 만들어졌다.

특히 국토교통부는 「마리나법」 시행에 맞춰 수립할 '마리나항 개발 기본계획'에 국가 주도의 '공공 마리나항 개발사업'을 포함시켜 개발사업 및 마리나 산업단지 조성비용의 일부와 방파제, 도로 등 기반시설 설치비용을 국비로 지원할 예정이다.

기본계획에 따르면 2020년까지 요트, 보트 등 해양레저장비 수요 추정치 1만 461척

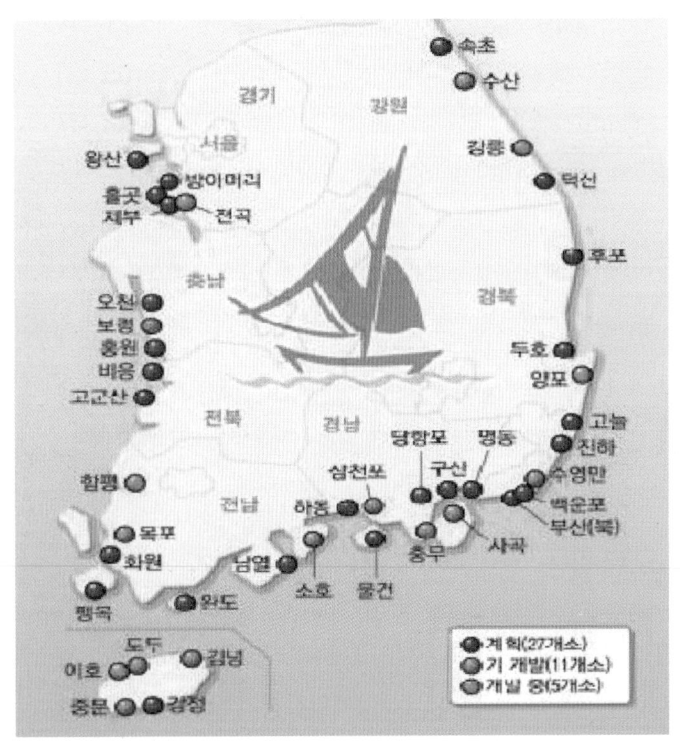

▲ 국내 지자체의 마리나리조트 개발 계획도

을 토대로 거점형 8곳과 레포츠형 28곳, 리조트형 5곳 등 총 41곳을 선정해 단계적으로 개발하게 된다. 그러나 지자체들 간 신성장동력으로 급부상하는 마리나항 개발사업을 유치하기 위해 신청된 후보지역만 120여 곳에 달하고 있어 과열경쟁을 부추기고 있는 실정이다.

그러나 마리나 사업은 막대한 비용이 들어가 국비 지원이 없으면 정상추진이 어려울 것으로 예상되기 때문에 사업 중도포기 사태도 예상된다. 이에 따라 국토교통부에서는 마리나항 개발사업은 정책시행 초기인 만큼 과잉 개발되지 않도록 권역별 안배 등을 통해 적절히 조절할 계획을 가지고 있으며, 공공 마리나 개발 대상은 시장성과 접근성, 자연조건 등 26개 항목의 평가를 통해 우선순위를 선정할 계획이다.

〈표 8-2〉 지자체의 마리나 개발 신청 현황

지자체	수도권	충청권	전북권	서남권	전남권
후보지	11곳	9곳	3곳	14곳	12곳
지자체	강원권	부산권	경북권	경남권	제주권
후보지	12곳	8곳	8곳	17곳	16곳

〈표 8-3〉 지자체의 마리나 개발계획 유형

유형	내용
거점형(8곳)	대도심권 인근으로 중간 규모 이상의 도시근교 거점기지형 마리나
	외곽시설 등 항만시설과 육상시설 신규개발 필요
레포츠형(28곳)	중소규모의 수요에 대응하는 연안 중간기항지 및 간이형 마리나
	외곽시설 등 기존에 개발된 항만시설 이용가능
리조트형(5곳)	중대형 복합레저 공간을 갖춘 마리나리조트
	외곽시설 등 항만시설과 대규모 육상시설 신규 개발 필요

3. 국내 요트활동 현황

1) 요트 보유 현황

대한마리나산업진흥회에서는 세계해양레저장비의 보유척수를 2014년 기준으로 약 2,540만 척 정도로 추정하며, 요트관련 시장은 890억 달러 규모로 추정하고 있다. 또한 국내의 요트장비도 2002년에 1,030척에서 2010년에 7,232척, 2014년에 1만 4,449척으로 증가하였다고 보고하고 있다. 이러한 증가상태는 선진국의 레저용 요트 증가수를 고려해 볼 때 우리나라에서도 2019년에는 1만 7,400여 척으로 요트 수가 증가할 것으로 예측하고 있으며, 1조 원대의 시장을 형성할 것으로 예상하고 있다.

2) 요트활동 인구

대한요트협회에서는 2014년 기준으로 국내의 요·보트 조종면허 보유자 수를 13만 4,000명으로 추산하고 있으며, 공인된 협회나 클럽 수는 80여 개로 파악하고 있다.

요트인구의 지역별 분포도를 살펴보면 서울에 거주하는 활동인구가 약 70%를 차지하고 있으며, 두 번째는 부산지역으로 대부분 대도시에 편중되어 있는 실정이다. 주요 이유는 장소적 제한과 함께 요트가 돈이 많이 드는 고급 레포츠이기 때문에 아직은 대중화의 초기단계 현상으로 이유를 들 수 있다.

3) 요트활동 시기와 장소

요트활동은 여름시즌인 6~9월에 가장 활발하며, 겨울시즌(12~2월)에 활동률이 가장 낮다. 이것은 계절적인 영향과 학생들의 여름방학 및 휴가철과 관련이 있기 때문이다. 한국의 연중 요트 활동현황을 살펴보면 〈표 8-4〉와 같다.

또한 마리나, 해수욕장, 하천·호수 등이 해양레저스포츠 활동장소로서 이용되고 있으며, 요트를 계류하기 쉽고 수려한 관광지를 중심으로 많이 활동하고 있다. 주요 요트 활동장소는 〈표 8-5〉와 같다.

〈표 8-4〉 국내 연중 요트 활동현황

월	1	2	3	4	5	6	7	8	9	10	11	12
비율(%)	5	5	30	45	70	85	95	95	80	70	30	10
종류 1	모터요트											
종류 2	크루징요트											
종류 3	딩기요트											

자료 : 대한요트협회.

〈표 8-5〉 국내 요트 활동장소

구 분	마리나	해수욕장	하천 · 호수	주요 활동수역
종류 1	수영만요트장	해운대	청평호	수영만
종류 2	충무마리나	경포	양수리	충무만
종류 3	소호요트경기장	대천	충주호	청평호

자료 : 대한요트협회.

4) 요트 제조업체 현황

요트와 관련한 제조업체 수는 10여 개가 있는데, 주로 생산하는 제품은 모터보트를 중심으로 전국에 분포되어 있고, 딩기요트 2개소와 크루징 요트를 생산하는 1개소가 있으나 기술상 문제점과 생산단가의 상승으로 인해 생산하지 않는 실정이다.

모터보트의 경우 주로 생산하는 제품은 선체이며, 그 외의 부장품은 수입에 의존하고 있는 실정이며, 수리업체 수는 약 60여 개가 있다. 주로 수리하는 제품은 보트선체 · 엔진 등이며 부품 또한 대부분이 수입에 의존하고 있다.

5) 요트 계류장 사용료 현황

일반적으로 하버의 입 · 출항 통제는 자율에 의해서 운영되고 있으며, 계류장의 사용료는 요트의 크기에 따라 사용료를 달리 납부하는데 부산수영만 요트경기장과 같은 공공시설은 길이 16.9피트 이하는 연간 784,560원, 16.9~22.9피트는 1,144,560원, 23~29.9피트 이하는 연간 1,624,560원이며, 30피트 이상일 경우 2,344,560원을 납부하여야 한다.

충무마리나 리조트의 경우는 33피트를 기준으로 연간 계류장 사용료는 190만 원이며, 그 이상의 경우는 230만 원으로 대체로 유동성과 탄력성을 가진다. 사용료를 납부한 클럽회원이나 오너들은 마리나 측에서 보안감시 및 전기, 수도 등 각종 혜택을 받을 수 있으나, 수영만 요트경기장의 경우 전기, 수도 등의 혜택은 있으나 재산상의 손실은 보상되지 않는다.

6) 적용법규

해양레저스포츠 정책으로 「수상레저안전법」이 적용되는데, 이 법은 수상레저활동 및 수상에서 레저를 하기 위하여 이용되는 선박, 수상레저기구의 관리, 수상레저사업 등 3개 분야에 관한 사항을 각각 규정하고 있으며, 수상레저활동의 안전과 질서를 확보하고 수상레저사업의 건전한 발전을 도모함을 목적으로 제정되었다.

시험시행 관청은 해양경찰청이며, 대행기관은 외양범주협회에서 위탁을 받아 운영하고 있는데, 보조엔진을 포함하여 5마력 이상의 동력을 장착한 요트를 운영하고자 하는 사람은 「수상레저안전법」의 규정에 의해 요트조종면허를 취득하여야 한다.

제4절 국내 주요 마리나리조트

현재 국내에서 운영 중인 주요 마리나리조트를 살펴보기로 한다. 마리나리조트라 하면 마리나시설 외에도 숙박시설과 상업시설 등을 고루 갖추어야 하지만 국내에서는 충무마리나리조트 정도가 이에 해당된다. 하지만 본서에서는 마리나의 이해를 더 하기 위해 규모 면에서 100척 이상의 계류시설을 갖춘 마리나 4곳을 선정하여 소개하기로 한다.

1. 부산 수영만 요트경기장 마리나

부산 수영만 요트경기장(Busan Yachting Center)은 1983년 건설되어 1986년 아시안게임과 1988년 서울올림픽 때 요트경기를 개최한 곳이다. 총 규모가 234,573㎡로서 1,364척(해상 364척, 육상 1,000척)의 요트를 계류할 수 있는 세계적인 요트경기장으로 아시아에서는 최대 규모를 자랑하며, 부산의 명물이자 국제적인 관광명소가 되었다.

부산 지하철 2호선 동백역에서 도보로 10분 거리에 위치하며, 인근에 해운대해수욕장과 동백섬 등이 있다. 마리나 단지 내에는 시네마테크와 국제무역전시관도 갖추고 있다. 시네마테크는 1999년 8월 개관한 이후 부산국제영화제 야외 상영관으로 활용되는 등 복합 영상문화공간의 역할을 하고 있다. 이외에도 마리나 내에는 요트학교, 윈드서핑학교, 잠수학교 등 각종 해양레저 강습소와 부산수상항공협회, 스킨스쿠버다이빙협회, 우주소년단 등 전문 단체들이 들어서 있다. 또한 수영만 해역은 요트를 타기에 적합한 자연여건을 갖추고 있어 매년 국내외 요트경기대회가 개최되고 요트 마니아들이 가장 많이 즐겨 찾는 곳이다.

그러나 규모가 대형인 것에 비해 단순한 시설에 불과하며, 거대한 복합형의 편의시설은 없고 오직 계류를 위한 전제조건으로 하고 있다. 또한 계류장은 연안역을 매립하여 인공적으로 건설되었기 때문에 자연재해의 영향을 많이 받는 단점을 지니고 있으며, 계류장의 형태는 직선이기 때문에 위화감을 조성하고 있다.

계류장 내의 수심은 건설 초기에 8m로 건설되었으나, 하천의 토사로 인해 점차 매

▲ 부산 수영만 요트경기장 마리나 전경

립되어 현 수심은 마리나의 적정기준치에 못 미치는 5~6m에 불과하여 대형요트는 접안이 불가능하다.

2. 충무마리나 리조트

민간마리나의 형태로서 경남 통영시에 위치하고 있는 충무마리나 리조트는 한국 최초의 육·해상 종합리조트로서 미개발된 부분을 포함하여 총규모는 14,966㎡이며, 해상 계류장은 통영시로부터 공유수면을 임대하여 사용하고 있다. 계류능력은 130척(육상 40척, 해상 90척)으로서 요트를 포함한 다양한 종류의 해양레저스포츠와 해양관광을 즐길 수 있는 곳이다.

충무 바닷가에 위치한 콘도미니엄은 272실의 객실을 갖추고 있는데, 어느 객실에서나 쪽빛 남해 바다와 아름다운 충무항을 감상할 수 있도록 설계되어 있고, 마리나는 요트전용 항구로서 해양레저스포츠에 대한 강습과 투어 등이 실시된다.

주요 시설은 마리나 시설과 자체에서 보유하고 있는 총 24척의 요트(모터요트 15척, 세일요트 9척)와 요트클럽하우스, 요트수리소, 요트급유소, 요트적치장 등의 복합시설을 갖추고 연중무휴 회원제로 운영하고 있다.

▲ 충무마리나 리조트 전경

그러나 이러한 시설도 연안역을 매립하여 인공적으로 건설되었기 때문에 자연재해의 영향을 많이 받고 있으며 정온도를 유지하지 못하고 있다. 특히 마리나의 수심은 3~5m에 불과하고 마리나로서의 역할을 못 하고 있는 실정이며, 계류장의 형태는 직선적이기 때문에 위화감을 조성하고 있다.

3. 전곡항마리나

전곡항은 경기도 화성시 서신면 전곡리에 있는 어항이다. 전곡항마리나는 2009년 11월에 1단계로 113척(해상 60척, 육상 53척)의 요트와 보트를 계류할 수 있는 시설을 갖추고 개장하였다. 수도권에는 3개의 마리나(서울마리나, 김포마리나, 전곡항마리나)가 있는데, 그중 가장 큰 규모를 자랑하는 마리나가 바로 전곡항마리나이다.

전곡항마리나는 파도가 적고 수심이 3m 이상 유지되는 수상레저의 최적지이다. 밀물과 썰물에 관계없이 24시간 배가 드나들 수 있는 장점을 살려 다기능 테마어항으로도 조성되었다. 또한 전곡항마리나에서는 2008년부터 매년 '경기국제보트쇼'와 '코리아메치컵 세계요트대회'가 개최되면서 전국적으로 알려지게 되었다.

2012년 1월에 제2마리나 시설 확충공사를 마치고 79척의 해상계류시설을 추가로

▲ 전곡항마리나 전경

개장하여, 총 192척(해상 139척, 육상 53척)의 계류시설을 갖추게 되었다. 경기도는 전곡항과 가까운 서신면 제부도항에도 6만 6,000여㎡ 규모의 마리나를 2018년 말 완공할 계획이다.

이 밖에도 전곡항에서 출발하여 제부도~국화도를 돌아오는 2시간 코스의 유람선도 운항된다. 최근에는 가족단위 관광객이 점차 증가추세를 보이면서 인근 전곡항은 국제보트쇼 개최에 따른 관광명소로 자리매김하고 있다.

4. 목포 요트마리나

전남 목포시가 '해양레저의 꽃'으로 불리는 요트산업을 선점하기 위해 삼학도 목포내항에 2010년 7월 요트마리나 시설을 개장했다. 서남권의 해양관광 레저산업의 중추 역할을 담당하게 될 '목포 요트마리나' 조성 사업은 2006년 첫 삽을 뜬 뒤 4년간 70억(국비 35, 지방비 35) 원의 사업비를 투자해 완공함으로써 국내 요트산업의 발전에 동참하게 되었다. 마리나의 운영은 목포에 위치한 세한대학교에서 위탁경영하고 있다.

▲ 목포 요트마리나 전경

목포시는 주 5일 근무제 정착과 소득향상에 따른 국민의 여가 패턴이 육상관광에서 해양관광으로 수요가 변화하는 추세에 맞춰 해양레저산업의 핵심인 요트산업을 서남권에서 선점해 나가겠다는 꿈을 실현한 것이다.

목포 요트마리나는 해상부에 50피트급 요트 32척이 접안할 수 있는 부유체식 요트 계류장이 있으며, 육상부에는 클럽하우스, 요트 인양기, 레포츠 교육장, 육상적치장, 주차장 등의 부대시설을 갖췄다. 목포시는 마리나 개장과 함께 10억 5,000만 원의 예산을 들여 51피트급 쌍동선 세일링 보트를 건조하였고, 요트마리나 시설에 맞춰 요트 조종면허 취득 교육과 체험 프로그램 등 요트 스쿨도 함께 운영하고 있다.

향후에도 목포시는 이곳에 1천억 원을 추가로 투자해 600척 규모로 시설을 확장하고 북항에 어선 전용부두를 만들어 내항 어선을 모두 이전할 계획이다. 또한 목포시는 지자체마다 경쟁적으로 유치 활동을 전개하고 있는 미래 해양레포츠산업의 꽃이라 할 수 있는 마리나산업을 통해 낙후된 목포권을 고부가가치 첨단 요트산업의 메카로 육성시키려는 계획을 가지고 있다.

제5절 외국의 마리나리조트

현재 전 세계적으로 사용되고 있는 모터보트, 요트 등의 해양레저장비 수는 2013년 기준으로 2,540만 척에 달한다. 그리고 그 수치는 매년 100만 척 이상씩 늘어나고 있다. 특히 여가문화 확산에 따른 해양레저인구의 저변확대와 고소득 인구 증가로 인한 고가선박 수요 증가 등에 따라 관련 시장규모는 큰 폭의 성장세를 구가하고 있다.

해양레저시장은 일찍부터 미국, 독일, 프랑스 등과 중소형 조선소의 구조전환에 성공한 호주 등이 전 세계 시장을 장악하고 있다. 모터보트, 요트 등 대부분의 분야에서 미국이 세계 1위의 생산국이며, 고부가가치의 슈퍼요트 분야는 유럽지역이 세계시장을 주도하고 있다. 슈퍼요트란 길이 30m 이상에 엔진을 동력으로 하는 레저선박으로 취사와 주거공간을 갖고 있다.

해양레저장비의 주요 소비국은 북미와 유럽 · 호주 등이며, 중국 · 말레이시아 등 아시아 지역 유명 휴양지에서도 수요가 꾸준히 증가하고 있는 상황이다. 마리나리조트의 이해를 더하기 위해 주요 선진국의 마리나를 소개하면 다음과 같다.

1. 프랑스, 랑그도크루시용

프랑스의 랑그도크루시용(Languedoc-Roussillon) 지방은 남프랑스의 지중해 연안에 위치하고 있으며, 마르세유 서방으로부터 스페인 국경에 걸친 약 180km의 해안선을 형성하고 있다. 1962년 프랑스 정부가 이 지역을 대단위 해양레저단지로 조성하기 이전에는 포도밭이 군데군데 흩어져 있고 들소와 야생마가 뛰어노는 불모지와 습지였다.

랑그도크루시용은 그 지역이 워낙 광대하기 때문에 민간기업에 의한 개발이 사실상 불가능하게 되어 관 · 민협력 체제하에 개발되었다. 1963년에 제1단계 개발이 착수되어 1975년에 완료되었다. 1차 개발의 사업자금은 프랑스 정부가 8억 프랑(약 800억 5천만 원)을 투자하였고, 민간자본으로 12억 프랑(약 1,206억 원)을 유치하였다.

프랑스 정부가 랑그도크루시용 리조트를 개발하게 된 동기는 프랑스 국민의 생활수준 향상으로 휴가인구가 증가하면서 바캉스 인구의 해외 유출을 막고, 북유럽인의 남유럽 리조트 수요가 증가하면서 전통적 관광지의 수용능력 한계로 신규 관광지의 개발이 필요하였기 때문이다.

이러한 개발동기에 의해 프랑스 정부에서는 랑그도크루시용 6개 지역을 재개발하였고, 여기에다 기존 17개 어항을 해양레저스포츠 단지로 개발한 것이 특징이다. 주요 유치시설로는 7개의 공항시설(국제공항 3곳, 국내공항 4곳)과 마리나 19곳, 호텔 1,925실, 콘도미니엄 3,811실과 그 외에 각종 스포츠, 위락시설 등이 있다.

랑그도크루시용은 대중 지향의 리조트로 개발되었으므로 숙박시설의 주류는 단기 임대맨션(콘도미니엄)이고, 호텔은 숙박시설 수용능력의 35% 정도이다. 그리고 대형 마리나 시설현황으로는 포르 카마르그(1,971척 보유 가능), 라캅 다주(1,344척), 그랑모트(1,100척), 생시프리앙 폴라주(1,063척) 등의 마리나 시설이 갖추어져 있다.

랑그도크루시용의 개발은 환경보전은 물론 토지투기를 유발하지 않고 조화롭게 진행하였으며, 자연을 그대로 보전하였을 뿐만 아니라 인간의 무관심 속에 서서히 황폐해지던 자연을 회복시켰다. 또한 불모의 해안선과 썩어가는 바다를 가장 쾌적하게 휴양활동할 수 있는 여가공간으로 변모시켜 프랑스인의 해외여행 경비지출을 억제시키고 관광수입을 극대화시켰다.

예를 들면 랑그도크루시용 개발 시에 함께 개발된 그랑모트는 남부 지중해변에 위치한 인구 6,500명의 관광휴양도시이다. 아름다운 남부 지중해변을 배경으로 해안을 따라 늘어선 수많은 요트들은 유럽 최고의 해양휴양지인 그랑모트의 면모를 과시하고 있다. 건축물 대부분이 피라미드 형태를 하고 있는 것이 특징이다.

또한 프랑스 남부 지중해 연안의 포르 카마르그는 지중해 최대 규모의 마리나 시설을 갖춘 휴양도시이다. 포르 카마르그는 단순히 요트항 위주로 건설된 그랑모트와는 달리 주택과 정박지가 함께 붙어 있는 마리나 리조트로 개발되었다. 이와 같은 대규모 마리나 리조트 개발사례를 참고하여 랑그도크루시용 개발의 시사점을 살펴보면 다음과 같다.

- 새로운 지역진흥 차원의 리조트 개념인 '자유시간도시'로 개발
- 대도시와 동일한 도시기능들이 세련되고 알찬 수준으로 갖추어진 현대리조트의 새로운 개념을 제시

◦ 도시주민이 일상생활 공간으로부터 격리된 자연 속에서 지내는 반정주적 체재지이며, 비일상적 생활공간의 리조트로 개발
◦ 리조트 관광객들은 일과성 방문객이라기보다는 지역사회의 준주민이 되어 그곳 토박이 주민들과 함께 하나의 공동사회를 형성

▲ 그랑모트(La Grande Motte) 마리나 전경

▲ 포르 카마르그 마리나(Port Camarque Marina) 전경

2. 미국, 마리나 델 레이

미국은 유람선(Pleasure Boat) 보유 수가 955만 척으로 세계 1위이며, 제2위인 캐나다의 6.3배나 되는 규모를 가진 세계 레저·레크리에이션의 중심지이다.

미국 내에서 가장 유명한 마리나리조트로는 마리나 델 레이(Marina Del Rey)를 들 수 있는데, 마리나 델 레이는 1만여 척의 요트를 계류시킬 수 있는 세계 최대 규모의 요트항구이며, 임해 복합개발형, 공공주도형 개발방식에 의해 개발되었다. 로스앤젤레스 연안에 위치하며 한인타운에서는 20여 분 거리에 있다.

1957년 12월 방파제 건설을 시작으로 본격적인 개발이 시작되었으며, 개발규모는 총 325ha에 이르고 있다. 관민 공동 프로젝트인 이 건설에는 로스앤젤레스시가 주최가 되어 항만 건설에만 3,600만 달러의 공공투자가 있었고, 유람선의 계류시설을 비롯해 호텔, 아파트, 요트클럽, 레스토랑의 제반시설은 1억 5,000달러가 넘는 민간투자로 건설되었다.

마리나와 맨션을 중심으로 한 복합적 대규모 임해개발로서 약 6,000호에 이르는 아파트가 숙박지에 근접해 배치되어 도시를 형성하고 있으며, 요트, 낚시, 사이클링, 테니스, 조깅, 롤러스케이트, 윈드서핑 등 해양스포츠를 종합적으로 경험해 볼 수 있는 레크리에이션과 주택이 유기적으로 연결되어 있는 복합도시이다.

주변의 많은 레스토랑은 모두 바다를 바라보며 낭만적인 분위기에서 식사를 할 수 있도록 되어 있으며 일식·중식 등 세계 각국의 레스토랑들이 즐비하다. 마리나 델 레이는 면적당 레스토랑과 클럽의 집적률은 뉴욕을 제외한 전미 1위를 차지할 정도이다. 마리나 델 레이 개발의 시사점은 다음과 같다.

- 레크리에이션 기능과 주거 기능의 균형 발전으로 전체적으로 우수한 마리나 리조트 단지를 형성
- 주변으로 도시기능 유인력 내재
- 비즈니스맨에 대해서도 환경, 치안이 양호하고 또 공항에도 가깝기 때문에 리조트지를 지향하는 체재유도 가능
- 로스앤젤레스시를 중심으로 강력한 사업추진 조직체제 구축

◦ 대도시인 로스앤젤레스시(인구 약 800만 명)와의 접근성 유리
◦ 양호한 기후환경으로 연중 마린 스포츠 체험이 가능

▲ 미국 마리나 델 레이는 요트 1만여 척을 계류시킬 수 있는 세계 최대 규모의 마리나리조트이다(하늘에서 바라본 마리나 델 레이 전경).

3. 호주, 골드코스트

호주 골드코스트(Gold Coast)는 호주 퀸즐랜드(Queensland)주에 위치하며, 4개 시(市)로 이루어진 연합도시이자, 브리즈번의 남쪽 교외에 위치한 세계적인 해변 관광 휴양도시이다.

해변의 길이가 무려 30km나 되는 초대형 해변가가 펼쳐져 있으며 주변에 마리나 미라지(Marina Mirage), 팔라초 베르사체 마리나(Palazzo Versace Marina) 등 마리나 시설도 겸비되어 있으며 서핑 · 요팅 등 많은 해양레저관광객들이 찾는 휴양명소이다.

1950년대부터 해양리조트로 개발이 시작되어 1970년대부터 대규모 개발이 활발해졌고, 1986년 이후 다이쿄, 쉐라톤비치리조트, 하얏트리젠시 등 국외자본의 호텔건축붐이 조성되어 총 7,000실을 보유하고 있다.

개발의 사업주체는 광역개발이므로 특정의 사업주체는 없으며, 민간기업이 주체이다. 골드코스트 시(市)의 도시계획으로 무질서한 개발을 통제하고 있으며, 어떤 특정지역을 계획적으로 정비한 것이 아니기 때문에 리조트 시설이 산재해 있는 것이 특징이다.

연간 200만 명의 관광객이 방문하는데, 외국인 비율은 8% 정도이다. 외래방문객을 국가별로 살펴보면 미국, 영국, 뉴질랜드, 일본 등의 순이다. 골드코스트 개발의 시사점은 다음과 같다.

- 리조트 방문객이 해마다 증가하고 있어 리조트 시설투자도 활발
- 퀸즐랜드 천혜의 자연환경과 관광도시인 브리즈번과의 연계가 가능한 유리한 입지조건을 가지고 있으며, 1989년에 브리즈번과 골드코스트 사이의 고속철도 개통
- 성장력이 큰 대도시에 인접해 있어 접근성이 양호한 동시에 국내외에서 이 지역에 대한 투자의욕이 높은 편

▲ 골드코스트 전경

▲ 골드코스트 해변에 인접한 팔라초 베르사체 마리나(Palazzo Versace Marina) 전경

4. 중국, 칭다오 국제 요트경기장

중국 칭다오 국제 요트경기장(Qingdao Olympic Sailing Center)은 중국 정부가 '2008년 베이징올림픽'을 위해 조선소 자리에 건설한 국제 요트센터이다. 국제 요트센터 건립으로 인해 칭다오시는 독자적인 해상스포츠 전용 경기장을 갖게 된 것이다.

2008년 베이징올림픽 기본 이념인 '녹색 올림픽, 과학기술 올림픽, 인문 올림픽'에 따라 지속적 발전이 가능하고 올림픽 이후에도 충분히 이용가능하며 올림픽 문화유산으로 남을 수 있게 한다는 원칙을 세우고 건설되었으며, 2006년에 완공하여 그 해 8월에 열렸던 '2006 칭다오 국제요트경기'를 치르면서 전문 국제 요트경기장으로 호평을 받았다.

▲ 칭다오 국제 요트센터 전경

5. 일본, 즈시 마리나

즈시(Zushi) 해변은 일본 내에서도 윈드 서퍼들과 휴양을 즐기려는 가족들에게 일년 내내 인기 있는 휴양도시이다. 매년 약 40만 명의 관광객이 방문하여 아름다운 즈시 해변을 즐기고 있다.

즈시 해변에 위치한 즈시 마리나(Zushi Marina)는 아름다운 공원과 레스토랑으로 유명한 해변 리조트이다. 야자수, 요트 및 모터보트와 이국적인 분위기 때문에 신문, 방송, 잡지 등 여러 보도 매체를 통하여 소개된 바 있다.

▲ 즈시 마리나리조트 전경

제 9 장

온천리조트

제1절 온천의 개요

1. 온천(Spa)의 정의

온천을 정의하자면 학문적 정의와 법률적 정의로 크게 나누어볼 수 있다. 학문적 정의로는 '땅속에서 지표면으로 그 지역의 평균기온 이상의 물이 자연히 솟는 샘'이라고 정의하는데, 여기서 평균기온은 상대적인 것으로 나라마다 일정하지 않다. 과학적 견해로는 '마그마성 수증기에 의하여 뜨거워진 지하수가 땅 위로 용출되는 것'을 온천이라고 한다.

법률적 정의로는 1961년 3월 2일 법률 제3377호로 제정 공포된 우리나라 「온천법」 제2조에 의하면 "지하수로부터 용출되는 섭씨 25도 이상의 온수로 그 성분이 인체에 해롭지 아니한 것"이라고 정의한다.

'스파(spa)'라는 용어는 '온천'이라는 뜻이며 물을 이용한 모든 치료와 활동을 스파라고 일컬을 수 있다. 초창기의 스파는 온천에서의 목욕이 위주였고 광천수의 치료효과에 대한 신뢰도에 따라 역사적으로 그 의미가 변해 왔다. 하지만 스파의 본질적인 치료효과의 의미는 변함이 없다.

〈표 9-1〉 온도에 의한 온천의 분류

온천 분류	온 도	온천 사례
냉온천	25℃ 미만	상대
미온천	26~34℃	도고, 도곡, 왕궁, 화순, 이천 등
온 천	35~42℃	청도, 도산, 영일만, 돈산, 신북 등
고온천	43℃ 이상	부곡, 마금산, 동래, 해운대, 백암, 덕구, 불국사, 덕산, 온양, 유성, 수안보, 설악, 척산, 오색 등

*온도에 의한 온천규정은 나라마다 차이가 있는데, 한국 · 일본 · 남아공 등은 섭씨 25도 이상, 미국은 섭씨 21.1도 이상, 독일 등 유럽국가들은 섭씨 20도 이상을 온천으로 규정하고 있다.

2. 온천의 생성원인

온천학상 광의의 온천이란 물리적 · 화학적으로 보통의 물과는 그 성질이 다른 천연의 특수한 물이 땅속에서 지표로 흘러나오는 현상이므로, 그 물은 온천수라고 정의함이 가장 적절하다. 그러면 어떻게 해서 땅속에서 뜨거운 물이 솟아나오며, 그 열의 근원은 무엇이고, 온천수 속에 녹아 있는 여러 가지 성분은 어떻게 결정되는 것인지에 관하여 살펴보면 다음과 같다.

먼저 열의 기원은 소위 환태평양조산대와 히말라야-알프스조산대를 형성하는 조산대와 맥을 같이하는 화산대이거나 암장(magma)에 의하여 관입된 화성암체에 기인하고 있다. 이 지대의 온천들은 수없이 밀집 분포되어 있을 뿐만 아니라 지표에서도 열기를 발산하고, 저절로 물이 솟고, 심지어는 물과 용암이 같이 부글부글 끓고 있는 광경을 얼마든지 쉽게 찾아볼 수 있다. 이렇게 실감나는 온천을 '화산성 온천(volcanogenic hot spring)'이라고 한다. 또한 마그마와 직접 관련이 없는 비화산성 열에 의하여 이루어진 온천을 '비화산성 온천(non-volcanogenic hot spring)'이라고 한다.

▲ 화산성 온천의 분출 전경

비화산성 온천의 원인으로는 단층이나 습곡에 의한 구조운동 시에 생긴 마찰열, 화학반응열 또는 암석 속에 포함된 방사능원소 붕괴 시에 발생하는 반응열 등이 원인이다. 그러나 가장 큰 열의 근원은 정상의 지온(地溫)이다. 지표면에서 보통 지하로 100m 깊어짐에 따라 3℃ 정도의 지온 상승이 이루어진다.

이처럼 지하 지온에 의하여 더워진 물이 다시 냉각되지 않고 지표로 용출되려면 지하에서도 구조적 조건이 잘 갖추어져야 한다. 즉 온천수로서 충분한 온도가 얻어질 수 있는 큰 지층이 반드시 형성되어야만 한다.

3. 온천리조트의 개념

옛날부터 온천의 효능에는 보양(保養), 휴양(休養), 요양(療養)이 있다고 알려져 있다. 보양이란 건강을 보호하는 것을 의미하고, 휴양이란 휴식을 통해 피로를 회복시키는 것을 의미하고 요양은 병을 고친다는 의미이다.

독일에서 온천이 있는 보양지를 Heilbad(약욕 : 藥浴)라든가 Bad(이를테면 Nauheim)라고 부르는 것이 허용되고 있는 것은 온천이 용출되고 있을 뿐 아니라, 온천 치료시설, 온천의(보양지 내에 상주하는 의사), 온천관리시설, 기타 부속시설을 갖추어 요양효과가 과학적으로 확인되고 있다는 것 외에 요양지의 자격이 있는 온천지(resort)라는 것을 의미한다. 따라서 온천리조트는 독일에서 사용하고 있는 '온천이 있는 휴양지'로 이해할 수 있다.

특히 온천 요양은 요양지에서 상당한 기간 체재하면서 병을 고치기 때문에 생체반응을 일으킨다는 의미로 쿠어(Kur)요법, 반응요법이라고도 불리고 있고, 이와 같은 온천요양과 휴양에 적합한 시설을 온천리조트라고 부른다. 온천리조트는 Health Resort에 상당하는 말로서 요양지보다는 넓은 의미로, 보양 · 휴양 · 레크리에이션의 어느 뜻에도 적합하여 건강유지에 큰 도움을 주는 곳이란 의미로 사용되고 있다.

온천리조트는 평균적인 체재기간이 다른 리조트에 비해 길기 때문에 레크리에이션이나 영화관람, 음악회 등의 문화활동을 제공해야 하며, 좋은 환경이 무엇보다도 우선되는 만큼 공원, 정원, 호수나 연못, 야외휴식공간, 산책로 등의 시설물을 갖추는 것이 중요하다.

〈표 9-2〉 온천리조트의 분류

분 류	특 징
자연형 온천관광지	온천수가 자연 그대로 용출되는 온천지
요양 및 휴양온천지	치료에 탁월하거나 숙박시설이 갖추어진 온천지
리조트형 온천지	숙박시설과 대규모 위락시설이 갖추어진 온천지

4. 온천리조트의 기본시설

1) 바데풀

유럽식 수(水)치료 마사지 시스템으로 도입된 바데풀은 보통 온천의 중앙에 위치한 큰 온천풀로서 온천에서는 가장 핵심적인 시설이라고 할 수 있다. 바데풀에는 인체 경락에 따라 10~20여 종의 다양한 수압마사지 시설들이 갖추어져 있다. 넓은 바데풀에서 수중 워킹이나 수영 등 다양한 물놀이도 즐길 수 있다.

▲ 리솜스파캐슬 바데풀 전경

2) 대욕장 탕

보양 온천이나 사우나에서 꼭 필요한 것이 뜨거운 물을 담아놓은 대(大)욕장 탕이다. 최근에는 대욕장 탕 외에도 별도의 다양한 테마 탕들을 볼 수 있는데, 그중에서도 대욕장 탕은 일상의 지친 몸과 건강에 새로운 활력소를 불어넣어 주는 중요한 탕이다.

▲ 아산스파비스 온천의 대욕장 내 다양한 테마탕 전경

3) 기포탕

바닥면에 설치된 버블매트에서 공기가 분출되어 무수한 기포가 몸에 부딪쳐 깨지면서 초음파가 발생하여 근육통, 피부미용, 동맥경화, 피로회복 효과에 좋다.

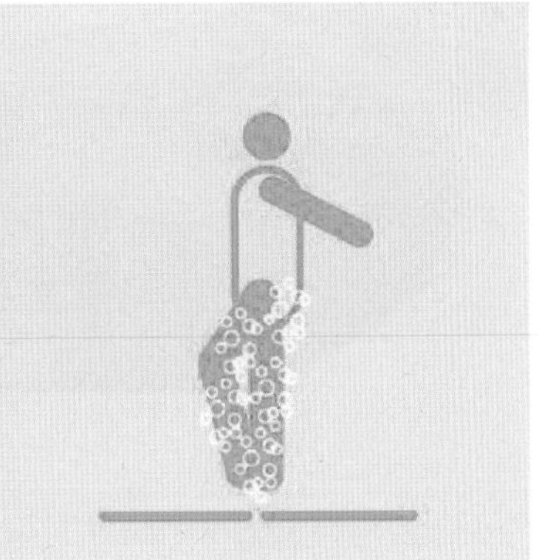

4) 플로링

바닥면에 설치된 노즐로 분출되는 강력한 Zet수류가 전신을 뜨게 하여 마사지하고 특히 통증치료, 근육마사지, 만성피로, 근육통, 스트레스해소 효과에 일품이다.

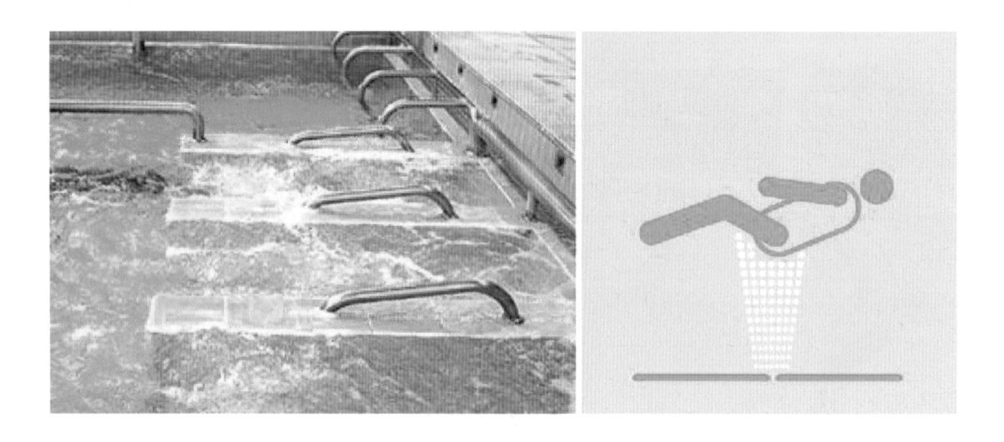

5) 벤치 자쿠지

의자 형태의 풀에 앉아 허리, 발바닥 또는 다리의 각 부분을 분사되는 물기류로 자극하여 경직된 근육을 이완시켜 주면 피로회복 효과가 있다.

6) 전신마사지

풀의 벽면에 설치된 6가지 코스(발목, 무릎, 종아리, 허벅지, 허리, 등)가 노즐에서 Zet수류를 분출하여 몸 전체의 부위를 마사지하며 근육통, 근육이완, 피부미용, 만성피로 해소에 효과적이다.

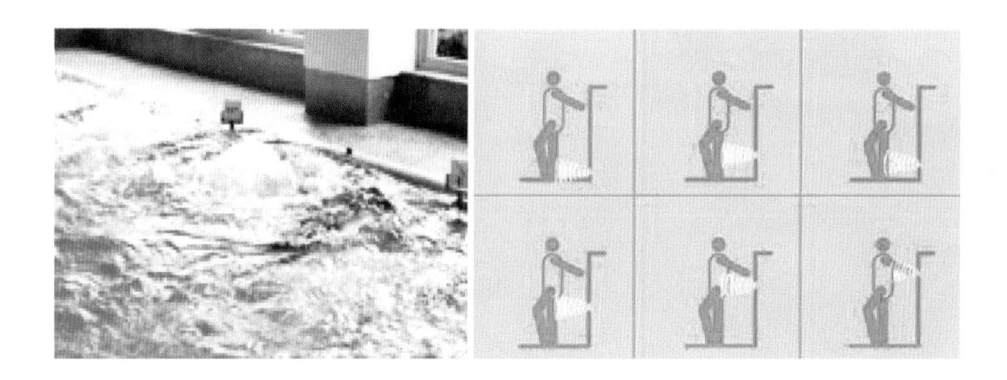

7) 침욕탕

편안히 누운 자세로 허리, 발바닥, 다리 부분에 분사되는 물기류를 통해 경직된 근육을 이완시키는 마사지를 즐길 수 있다.

8) 아쿠아포켓

편안한 자세로 가만히 서 있기만 해도 풀 벽면 노즐로부터 분출되는 고압수에 의해 지압 마사지 효과를 즐길 수 있다. 만성피로, 근육통 해소효과가 있다.

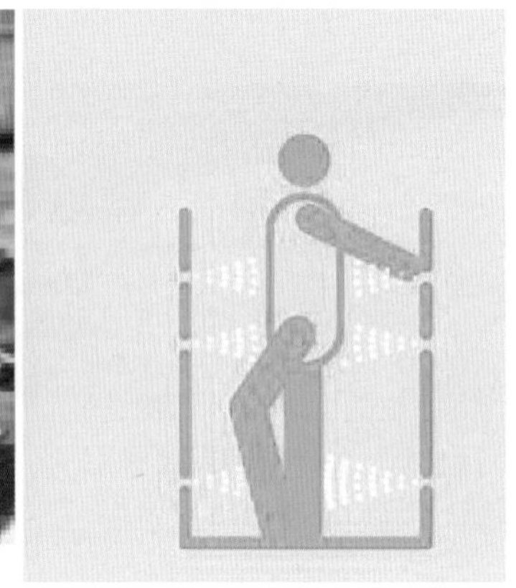

9) 넥샤워

서 있는 상태에서 Zet수류가 목, 어깨에 분사되어 경직된 근육을 풀어주며 어깨결림, 목디스크, 어깨근육마사지, 동맥경화, 피부미용에 효과가 좋다.

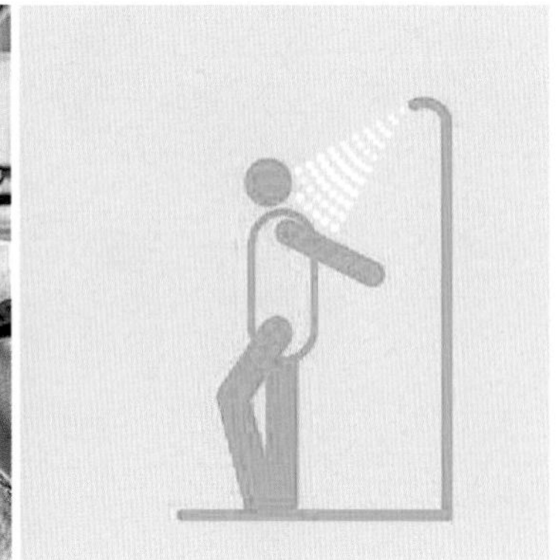

10) 버섯분수

버섯모양의 분수대가 입체감을 살려주며 시각적 효과를 주는 심벌로서 테라쿠아 내에서 휴식의 공간을 제공하며 어깨결림, 스트레스해소, 피부미용, 만성피로회복, 불면증치료, 정신피로회복 효과가 있다.

제2절 국내 온천리조트 현황

1. 온천리조트의 개요

국내 온천의 이용형태는 여관, 호텔, 콘도 등과 같은 숙박시설과 밀접한 관련성을 맺고 있기 때문에 온천리조트는 숙박시설 중심의 관광지가 형성되는 것이 일반적이며, 1980년대 후반까지도 국내 국민관광시설의 상당수가 온천을 중심으로 발달했었다. 최근까지도 대부분의 국내 온천리조트 개발유형은 가족단위 여행객들이 쉽게 접할 수 있는 장소에 소규모 숙박시설 하나만으로 시작되는 정체된 개발이 주를 이루고 있다.

우리나라 온천리조트는 선진국의 온천리조트에 비해 자원으로서 뒤떨어지지 않으며 그 이상의 효용을 가지고 있다. 하지만 온천리조트마다 특성이 없고 획일적인 개

▲ 부곡하와이 야외 온천풀 전경

발 방식과 단순한 이용시설로 인해 건강 · 보양을 목적으로 하는 체류형보다는 단순 경유형 숙박 관광지로서의 역할밖에는 하지 못하는 곳이 대부분이라 할 수 있다.

그러나 국내에서도 1990년대 중반부터는 부곡하와이를 시작으로 설악 워터피아, 아산스파비스, 리솜스파캐슬과 같은 몇몇 온천리조트들은 일반 온천에 보양기능과 레저기능을 가미한 새로운 온천리조트로의 획기적인 전환을 시도하였으며, 현재는 선진국 못지않은 시설과 규모를 갖춘 온천리조트로 자리매김하고 있다.

이렇듯 몇몇 선진형 온천리조트의 등장은 국민들의 높아진 온천문화 욕구와 워터파크 시설의 대중화와 맞물려 대중적인 성공을 거두고 있다. 특히 온천과 워터파크가 결합된 현대식 시설은 그동안 온천은 노년층이 주로 이용하는 시설이라는 편견을 벗고, 젊은 층의 유입효과를 가져오고 있으며, 온천탕 위주의 영업만으로는 더 이상 생존할 수 없다는 위기의식을 일깨우는 혁신적 계기를 전국적으로 불러일으켰다.

이와 같은 전환적 계기는 전국에 산재한 보양온천들이 시설을 대규모로 증설하거나 온천에 놀이시설을 가미한 워터파크 형태로 탈바꿈하는 현상으로 이어지고 있으며, '부곡온천' 등과 같은 획일적인 지역명 위주의 브랜드 네임(brand name)도 '스파랜드', '스파캐슬', '아쿠아월드', '워터피아' 등으로 테마가 있는 브랜드로 변경하거나 어떠한 경우는 아예 '워터파크'로 변경하는 식으로 바뀌어가고 있다.

국내에는 약 68개소의 온천 관광지가 전국에 분포되어 있으며, 그중에 기본적인 리조트의 여건을 지닌 온천리조트를 살펴보면 〈표 9-3〉과 같다.

〈표 9-3〉 국내 온천(Spa)리조트 현황

지 역	업체명	주 소
경기	일동제일 유황온천 신북리조트 스프링풀 북수원 스파랜드 여주온천 스파플러스(미란다호텔) 이천테르메덴 율암온천 하피랜드	포천시 일동면 포천시 신북면 수원시 장안구 율전동 여주군 강천면 이천시 안흥동 이천시 모가면 화성시 팔탄면 화성시 팔탄면
인천	강화온천 스파월드 인스파월드	강화군 길상면 중구 신흥동
울산	울산대공원 아쿠아시스	남구 옥동
부산	광안해수월드 스포원 워터파크	수영구 민락동 금정구 두구동
대구	홈스파월드 온천엘리바덴 스파밸리	남구 본덕3동 달서구 상인동 달성군 가창면
강원	설악 워터피아 척산온천 실크로드 횡성온천 실크로드 북골온천 대명아쿠아월드 설악	속초시 장사동 속초시 노학동 횡성군 갑천면 양양군 강현면 고성군 토성면
충남	리솜스파캐슬 덕산 리솜오션캐슬 안면도 파라아이스 도고 아산스파비스	예산군 덕산면 태안군 안면읍 아산시 도고면 아산시 음봉면
충북	대명아쿠아월드 단양 오창온천 로하스파	단양군 단양읍 청원군 오창읍
전북	대명아쿠아월드 변산 진안홍삼스파	부안군 변산면 진안군 진안읍
전남	화순아쿠아나 도고스파랜드 지리산온천랜드 담양온천리조트	화순군 북면 화순군 도고면 구례군 신동면 담양군 금성면
경북	경주 스프링돔 경주아쿠아월드 덕구온천스파월드 청도용암웰빙스파	경주시 북군동 경주시 신평동 울진군 북면 청도군 화양읍
경남	부곡하와이 통도아쿠아환타지	창녕군 부곡면 양산시 하북면

2. 국내 온천리조트의 특성

우리나라 4대 온천지역인 온양, 수안보, 백암, 부곡온천 관광지를 대상으로 온천관광지의 지역적 특성을 살펴보면 다음과 같다.

1) 온천관광객의 월별 추이

1980년대 이후 대도시와 농·어촌 주민들이 보양, 휴양, 건강 등을 이유로 온천관광지를 찾는 현상이 두드러지게 나타나고 있다. 이는 온천관광지 숙박시설의 현대화와 자가용의 증가, 여가의식의 변화, 생활수준의 향상 등에 따라 일상생활에서 벗어나 자연과 접촉하고 스트레스 해소의 일환책으로 주말 또는 휴가기간을 이용한 온천휴양 관광객들이 급증하고 있기 때문이다. 이와 함께 각종 교통기관의 발달과 온천관광지까지의 도로개통으로 관광버스 및 자가용에 의한 단체관광객과 가족휴양객의 접근성이 개선되었기 때문이다.

우리나라 온천리조트의 성수기는 11월에서 4월까지이며, 비수기는 5월에서 10월까지 구분되는 양상을 보이고 있다. 이 중에서 특히 농한기에 속하는 12월에서 3월까지가 가장 피크시즌(peak season)에 해당되며, 비수기 중에서도 하계 휴가기간에 속하는 6월 말에서 9월 중순까지가 방문객 수가 가장 적은 비수기 시즌이다. 이러한 현상은 온천지역이 계절적인 기후변화와 관련성이 깊은 전형적인 휴양지로서의 특성을 가지고 있기 때문이다.

[그림 9-1] 국내 4대 온천리조트의 방문객 월별 추이

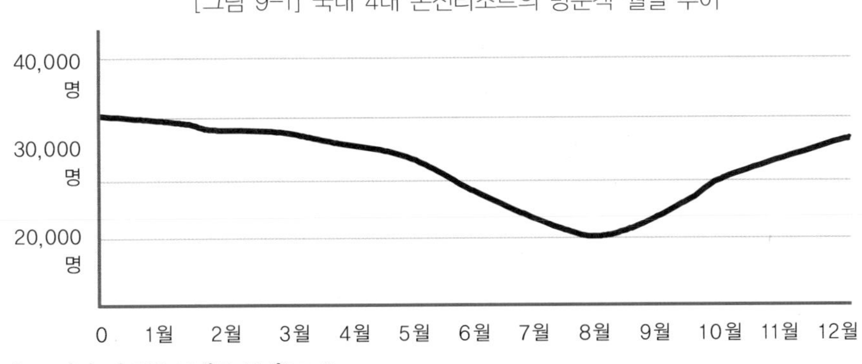

자료 : 각사 자료를 토대로 구성(2014).

2) 온천관광객의 지역별 분포

4대 온천관광지의 숙박부 집계결과에 의하면 관광객의 분포권(관광시장권)은 온양온천의 경우, 수도권(63.9%)과 충남권(33.1%) 지역의 순으로 방문객 현황을 보이고 있는데, 수도권 관광객이 압도적으로 많은 이유는 수도권과의 지리적 접근성이 유리하기 때문인 것으로 판단된다.

수안보온천의 경우, 수도권과 충북권을 결합시키는 내륙 사각지대형으로 주로 수도권(78.9%)과 충북권 주민의 당일 혹은 1박 2일의 휴양관광 형태를 보이고 있다.

백암온천의 경우, 수도권(42.6%)과 대구·경북권(28.2%)을 결합시키는 내륙 동해안 편재형으로 동해안 관광권 연결중심지로 나타났다.

부곡온천의 경우, 영남권(53.8%)과 호남권(22.1%)이 결합된 남해안 편재형으로 관광객 분포권이 타 온천리조트에 비해 전국적으로 분포되어 있다.

이들 4대 온천리조트의 방문객 체재일수를 비교해 보면 당일과 1박이 80%를 넘는 단기 체류형임을 알 수 있다. 현재 이용행태는 다른 관광지와 연계하여 1박 체류형 패턴이 많으며, 이는 현재 이용되고 있는 온천의 한계를 드러내고 있다는 점에서 새로운 유형의 개발전략을 요구하고 있다. 이런 맥락에서 복합기능을 갖는 온천리조트 개발의 필요성을 다시금 인식해야 한다.

〈표 9-4〉 국내 주요 온천리조트 방문객 현황

지역별	온양(%)	수안보(%)	백암(%)	부곡(%)	평균(%)
서울	54.1	73.7	29.4	9.6	38.7
인천 · 경기	9.8	5.2	13.3	7.1	8.7
부산 · 경남	1.8	2.5	16.8	39.4	17.3
대구 · 경북	0.5	3.4	28.2	15.4	12.5
강원	0.1	2.0	5.2	3.3	2.6
충남 · 충북	33.1	8.7	3.6	3.1	11.7
전남 · 전북	0.6	1.5	3.5	22.1	8.5
제주	0.01	0	1.0	0.02	0.02
연이용객(명)	4,200,000	3,140,000	2,700,000	5,720,000	

자료 : 각사 자료 취합(2014).

3. 국내 온천리조트의 문제점

우리나라의 온천리조트는 선진국의 1주일 이상 체류하는 건강지향의 휴양온천과는 다른 이용행태를 보이고 있는데, 이러한 행태는 온천개발 방식 및 운영형태에서 그 원인을 찾을 수 있다. 또한 일반 대중사우나에서도 온천과 다소 차이는 있지만 여러 가지 문제점을 발견할 수 있는데, 개발상의 문제점과 운영 및 이용상의 문제점으로 구분할 수 있다.

1) 획일적 개발

개발 특성상 문제점으로 온천리조트에서는 숙박시설 위주의 개발에 따라 온천지의 매력도 저하된다고 볼 수 있다. 현재 우리나라에서는 온천개발사업이 주로 숙박시설의 부대시설로서 추진되고 있어 특성화된 휴양지나 우리 고유의 창의적인 리조트가 개발되지 못하고 있다. 그렇기 때문에 온천리조트의 이용행태는 다른 관광지와 연계된 1박 정도의 체류 또는 경유지로서의 역할밖에는 할 수 없다.

또한 막상 온천리조트를 찾았다고 하더라도 온천욕 이외에는 마땅히 할 수 있는 관광활동이 별로 없으며, 대부분이 탕 위주의 획일적인 욕장개발로 특성화를 찾아볼 수가 없고 시설 위주의 개발로 운영 서비스가 미약해 관광객에게 주는 이미지가 단순 세척장이나 목욕탕 정도로밖에는 인식되지 못하고 있다. 이는 온천자원을 다루는 시각 정립이 없는 상태에서 단기 개발계획 수립으로 온천지 전체 이용환경이 고려되지 않은 채 개발되었기 때문이다.

2) 객실 설계의 단조로움

아직도 국내 온천리조트 객실시설의 형태는 고객의 기호와 욕구를 충족시키는 데 한계성을 보이고 있어 국제적 리조트로서의 자격을 얻기에는 부족한 점이 많이 존재한다. 리조트의 핵심상품인 객실시설 및 경영방식도 객실 설계의 단조로움과 획일화로 급변하는 시장환경에 따라 고객지향적으로 변화시켜 나가지 못하고 있다. 이러한 문제점이 개선되지 않는다면 심화되는 경쟁상황에서 도태되는 엄연한 현실 앞에 놓이게 될 것이다. 이러한 문제점의 개선방안으로 객실의 대형화와 고급화가 선행되어야 할 것이며, 객실 내부의 디자인과 분위기도 고급화를 지향하여 고객의 지위와 품격을 높여주어야 할 것이다.

3) 식음료시설과 메뉴의 단순함

국내 온천리조트를 방문할 때마다 느끼는 아쉬움은 어느 곳을 방문하든지 한결같이 단독 호텔건물 내에 기본적인 레스토랑 시설로서 한식당, 양식당 겸 커피숍, 그리고 스낵식당 정도가 대부분이라는 것이다.

그리고 레스토랑에서 판매되는 메뉴는 어디에서나 맛볼 수 있는 흔한 식단으로 짜여 있어 특색 있는 요리를 제공하지 못하고 있으며, 레스토랑의 이미지와 분위기도 매우 단순하여 편안함과 아름다운 자연을 배경으로 식사할 수 있는 특혜를 누리기에는 많은 한계점이 존재하고 있다. 즉 풍성하고 특색 있는 다양한 메뉴 개발이 부족하고, 레스토랑의 경우에는 조망권을 확보하지 못하거나 독특한 분위기를 연출하지 못하는 한계점 등을 들 수 있다.

4) 건강증진 프로그램의 부재

국내 온천은 리조트 숙박시설의 부대시설로서 단순히 경영되거나 막상 온천리조트를 찾았다고 하더라도 탕 위주의 획일적인 욕장개발로 온천욕 이외에는 마땅히 즐길 수 있는 프로그램이 부족하고 서비스가 미약해 관광객에게 주는 이미지가 단순 세척장 정도로 인식되어 있다.

일본의 경우, 후생성에서 '온천형 건강증진 시설'을 발족한 후 독일의 쿠어하우스 시스템을 도입하여 보급한 것을 예로 들 수 있는데, 이것은 정부나 지역단체의 체계적인 주도하에 입욕프로그램을 온천에 도입한 좋은 예이다.

이제 우리나라 온천에서도 단순히 온천탕에 일정시간 몸을 담그고 나와 샤워하는 수준의 온천문화에서 탈피하고 온천과 건강증진을 접목하여 특화시킨 입욕 프로그램 등을 운영할 필요가 있다.

5) 다양한 액티비티(activity) 시설의 부족

우리나라 온천리조트의 이미지는 조용한 장소에서 성인들이 휴양을 취하는 매우

정적인 장소로서 인식되는 경향이 강하며, 온천리조트의 이용행태는 다른 관광지와 연계된 1박 정도의 체류 또는 경유지로서의 역할밖에는 할 수 없다는 것이 현실이다. 더욱이 어린이들을 위한 시설이나 프로그램이 부족하고 성인들도 온천욕을 마치고 나면 마땅히 시간을 보낼 수 있는 장소나 부대시설이 부족한 실정이다.

6) 수용인원

온천리조트의 온천장 개발 시 수용인원을 너무 많이 잡아 피크시간대에는 쾌적한 목욕을 즐길 수가 없다. 일반적으로 온천 선진국에서는 쾌적한 상태를 유지하기 위해 수용인원 단위를 약 3.5~4㎡ 당 1인으로 보고 있으나, 국내의 입욕장 시설 수용인원 산정은 약 1.5~2㎡ 당 1인으로 잡고 있어 최대 수용인원 입장 시 상당한 불쾌감을 주고 있는 실정이다. 이는 운영 특성상 주중의 입장객 수와 주말 및 공휴일 입장객 수가 많은 차이를 보이기 때문에 주중의 운영 적자를 주말 및 공휴일에 보충하려는 인식이 깔려 있기 때문인 것으로 판단된다.

7) 정책의 부재

온천 및 목욕장 개발에 상당히 까다로운 기준이 적용되지만 온천법 자체에 보양온천에 대한 세부 시행지침이 없다는 것도 심각한 문제이다. 전남 보성의 녹차탕이나 경북 구룡포의 대보 해수탕이 큰 성공을 거두었듯이 지방자치단체와 정부의 정책마련이 매우 필요한 때이다.

8) 개발전문가 부족

온천이나 대중사우나, 즉 스파시설을 전문적으로 개발 · 기획하는 전문가가 부족한 상태이다. 전문가가 있다 하더라도 대부분의 업체에서는 시공업체와 인테리어 업체에 의존하여 진행하거나 해외사례를 보고 그대로 옮겨 놓은 하드웨어적인 부분에만 치중하는 실정이다. 막대한 비용을 들였으나 정작 필요한 소프트웨어(건강증진 프로그램 등)가 제대로 가동되지 않아 실질적으로 소득이 적거나 획일적으로 개발될 수밖에 없다.

제3절 국내 주요 온천리조트

최근 국내 온천리조트의 뚜렷한 특징 중 하나는 보양온천이 기존의 온천시설에 다양한 물놀이 시설을 증설하여 워터파크 형태로 진화하고 있다는 것이다. 이러한 현상은 국민들의 소득수준이 높아지고 주 5일 근무제 시행으로 여가시간이 증대되면서 휴일을 이용한 가족단위 여행문화가 대중화되는 현상에서 기인한다. 자녀를 동반한 가족단위 여행객들은 여행목적지를 선택하는 데 있어 자녀들의 의견을 더 많이 반영하게 되므로 부모와 자녀가 모두 만족할 수 있는 목적지를 선택하게 된다. 자연히 단순 보양온천보다는 모두가 함께 즐길 수 있는 워터파크를 선호할 것은 분명하다. 따라서 향후에 국내 온천리조트의 가장 강력한 경쟁업체는 워터파크가 될 것이다.

이러한 급속한 시장변화에 발 빠르게 대처하여 성공한 기업들도 있다. 설악 워터피아, 부곡하와이, 리솜스파캐슬, 아산스파비스 등은 전통적인 보양온천이면서 대규모 숙박시설과 워터파크를 갖춘 온천리조트로 새롭게 변화하여 성공한 좋은 사례이다. 즉 설악 워터피아나 리솜스파캐슬, 부곡하와이 등은 우리나라를 대표하는 온천지역에 위치한 전통적인 온천리조트이면서, 동시에 온천리조트와 워터파크의 두 가지 콘셉트(concept)를 병행한 '온천형 워터파크' 형태를 갖추고 있다는 것이다.

몇몇 대규모 온천리조트의 성공적 사례는 소규모 온천 경영자들에게는 심각한 타격을 입혔지만 한편으로는 생존에 대한 위기의식을 자극하여 전국적으로 워터파크 건설의 도미노 현상을 이끌어내는 계기도 마련하였다. 이러한 현상은 국민들로부터 서서히 외면받던 국내 온천산업의 경쟁력을 갖추고 자생력을 확보하는 데 있어 바람직한 현상으로 해석할 수 있다.

본절에서 소개하는 온천리조트는 온천시설 외에도 워터파크의 시설기준과 성격을 동시에 갖추고 있다. '리솜스파캐슬'의 경우 설악 워터피아와 함께 안전행정부에서 지정한 대표적인 '보양온천'이면서 설악 워터피아에 버금가는 워터파크 시설을 단지 내에 갖추고 있다. '부곡하와이'도 전통적인 온천리조트이지만 2010년에 파도풀과 다양한 슬라이드 시설을 추가하여 워터파크의 면모를 갖추었으며, '아산스파비스'도 전형적인 온천장이었지만 파도풀과 슬라이드 시설을 추가로 개설하면서 온천형 워터파크 형태를 갖추고 있다. 이러한 온천형 워터파크는 온천수를 이용한 사계절 워터파크 영업을 가장 큰 강점으로 내세우면서 경쟁력을 강화하고 있다. 국내의 대표적인 온천리조트를 소개하면 다음과 같다.

1. 리솜스파캐슬

리솜스파캐슬(Resom Spa Castle)은 2005년 3월에 충남 예산군 덕산면에 개장하였는데 국내 온천리조트의 대표 주자라 할 수 있으며, 21세기 스파문화의 새로운 기준을 제시하고 있다. 총 6,300여 평 규모에 600년 전통의 덕산 온천수(49℃)가 공급되며, 전 세계의 흐름인 대체의학을 기반으로 마음과 정신의 자연적 치유를 촉진시키는 수십여 가지의 특화된 프로그램과 서비스, 그리고 고급화된 시설을 갖추고 대한민국 온천리조트의 대표 브랜드로 자리매김하고 있다.

리솜스파캐슬의 '천천향(天泉香)'은 온천 스파 시설만 약 2만 5,000㎡로서 단연 국내 최대 규모다. 2개의 온천공에서 매일 3,800t에 달하는 온천수를 뿜어낸다. 천천향에서는 수치료 중심의 유럽스파와 마사지 중심의 동남아스파, 입욕 중심의 일본스파, 레저중심의 미주스파, 찜질 중심의 한국스파 등 전 세계 스파 콘텐츠를 한국식으로 재해석한 독특한 스파문화를 경험할 수 있다.

또한 다양한 과일 향을 즐길 수 있는 과일탕을 비롯하여 가족과 연인을 위한 약 20여 개의 복합 테마탕이 있는데, 곳곳에 숨어 있는 탕들을 찾아다니며 몸을 담그는 재미도 쏠쏠하다. 특히 강력한 수압으로 뭉친 근육과 스트레스를 풀어주는 바데풀과, 다이어트와 스트레칭에 효과가 있는 '다이어트 워킹'을 비롯하여 다양한 기능풀을 즐길 수 있다. 이외에도 가야금탕, 재즈탕, 로맨틱 연인탕, 폭포탕, 한방탕, 복분자탕까지 없는 게 없다. 특히 42도 한방미인탕은 면역효과를 체험할 수 있도록 하고 있다.

리솜스파캐슬의 워터파크는 시설도 매머드급이다. 여름에는 야외 온천물에서 즐기는 200m 급류풀이 인기다. 워터파크 롤러코스터로 통하는 워터슬라이드 '마스터블라스터'도 아찔한 맛을 내고, 바다에서 서핑을 즐기는 듯한 '서핑 에어바운스'도 인기다. 리솜스파캐슬의 주요 시설을 살펴보면 〈표 9-5〉와 같다.

〈표 9-5〉 리솜스파캐슬의 시설개요

구 분	세 부 사 항
소 재 지	충남 예산군 덕산면 사동리 361, 362 외 364
개발목표	국내 최초 세계적 규모의 웰빙 스파리조트
개발방향	휴양, 건강형의 럭셔리 리조트 / 회원 중심의 고품격 리조트
상품구성	실내스파+노천스파+바데풀(水치료)+뷰티테라피+헬스테라피+레저
객실구성	6개 유형의 Type 총 407세대
개관일자	2005년 7월 21일(1동) / 2006년 12월 20일(2동)

▲ 리솜스파캐슬은 국내 온천리조트의 대표주자이며 국내 온천리조트 개발의 성공적 롤 모델이 되고 있다(① 리솜스파캐슬 전체 전경 ② 실내온천 '천천향' 전경).

2. 부곡하와이

부곡하와이(Bugok Hawaii)는 1979년 경상남도 창녕군에 개장한 종합온천리조트이다. 200여 개의 객실을 갖춘 1급 호텔과 국내 최고의 78℃ 온천수를 자랑하는 대정글탕과 가족과 함께 야외 온천을 즐길 수 있는 스파니아, 꿈과 낭만의 놀이동산 하와이랜드, 사계절 내내 온천수로 물놀이를 즐길 수 있는 워터파크, 숲과 연못, 조각공원이 함께 어우러진 하와이파크에 이르기까지 다양한 테마가 있는 온천휴양리조트이다.

온천을 즐길 수 있는 실내 '스파니아'에는 다양한 테마탕이 있는데 게르마늄사우나, 바나나탕, 블루베리탕, 워터안마탕 등 취향에 맞는 온천탕이 있으며, 실외 '스파니아'에서는 대자연의 신선한 공기와 함께 계곡형 노천탕을 즐길 수 있다.

'대정글탕'에서는 거대한 자연석과 동굴, 갖가지 열대식물, 대형 열대어수족관 등이 있어 마치 정글에 온 듯한 이국적인 분위기에서 온천욕을 즐길 수 있으며, 동굴온천탕, 옥황토 한방사우나, 원적외선 지압동굴, 녹차탕 등 다양한 사우나 시설까지 완비하고 있어 피로와 긴장감을 풀 수 있다.

부곡하와이는 온천수로 즐길 수 있는 실내·외 워터파크도 운영하고 있다. 실외 워터파크에는 해변에 와 있는 듯 파도가 넘실거리는 파도풀과 300m 길이의 유수풀, 50m의 하이슬라이드, 5레인의 바디슬라이드, 하이다이빙장, 규격풀장, 어린이풀장 등의 시설이 있다. 실내 워터파크에는 어린이풀, 유수풀, 규격풀, 바디슬라이드, 범선 모양의 하마루사우나 시설이 갖추어져 사계절 내내 물놀이와 온천을 동시에 즐길 수 있다.

▲ 부곡하와이는 전통 보양온천에서 다양한 테마를 갖춘 온천리조트로 발전하였다(① 부곡하와이 계곡형 야외 온천탕 전경 ② 부곡하와이 워터파크 전경).

3. 설악 워터피아 온천

피할 수 없는 온천의 유혹을 느끼는 설악한화리조트의 워터피아는 동해안 최고의 '보양온천 1호'이다. 안전행정부의 승인을 거쳐 국내 최초로 '보양온천'으로 지정되었기 때문이다. '보양온천'이란 온천수의 수온, 성분과 내부시설, 주변 환경 등을 기준으로 건강증진과 심신요양에 적합한 온천을 말한다. 설악 워터피아는 수온과 수질, 내부시설 및 자연환경 등 보양온천으로서의 필요조건을 모두 충족하여, 국내 최초의 '보양온천'으로 선정됐다.

워터피아 온천의 가장 큰 매력은 사계절 시시각각 달라지는 설악산의 장관을 바라보며 즐기는 친자연적인 온천 테마파크라는 점이다. 뿐만 아니라 지하 680미터 지점에서 하루 3,000톤씩 용출되는 49℃의 천연 온천수는 피부와 전신의 피로를 풀어준다. 나트륨, 칼륨, 칼슘, 마그네슘 등의 양이온과 탄산수소, 염소, 탄산, 황산 등이 함유되어 있는 온천수는 피부미용은 물론 정신적 피로, 불면증, 고혈압, 신경통, 관절염 등에도 좋다. 워터피아는 사계절 가능한 물놀이, 남녀노소 즐길 수 있는 놀이시설, 건강까지 챙길 수 있는 국내 최초의 보양온천이라는 점에서 설악권의 필수 관광코스로 자리매김하였다.

또한 워터피아에서는 향기롭고 아름다운 빛깔의 노천 스파를 즐기고 숨어 있는 노천온천을 찾아 설악산의 정기를 받으며 조용한 분위기로 노천온천을 즐기는 재미도 있다.

▲ 설악 워터피아는 정부가 승인한 국내 최초의 보양온천 1호이다(① 설악 워터피아 스파동 전경 ② 설악 워터피아 워터파크 전경).

4. 아산스파비스

금호리조트는 전국에 아산스파비스, 제주아쿠아나, 화순아쿠아나 등 3곳의 온천워터파크와 1곳의 테마파크를 운영하고 있다. 그중 '아산스파비스(Asan Spavis)'는 온천휴양을 통해 온가족의 건강증진을 도모하고자 2001년 4월에 아산시 음봉면에 개장하였다.

아산스파비스는 수도권에서 1시간대에 접근이 가능하며, 기존의 단순온천 시설과는 달리 국내 최초의 온천수를 이용한 신개념의 테마온천으로 수치료 바데풀과 어린이용 키즈풀, 사계절 이용이 가능한 실외 온천풀에서 물놀이와 온천을 온 가족이 함께 즐길 수 있는 가족 건강테마 온천이다.

5,600여 명을 수용할 수 있는 실내외 워터파크 및 대욕장에는 계절에 따라 딸기, 쑥, 솔잎, 인삼, 허브를 이용한 이벤트탕과 기능성 탕을 이용할 수 있다. 특히 대온천장에는 최근 유행하는 숯사우나, 옥탕, 기포탕, 헬스 · 압주탕, 바가지탕, 노천탕 등 23개의 각종 기능성 탕을 구비하고 있다.

2008년 7월 개장한 야외 워터파크는 개방형 튜브/바디 슬라이드와 대형 파도풀, 유수풀 그리고 어른과 어린이 온 가족이 함께 즐길 수 있는 대형 아쿠아 플레이가 설치되어 있다.

스파 이용객은 중노년층이 대부분인 기존 온천과는 달리 자녀를 둔 30~40대의 비중이 가장 높으며, 가족이용객이 전체 이용객의 70%를 차지하고 있으며, 개인이 20%, 단체가 10%의 점유율을 보이고 있다.

▲ 아산스파비스는 전통적인 테마온천이었으나 야외 워터파크를 새롭게 개장하면서 온천리조트의 면모를 갖추었다(① 아산스파비스 온천풀 전경 ② 아산스파비스 워터파크 전경).

제4절 세계의 목욕문화와 온천관광지

1. 독 일

독일에서는 바덴바덴(Baden-Baden), 노이하임 온천(Bad Neuheim), 노이어나르(Bad Neuernahr), 왼하우젠(Bad Oeynhausen) 등의 온천이 유명하며 입욕 및 물리치료요법 등으로 이용된다. 특히 '쿠어하우스(Kurhaus)'라고 불리는 온천휴양지가 많이 발달되어 있으며, 도시지명에 바트(Bad) 또는 바덴(Baden)이라는 단어가 들어간 곳은 십중팔구 온천과 관계된 곳이라고 보면 틀림이 없다.

독일 사람들은 만성질환을 치료하는 데 목욕이나 온천요법을 적극 활용하고 있다. 건강을 위해 온천휴양지로 장기간 여행을 떠나는가 하면, 온천전문의라는 직업도 따로 있어 독일인의 삶에 온천이 얼마나 깊숙이 침투되어 있는지 짐작할 수 있다.

독일의 온천은 온천수에 치료효과가 있는 성분이 없다면 보양온천의 자격이 주어지지 않기 때문에 온천수 자체에 여러 가지 화학물질이 함유되어 있다. 또한 온천수 자체의 치료효과 외에도 입욕프로그램이나 운동프로그램이 갖추어져 있어 목욕이나 운동에 대한 치료를 받을 수 있다. 또한 온천 이용객은 의사로부터 자신의 병증에 맞는 치료법을 지도받고 영양사로부터는 자신의 병증에 맞는 식사치료법을 지도받으며 심리학자로부터는 심리적 치료를 받는다.

쿠어하우스(Kurhaus)

제2차 세계대전 이후 전쟁으로 인한 많은 환자들을 치료하기 위해 서독 연방정부는 충실한 보양온천의 개발을 위하여 1969년에 시작하여 1974년까지 5년간 4억 5천 만 달러를 투자하여 보양온천(쿠어하우스)을 정비하고 시설이용을 촉진하였다. 이후 1975년 서독 쿠어하우스의 이용객수는 615만 명에 달했고, 평균 체재일수는 12일에 달했다.

쿠어하우스(Kurhaus)는 온천을 적극적으로 활용한 시설 중 하나이다. 즉 온천의 온도, 물리적 성분, 온천의 질이 지닌 효과를 최대한 활용하고 휴양을 위하여 레크리에이션 시설을 가미하였으며, 의학이나 운동생리학을 기초로 하여 건강증진을 목적으로 한 보양온천, 트레이닝(training) 건강관리 등의 기능을 갖는 온천시설이다. 이와 같은 휴양온천이나 쿠어하우스는 모두 온천수가 가진 효과를 최대한 활용하여 이용객의 보양과 휴양, 그리고 요양까지 가능하게 하는 시설이다.

쿠어하우스의 이러한 시스템은 사업장에 따라 다르게 구현될 수도 있지만, 일반적으로 의료 · 요양적인 측면이 강조된 유형과 스포츠 · 레저의 측면이 강조된 유형으로 분류된다. 운영방법에는 운동 프로그램과 입욕 프로그램이 있다.

온천관광객이 쿠어하우스에 들어서면 프런트에서 헬스케어 트레이너로부터 '굿 헬스 노트(이용소책자)' 에 의한 쿠어하우스의 이용방법과 지도를 받는데 이때 트레이너는 이용객이 입욕과 운동에 적당한 컨디션인지를 체크하고 건강상담을 해 알맞은 프로그램을 선택하도록 돕는다.

입욕 프로그램을 하는 사람은 트레이닝 룸으로 가서 트레이너로부터 간단한 체력측정을 받고 어느 입욕 프로그램을 할지 지도를 받으며, 운동 프로그램을 하는 이용객은 체력측정을 한 후 트레이너의 지도에 따라 프로그램을 선택한다.

2. 핀란드

우리가 흔히 사용하는 영어사전에는 핀란드어가 하나 들어 있다. 그것은 바로 '사우나(sauna)'란 단어로 핀란드에서 사우나가 개발된 지는 2000년이 넘었다고 전해진다. 그토록 오랫동안 사우나는 핀란드 국민들의 휴양시설로서 생활습관이 되었다. 미국에서 행해지고 있는 사우나도 핀란드에 의해 전파된 것이다.

핀란드 사람들이 사우나를 즐기는 방법은 독특하다. 사우나의 온도를 올리기 위해 전기로 가열을 하기도 하지만, 대부분은 직접 장작으로 군불을 지핀다. 사우나에는 자작나무가지들이 준비돼 있는데, 이 나뭇가지로 휘저은 뜨거운 물을 몸에 끼얹으며 땀을 뺀다. 이것이 핀란드만의 특별한 사우나 방식이다. 땀을 충분히 뺀 다음에는 사우나실을 나와 호수에 들어가서 수영을 하기도 하며 이 과정을 여러 번 반복한다.

이처럼 핀란드에서 사우나는 건강에 도움을 주는 효과뿐 아니라 중요한 사교의 장

▲ 핀란드 일반 가정집의 사우나시설 전경

이 되기도 한다. 온 가족이 모여 함께 사우나를 하는 것은 물론 사업에 관한 이야기도 사우나 중에 진행된다. 통계에 따르면 핀란드 사람 4명 중 1명은 개인의 집에 사우나 시설을 구비하고 있는데, 이는 자동차를 보유한 수치보다 더 높다.

3. 일 본

일본은 70여 개의 활화산이 활동하고 있는 나라로 공식적으로 확인된 온천만도 약 3,000여 개 정도이며, 숙박시설을 갖춘 온천만도 약 1,800여 개에 이르고 있다. 이렇듯이 일본 온천문화는 일본의 관광산업과 요식업, 숙박업을 지탱하는 원류이다.

특히 온천 주변으로 발달된 온천여관이나 호텔, 기타 숙박시설 등은 관광의 거점이 되고 있으며, 온천을 중심으로 각종 레저산업이나 여행산업 등이 발달해 있다. 우리가 일본을 여행하는 데 있어서도 빼놓을 수 없는 것이 온천이며, 일본의 로텐부로

▲ 규슈지역 온천리조트의 야외 노천온천 전경

(노천온천)에서 아름다운 자연풍경과 함께 느긋하게 온천욕을 즐길 수 있다.

일본에서 온천문화가 일찍이 발달한 또 하나의 지역으로 규슈를 들 수 있다. 규슈에는 '일본 최초'라고 이름 붙여진 장소가 많은데, 대표적인 것이 온천과 골프장, 호텔 등이다. 이러한 최초의 문화가 발생된 것도 지리적인 자연환경과 역사라고 볼 수 있는데, 규슈는 외래문화의 현관으로 과거 중국이나 한반도문화, 서양문화 등이 규슈를 거쳐 일본으로 전해졌기 때문에 규슈를 방문한 외래 손님들을 즐겁게 해주려는 서비스 정신으로 자연스럽게 생겨났다고 볼 수 있다.

우리에게 목욕은 주로 '더러운 몸을 씻는다'는 의미가 담겨 있지만, 일본사람들은 '따뜻한 물에 몸을 담근다'는 의식이 강하다. 따라서 대중목욕탕에서 때를 미는 사람은 없으며, 비누로 몸을 씻고 탕 속에 들어가 있다가 탕 밖으로 나오면 머리를 감는 것으로 목욕이 끝난다.

4. 유럽지역

온천이 질병을 치유한다는 근대과학은 온천지역 비즈니스를 부상시켰는데 그 대표적인 도시가 영국의 런던에서 기차로 한 시간 반 정도 떨어진 곳인 바스(Bath)이며, 오늘날 목욕과 관련된 모든 명칭에 달라붙은 '바스'란 단어 역시 이 도시에서 시작되었다고 전해진다.

영국의 온천은 귀족들과 부유한 상인들을 대상으로 유흥욕구를 만족시켜 주었고 이러한 노력 덕분에 런던 밖 상류사회 최고의 명소로 발전하게 되어 지금까지 온천의 명소로 이어지고 있다.

프랑스에는 비시(Vichy)온천과 우리나라에서도 음용수로 잘 알려진 에비앙(Evian)온천이 유명하다. 이 중 에비앙온천은 천연으로 용출되는 15℃ 정도의 지하수이며 세계적인 온천 음용수로서 더 유명하다.

이탈리아에는 몬테카티니(Montecatini), 아바노(Abano), 몬테그로토(Montegrotto) 등의 유명한 온천을 비롯하여 많은 온천이 있으며, 음용 및 목욕 등으로 이용된다. 특히 아바노온천은 87℃의 고온으로서 물리요법으로 유명하다.

5. 북미지역

미국에는 자연적으로 용출되는 고온의 온천이 대단히 많으나, 대부분은 자연자원의 일부로서 관광상품화하거나 그대로 방류시켜 철저하게 보호·관리하고 있다. 온천수질은 화산성 온천(마그마)이 많다. 미국은 동양권에서와 같이 온천욕을 즐기는 것이 아니라 샤워풀의 개념으로 워터파크 형식의 놀이문화가 발달되어 있다.

주요 온천으로는 콜로라도에서 덴버 서쪽으로 5시간 정도의 거리인 글렌우드에 세계 제일의 온수풀이 있는 '핫 스프링스 롯지 앤드 풀'과 와이오밍(Wyoming)주에 위치한 옐로스톤 국립공원 부근에 위치한 온천들이 있다. 또한 아칸소(Arkansas)주의 핫 스프링스는 Hot Springs National Parks에 위치하고 있으며, 수온은 57~53℃이고 물리치료요법으로 이용되기도 한다. 미국의 온천은 지역적으로 Wyoming, California, New-Maxico, Colorado, Oregen, Arkansas 등지에 분포되어 있다.

캐나다에서 유명한 온천으로는 밴프(Banff)의 남쪽지역 고원에 위치한 'Upper Hot Springs'가 있는데 야외 온천식 풀장으로 산 중턱의 노천탕에서 바라보는 장대한 로키산맥 비경과 눈(雪)을 맞으며 온천을 즐기는 분위기가 독특하다. 특히 온천 주변에 루이스호수, 중세시대 고성 분위기로 디자인된 '밴프 스프링스호텔'과 단지 내에 위치한 골프장이 유명하다.

▲ 미국 옐로스톤 국립공원의 화산성 온천

▲ 캐나다 밴프 스프링스호텔 야외온천

6. 터키 및 중동아시아

터키와 중동의 대표적인 전통 목욕탕을 '하맘(hamam)'이라고 부르며 아랍인들은 항상 모래바람을 맞으며 살아야 했기 때문에 몸을 청결히 하는 것은 단순히 위생의 문제가 아니라 생존의 필수조건이었다. 그런데다가 그들의 삶이란 원거리 무역형태인 캐러밴(이동식 마차)으로 상징되는 이동문화여서 이동에서 오는 피로를 풀기 위한 시설이 필요했다. 이러한 요소들이 결과적으로 아랍식 목욕탕인 하맘의 발달을 가져왔다. 전통 이슬람 도시에는 수크(시장), 칸(여관), 그리고 하맘이 반드시 갖추어져 있을 정도이다. 우리에게는 '터키탕'이라는 이름으로 잘못 알려져 있지만 터키의 하맘은 깨끗하고 건전한 휴식공간이며, 활력을 재충전하는 사막 속의 공중목욕탕이다.

하맘(목욕탕)은 원형구조인데 천장은 반구형이다. 천장에는 구멍이 뻥 뚫려 있어 환풍과 조명이 자연스럽게 이루어지도록 만들어졌다. 우리가 상상하는 것처럼 뜨거운 물이나 물을 담아놓는 큰 욕조는 보이지 않는다. 여러 개의 수도꼭지와 개인용의 작은 욕조가 있을 뿐이다. 사람들은 알몸인 채로 목욕을 하지 않으며, 긴 타월을 감아 몸을 가리거나 속옷을 입고 목욕을 한다. 하맘에서는 손님이 원하면 비누칠이나 지압을 해주지만 우리나라처럼 때를 미는 사람은 없다.

제 10 장 골프리조트

제1절 골프의 개요

1. 골프의 기원

'골프'란 어원은 스코틀랜드의 '고프(Goulf)'에서 유래됐다는 것이 최근 골프사가들의 중론이다. 고프는 '친다'란 스코틀랜드의 고어로 '치다'인 '고프'가 그 어원이다. 고프는 '친다'를 의미하는 영어의 '커프(Cuff)'와 동의어인데 첫 글자의 C자가 스코틀랜드식인 G로 변하여 '고프'가 되었고 점차 어휘가 변천하여 골프가 되었다는 설이다.

해변가 링크스(links)[1]에서 골프경기를 개발하고 세계로 확산시킨 주역은 역시 스코틀랜드인이었다. 그리고 골프경기를 할 수 있도록 골프장비와 골프 코스를 처음으로 제공한 주인공 또한 스코틀랜드인이었다. 뿐만 아니라 그들은 오늘날까지도 통용되고 있는 골프경기의 기준 골격을 만들었고, 기본적인 규칙을 제정하고 보완하는 데 정성을 기울였다.

1608년 영국 런던의 블랙히스클럽에 골프회가 조직되었고, 1744년 스코틀랜드의

▲ 골프의 발상지 세인트 앤드루스 링크스. 스코틀랜드의 세인트 앤드루스 골프장은 골프의 발상지이면서 세계 3대 골프장(세인트 앤드루스, 페블비치, 오거스타 내셔널)으로 골퍼들이 가장 가보고 싶어하는 곳으로 유명하다.

1) 골프 링크스의 줄임말로 보통은 해변가에 인접한 골프코스를 의미한다.

동해안에 있는 도시 리스에서 리스 젠틀맨골프회(The Gentle-men Golfers of Leith)가 골프규칙 전문 13조항을 제정한 것이 최초의 문서화된 골프규칙이다.

1754년 세인트 앤드루스 클럽(The Society of St. Andrews)이 13조항 골프규칙을 약간 수정하여 계속 발전시켰으며, 1897년 세인트 앤드루스의 로얄 앤드 에인션트 클럽(Royal & Ancient)이 규칙위원회를 구성하여 골프규칙을 제정·공포하면서 골프는 본격적인 스포츠 경기로서의 면모를 갖추어 예의와 체력을 바탕으로 자연과의 대화로 인생을 배우는 신사 스포츠로서 그 역사를 열게 된다.

2. 골프클럽의 유래

클럽(Club)은 분담하기 위하여 '결합한다'는 뜻의 '클레오판(cleofan)'이라는 고어에서 유래되었다. 보통 '경비를 분담한다'는 뜻으로 클럽이 해석되기도 한다. 사회적 동

▲ 1927년 라이더컵 골프대회에 참가한 미국팀 선수들 모습

물인 인간은 원래 공통의 목적을 위해 결집했는데 그 모델 중의 하나가 바로 클럽의 시초라는 것이다. 그중 골프를 공통목적으로 한 골프클럽 및 컨트리클럽이 생겨났다.

세계 최초의 골프코스는 1608년 제임스 9세가 설립한 런던에 있는 로열 블랙히스 골프클럽(Royal Blackheath Golf Club)이라고 공인되고 있다. 그러나 1608년에 이 블랙히스 클럽에서 골프회가 조직되어 1766년에는 그 위세와 활동영역이 대단했던 것을 보면 꽤 오랫동안 존속되었음을 짐작할 수 있다. 1735년에는 영국의 에든버러에 로열 소사이어티(The Royal Society)가 창설되면서 5홀 규모의 코스가 만들어졌다.

이때부터 골프는 단순한 오락이나 여가선용의 놀이가 아니라 경기의 기능을 갖춘 플레이의 필요성이 요구되어 1744년 골프를 목적으로 한 세계 최초의 골프클럽이 조직되었다.

3. 최초의 골프규칙

총 13개 조항으로 규칙을 정한 에든버러 골프협회(The honourable company of Edinburgh)는 클럽의 성격을 지닌 소사이어티로서 오랫동안 골퍼들의 경의를 받고 있었지만 1843년 무렵부터 서서히 그 위력을 잃어갔다. 그 이후 골프의 주류는 점차적으로 세인트 앤드루스로 옮겨갔고 룰을 지키고 키워나간 곳이 세인트 앤드루스였던 것이다. 세인트 앤드루스 골프클럽이 1754년에 정한 13개 조항의 규칙은 다음과 같다.

① 홀에서 1클럽의 길이보다 가까운 곳에 티를 만들어야 한다.

② 티는 지면 위에 만들어야 한다.

③ 티에서 볼을 쳐낸 후부터는 볼을 바꿔서는 안된다.

④ 페어그린 위에서 볼의 위치로부터 1클럽의 길이보다 가까운 곳에 있는 경우를 제외하고 돌이나 동물의 뼈나 클럽의 부서진 조각 등을 볼을 치기 위해서 옮겨서는 안된다.

⑤ 만약 볼이 물이나 습지에 들어가 버렸을 경우, 볼을 꺼내어 해저드의 최소 6야드 뒤에서부터 치기 시작해도 좋다. 그리고 어느 클럽을 사용해도 좋다. 또 볼

을 꺼내기 위해 동반 경기자에게 1타를 양보한다.

⑥ 만약 볼이 붙어 있으면 뒤의 볼을 칠 때까지 앞에 있는 볼은 집어 올리지 않으면 안된다.

⑦ 홀에 넣을 때 볼은 정직하게 치지 않으면 안된다. 홀을 향하는 데 방해가 되지 않는 위치에 있는 동반경기자의 볼에 맞혀서는 안된다.

⑧ 볼이 없어지든가 또는 다른 이유로 볼을 잃어버렸을 경우는 최후에 친 장소로 되돌아가서 또 하나의 볼을 드롭하여 동반경기자에게 1타를 양보한다.

⑨ 클럽이나 다른 무엇을 써서라도 홀에 볼을 넣을 때 홀의 통로에 표시를 해서는 안된다.

⑩ 만약 볼이 사람, 말, 개 또는 다른 무엇인가에 의해서 정지되었을 경우는 그 위치에서 볼을 쳐야 한다.

⑪ 스트로크할 때 클럽을 끌어 올리고 나서 아래로 휘둘러 내리는 곳까지 왔으면 클럽을 그 후 어느 방향으로 가져가든 그것은 1스트로크로 셈한다.

⑫ 홀에서 가장 먼 곳에 볼이 있는 자가 먼저 친다.

⑬ 골프장의 보호를 위해서 만들어진 수로나 도랑, 수채나 스콜라즈홀이나 군대의 참호선은 해저드로 간주하지 않는다. 그러나 볼은 아이언클럽의 어느 것을 사용해 티를 만들고 플레이하지 않으면 안된다.

제2절 골프의 이해

1. 골프용구

1) 클럽의 종류 및 명칭

골프클럽[2]은 골프공(ball)과 함께 끊임없는 변화 속에 골퍼들을 사로잡으며 오늘날에 이르렀다.

15세기 당시 스코틀랜드에서 처음 사용했던 골프클럽은 나무로 제작된 것으로 튼튼한 샤프트와 무거운 헤드로 이루어졌으며, 손잡이는 양, 돼지, 말 등의 가죽을 덧대고 이를 묶어서 만든 것으로 추정된다.

그러나 골프의 발달과 함께 골프클럽의 종류도 너무 많아져서 미국 골프협회는 1936년, 영국 골프협회는 1939년에 각각 골프클럽의 수를 14개로 제한하는 규정을 만들었다.

골프클럽의 발달은 옛날이나 지금이나 궁극적인 목표는 똑같다. 즉 보다 가볍고 보다 쉽게 스윙하면서 볼을 멀리, 보다 정확하게 날리는 데 목표를 두고 있다.

골프클럽은 기본적으로 우드 1, 3, 4, 5번, 아이언 3, 4, 5, 6, 7, 8, 9번, 피칭웨지, 샌드웨지, 그리고 퍼터를 포함한 14개의 클럽이 풀 세트로 이용된다. 클럽의 하프 세트는 우드 1, 3번, 아이언 3, 5, 7, 9번, 샌드웨지, 그리고 퍼터가 주로 이용될 수 있다.

- 우드 : 1, 3, 4, 5번
- 아이언 : 3, 4, 5, 6, 7, 8, 9번

---

2) 클럽(club) : 골퍼가 볼을 치기 위해 사용하는 골프채의 머리부분이며, 14개의 클럽이 풀 세트로 이용된다.

(1) 아이언

아이언(Iron)[3]의 주 목적은 방향의 정확도를 높이는 것이다. 아이언은 1번부터 9번까지가 있으며, 어프로치 샷에 쓰이는 가장 무거운 피칭 웨지(pitching wedge)와 벙커에서 주로 사용하는 샌드 웨지(send wedge)가 있다. 1번에서 4번까지를 롱 아이언이라 하고, 5~6번을 미들 아이언, 7~9번까지를 숏 아이언이라 한다.

(2) 우드

우드는 주로 비거리를 보다 멀리 내는 기능을 가지고 있다. 일반적으로 1번부터 5번까지 있으며, 각각의 명칭은 1번 드라이버(driver), 2번 브래시(brassie), 3번 스푼(spoon), 4번 퍼터(putter), 5번 클리크(click)라고 한다.

(3) 퍼터

퍼터는 그린 위에서 목표지점인 컵을 겨냥하는 것이 주요 기능이다. 퍼터는 기능에 따라 L자형 퍼터, T자형 퍼터, 핀형 퍼터, 매트리형 퍼터로 구분된다.

2) 골프공

골프공(ball)의 규정은 1987년 영국의 R&A와 미국골프협회가 정한 것이다. 골프공의 크기는 1.68인치(42.67mm), 중량은 45.93g으로 정해져 있다. 현대의 볼은 그 기본구조에 따라 고형볼과 와운드볼로 나누어지고, 다시 이 고형볼은 원피스볼, 투피스볼, 쓰리피스볼로 나누어지고, 와운드볼은 고형심과 액체심으로 나누어진다.

2. 골프장 유형

컨트리 클럽과 골프클럽 중 리조트에 가까운 것은 컨트리 클럽이라 할 수 있는데, 우리나라에 대중화되고 있는 유형은 오히려 골프클럽에 가깝다고 할 것이다. 그럼에도 대부분은 컨트리 클럽이라는 명칭을 사용하고 있다. 이는 사교적인 관점에서 골

3) 아이언은 클럽헤드가 쇠로 만들어진 골프클럽의 총칭이다.

프장을 일류의 고품격 클럽으로 조성하고자 하는 욕구 때문일 것이다. 또한 골프클럽의 수준에 있는 우리나라의 골프장은 골프장이 과소비를 조장하고 계층 간의 위화감을 조성하는 대표적인 모델이라는 인식 때문에 법률적으로 스포츠시설인 골프장 이외의 시설은 그 설치를 엄격히 제한해 왔다.

현재의 골프장이 컨트리 클럽으로 발전하기 위해서는 법률적인 제한요인이 완화되어야 하고, 대중의 인식이 전환되어야 할 것이며, 한 단계 더 나아가 골프리조트로서 조성되기 위해서는 휴양시설 등이 부대시설로 자유롭게 설치될 수 있는 분위기가 선행될 필요가 있다.

1) 호칭에 의한 분류

(1) 컨트리 클럽(Country Club)

컨트리 클럽에는 골프코스, 테니스장, 수영장, 사교장 등이 포함되며 회원중심의 폐쇄적 사교클럽의 성격이 있다.

(2) 골프클럽(Golf Club)

골프클럽이라 함은 다소의 부대시설은 있을 수 있으나 스포츠로서의 골프코스가 중심이고 회원제이긴 하나 컨트리 클럽에 비해 덜 폐쇄적이다.

2) 이용형태에 의한 분류

(1) 회원제 골프장(Membership Course)

회원제 골프장은 회원을 모집하여 회원권을 발급하고 예약에 의해 이용케 하는 골프장으로 대부분의 회원제 골프장이 18홀 이상으로 운영되고 있다. 따라서 회원제 골프장은 회원권 분양에 의해 투자자금을 조기에 회수하는 것이 장점이다. 우리나라의 경우 골프장 가입 시 일정액을 지급하고 회원에 가입하는 예탁금제 형식으로 운영되고 있다.

(2) 퍼블릭 골프장(Public Course)

퍼블릭 골프장은 기업이 자기 자본으로 코스를 건설하고 방문객의 수입으로 골프장을 경영하는 형태이다.

골프회원을 모집하지 않고 도착순서나 예약에 의해 이용하는 골프장으로서 누구나 이용할 수 있고 이용요금도 저렴한 편이다. 그러나 퍼블릭 골프장은 투자비 회수에 장기간이 소요된다는 단점이 있다.

3. 골프장의 형태

골프가 처음 생긴 곳은 스코틀랜드 해안의 초원지대인 링크스(links)이다. 그러나 골프가 발전되어 내륙지방에도 골프장이 설치됨에 따라 링크스(해안지대의 골프코스) 또는 시사이드 코스 외에 인랜드 코스로 나뉘었다. 좀 더 구체적으로 구분하면 다음과 같다.

(1) 임간(林間)

자연의 나무나 숲으로 격리된 평탄한 코스이다.

(2) 구릉(丘陵)

깎지 않고 자연의 구릉지에 건설한 코스이다.

(3) 산악(山岳)

최근 대부분의 코스로서 용지확보를 위하여 될 수 있는 한, 산의 평탄한 부분에 설계하여 건설한 코스로서 전체적으로 기복이 있어 홀의 폭도 좁게 되어 있다. 우리나라의 골프장 대부분은 산악형으로 건설되고 있다.

(4) 하천부지(河川敷地)

큰 강 또는 하천의 내륙부에 건설되고 수목이 없고 평탄한 코스이다.

(5) 시사이드(해안형)

해변을 따라서 건설된 자연의 아름다움을 살린 코스로서 바람의 영향을 많이 받으므로 어려운 코스가 많다.

▲ 자연 구릉지를 이용한 우정힐스골프장의 13번 홀

▲ 산악형 골프장(휘닉스파크 골프장)

▲ 해안형 골프장(미국 샌프란시스코 페블비치 링크스)

4. 코스 구성

홀이 모아져서 골프코스를 이루는데 홀은 보통 18홀, 27홀, 36홀, 54홀, 72홀 등이 있고 보통 홀은 기준 코스로 해서 단거리 4개홀, 중거리 10개홀, 장거리 4개홀로 구성되어 있다.

1번홀에서 9번홀까지를 아웃코스(out course), 10번홀에서 18번홀까지를 인코스(in course)라 하며 대부분의 골프장은 각 코스마다 클럽하우스로 돌아오게끔 배치되어 있다.

1번홀에서 18번홀까지 도는 것을 1라운드라 하며, 18홀을 모두 돌지 않고 1번홀에서 9번홀까지의 9홀 또는 10번홀에서 18번홀까지의 9홀만을 도는 것을 하프라운드(half round)라고 칭한다.

최근에는 아웃코스, 인코스라 부르지 않고 '서코스', '동코스'로 부르거나, 초목의 이름이나 토지의 명칭 등을 부르는 코스도 많이 생겨나고 있다.

5. 골프플레이

골프경기는 코스 위에 정지하여 있는 흰 볼을 지팡이 모양의 클럽으로 잇달아 쳐서 정해진 홀[4]에 넣어 그때까지 소요된 타수(횟수)가 적은 사람이 이기는 방식으로 우열을 겨루는 경기이다.

14개 이내의 골프클럽으로 티잉그라운드(Teeing ground)[5]에서 쳐낸 볼을 그린 위에 있는 홀컵까지 어떻게 하면 적은 타수로 플레이를 종료할 것인가를 다투는 경기가 골프이다. 골프경기의 대략적인 플레이 순서는 다음과 같다.

---

4) 홀(Hole) : 그린에 만들어진 볼을 넣는 구멍. 일반적으로 홀컵이라고도 한다.

5) 티(Tee) : 티잉그라운드의 줄임말로 각 홀에서 1타를 치는 장소 또는 1타를 치기 위해 볼을 놓는 자리
티잉그라운드 : 각 홀에서 첫 타를 치기 위해 설치된 장소
티샷(Tee Shot) : 티에서 볼을 치는 것
티업(Tee up) : 볼을 치기 위해 티 위에 볼을 올려놓는 것

① 티잉그라운드에서는 정해진 티잉 구역에서 티를 꽂아 놓고 볼을 얹은 다음 티샷한다.

② 그린 위의 핀(Pin)[6]을 향해 볼을 쳐 나간다.

③ 볼이 그린 위에 올라가는 것을 온 그린(on green)이라고 한다.

④ 그린에 볼이 온 그린하면 굴려서 홀컵에 넣는다. 이것을 퍼팅 또는 약칭해서 퍼트라 한다.

⑤ 이 홀컵에 들어간 볼을 주워 올림으로써 한 홀의 플레이가 끝나는 것이 되고, 이것을 홀 아웃(hole out)이라고 한다.

6. 홀의 명칭

1) 티잉그라운드

티잉그라운드(Teeing ground)는 일반적으로 티 또는 티박스(Tee box)라 부르며 각 홀에서 골퍼가 제1타를 시작하는 지역을 말한다. 일반적으로 챔피언 티, 레귤러 티, 레이디 티 등으로 구분되며 기후, 지형, 토질, 잔디의 종류 및 내장객 수 등에 따라 면적이나 형태가 달라진다. 홀의 거리계산은 백 티의 중앙부터 시작하며, 백 티가 명확히 구분되지 않을 경우는 백 티의 제일 뒷지점에서 2m 되는 지점으로부터 거리를 계산하는 것이 일반적이다.

티의 명칭은 설치하는 위치와 수에 따라서 다음과 같이 구분할 수 있다. 2개의 티가 배열되어 있을 경우 전면의 티를 프런트 티(front tee), 레이디 티(lady tee), 혹은 우먼 티(woman tee)라고 하며, 후면의 것을 백 티(back tee) 또는 챔피언 티(champion tee)라고 한다. 3개인 경우는 앞쪽부터 레드, 화이트, 블루 및 골드 티라고 부른다.

2) 페어웨이

페어웨이(fairway)란 골프공을 티에서 정상으로 쳤을 때 낙하되어 제2타(second

6) 홀을 표시하기 위해 꽂혀지는 깃대 또는 핀

shot) 또는 제3타(third shot)를 쳐나가는 그린 코스를 의미한다.

보통 페어웨이는 플레이를 원활하게 할 수 있도록 잔디를 다른 지역보다 짧게 깎으며 공을 잘못 쳤을 때 샷을 다소 불리하게 하도록 잔디를 높게 깎은 지역인 러프(rough)[7]와는 잔디의 높낮이로 구분된다.

3) 해저드

조정적 · 전략적 측면에서 홀(hole) 내의 장애물로서 벙커, 마운드, 연못, 수로, 나무 등이 있다.

(1) 벙커(Bunker)

벙커란 홀 내의 페어웨이에 산재하거나 그린 주변 등에 설치된 인공장애물로 모래를 넣어둔 곳을 말한다. 해저드로서의 역할만 하는 것이 아니라 홀의 악센트로서 배치, 위치, 길이, 넓이, 모양 등의 생동감을 부여하는 중요한 요소이다.

- 사이드벙커 : 페어웨이에 나란히 있는 벙커
- 크로스벙커 : 페어웨이를 횡단한 벙커
- 가드벙커 : 그린을 에워싸고 있는 벙커, 사이드벙커 또는 그린벙커라고 한다.

(2) 기타 해저드

모래해저드 이외의 코스 내 해저드는 워터해저드(water hazard), 잔디벙커(grass bunker), 마운드(mound)[8] 외 수목 등이 있다.

---

7) 러프 : 그린 및 해저드를 제외한 코스 내의 페어웨이 이외의 부분. 풀이나 나무 등이 그대로 있는 지대
8) 마운드란 코스 안에 있는 동산, 둔덕, 흙덩어리 등으로 볼을 멋게 하거나 이웃 홀과 구별되는 역할을 한다.

▲ 골프장의 모래벙커

▲ 호수를 이용한 해저드

4) 퍼팅그린

퍼팅그린은 퍼팅(Putting)[9]을 하기 위해 잔디를 짧게 깎아 잘 정비해 둔 곳으로 일반적으로 그린이라 하며, 한 개의 홀에 그린이 한 개 있는 것을 원그린 시스템, 두 개 있는 것을 투그린 시스템이라 한다. 그린 위에는 각 홀의 플레이에 있어서 최종적으로 공을 홀컵에 넣는 곳을 말한다.

퍼팅에서는 볼을 홀컵에 굴려넣은 것에 골프 플레이어의 궁극적 목적이 있다. 그린에의 샷은 정교한 기교를 필요로 하고, 마지막으로 지름이 11cm도 채 안되는 홀컵에 볼을 넣는 것은 당구와 같은 섬세성을 필요로 하는 스포츠이다.

---

9) 퍼팅이란 퍼터(putter)를 가지고 홀컵에 공을 쳐서 넣는 동작으로, 300야드의 드라이버 샷이나 짧은 퍼팅 스트로크나 모두 1타로 동일하기 때문에 골프에서는 중요하게 여기는 기술이다.

GS강촌리조트 골프코스(퍼팅그린) 전경

5) 오비(OB)

아웃오브 바운드(out of bound)는 홀 이외의 경기가 허용되지 않는 지역을 말하며, 그 경계부분은 통상 말뚝을 박아 구분하거나 울타리를 설치한다. 즉 코스와 경계는 목책이나 말뚝으로 표시하는데, 경계 밖을 OB라고 한다.

볼이 OB로 날아가 빠졌을 때는 1벌타이고, 전의 위치에서 다시 치게 된다. 다시 치는 타수는 제3타가 된다. OB말뚝은 보통 흰색으로 표시를 한다.

7. 홀과 파

볼을 쳐서 넣는 구멍인 홀컵의 수는 정규의 것은 18개로 18홀이라 부르며, 골프경기는 원칙적으로 18홀을 한 단위로 한다. 18홀은 길이와 난이도에 따라 각각 기본타수(Par)를 부여한다.

기본타수라고 함은 익숙한 플레이어가 홀 아웃할 수 있는 타수이며, 퍼팅 그린 위에서는 각 2타로 산정한 스코어이다. 파(Par)[10]를 선정하는 홀의 거리는 다음과 같으나 지형이나 해저드 또는 그 외의 난이도 등을 고려할 필요가 있기 때문에 고정된 숫자는 아니다.

1) 파3(원샷홀 / 숏홀)

1샷홀(one shot hole)이란 정상적인 티샷의 제1타로서 페어웨이에 공이 낙하되지 않고 그린까지 날아가서 낙하될 수 있도록 티에서 그린까지의 거리가 비교적 가까운 단거리의 홀을 말한다.

1샷홀은 정상적인 티샷으로 공이 그린 위에 낙하한 후 정상적인 2회의 퍼팅으로 공을 홀인시키게 되므로 샷의 개수는 1개, 파의 개수로 산정하면 3개가 되므로 원샷홀 또는 파3홀이라 부르고 있다.

10) 티를 출발하여 홀을 마치기까지의 정해진 기준 타수.

2) 파4(투샷홀 / 미니엄홀)

2샷홀(two shot hole)이란 정상적인 티샷으로 제1타로서 공이 페어웨이에 한번 낙하하고 제2타로서 그린까지 낙하될 수 있도록 티에서 그린까지의 거리가 1샷홀보다 길고 3샷홀보다는 가까운 중거리의 홀을 말한다.

2샷홀은 샷의 개수로는 2개, 파의 개수로는 4개가 되므로 2샷홀 또는 파4홀이라고 부른다.

3) 파5홀(쓰리샷홀 / 롱홀)

3샷홀(three shot hole)이란 정상적인 티샷의 제1타와 페어웨이에서의 제2타, 제3타로서의 골프공이 그린까지 낙하될 수 있도록 티에서 그린까지의 거리가 비교적 먼 장거리의 홀을 말한다.

3샷홀은 샷의 개수로는 3개, 파의 개수로는 5개가 되므로 3샷홀 또는 파5홀이라고 부른다. 이때 정상적인 티샷으로 골프공이 페어웨이에 낙하하는 지점을 퍼스트I.P[11]라 하고, 제2타로 페어웨이에 낙하하는 지점을 세컨드I.P라 한다.

11) 정상적인 티샷으로 골프공이 페어웨이에 낙하하는 지점을 인터 포인트(Inter Point)라 하며 약자로 I.P라 한다.

일반적인 골프용어

- 홀인원(Hole in one) : 티 그라운드에서 1타로 볼이 홀에 들어가는 것. 에이스라고도 한다.
- 버디(Birdie) : 사전상으로는 기준보다 한 번 덜 쳐서 홀컵에 넣기라는 뜻으로 골프에서는 파보다 하나 적은 타수로 홀인하는 것을 뜻한다.
- 이글(Eagle) : 파(기준타수)보다 2개 적은 타수로 홀인하는 것
- 보기(Bogey) : 사전상으로는 기준타수보다 하나 많은 타수를 뜻한다. 미국에서는 파보다 하나 더 친 타수로 홀인하는 것을 뜻한다.
- 더블보기(Double Bogey) : 어떤 홀에서 파보다 2타 많은 타수
- 보기 플레이어(Bogey Player) : 1라운드 90타 전후의 플레이어로 애버리지 골퍼와 같은 뜻이다.
- 싱글(Single) : 경기에서 2인이 라운드하는 것. 또는 핸디캡이 9이하 1가지의 골퍼를 의미함.
- 캐디(Caddie) : 플레이어의 진행을 돕는 사람. 룰상으로는 플레이어의 유일한 원조자가 되는 셈이며, 플레이어는 캐디의 조언을 받아도 무방하다.
- 캐디 카트(Caddie Cart) : 캐디백을 싣고 다니는 소형 자동차
- 카트(Cart) : 골프카트라고도 하며, 캐디백을 실어 나르는 수레를 말한다. 1백(bag)용, 2백용의 손으로 끌고 다니는 수레, 4백용의 전동 캐디카트도 있고, 타고 다니는 캐디카트도 있다.
- 그랜드슬램(Grand Slam) : 원래는 압승 또는 대승을 뜻하는 말로서 골프에서는 특별히 한 해 동안 US오픈, 브리티시 오픈, 마스터즈, 미국 PGA선수권 등 4개 주요 경기의 챔피언을 모두 따내는 압승을 말한다.
- US오픈 : 전미오픈 골프 선수권 경기
- PGA : 프로골프협회(Pro Golf Association)의 약자
- 갤러리(Gallery) : 골프 시합을 관람하러 온 관중

제3절 골프산업 현황

1. 국내 골프장 현황

국내 회원제 골프장은 1980년대 중반까지는 경기침체, 물가안정을 위한 과소비 추방운동 등으로 크게 증가하지 않았으나 1980년대 중반 이후 경기호황과 정권교체기에 허가 남발로 1985년에 25개소에 불과했던 골프장 수가 1991년에는 48개소로 2배 정도 늘어났으며, 2000년에는 135개소로 증가하였고, 2003년에는 181개소, 2005년에는 194개소로 증가하였다. 2014년 기준으로 전국에서 460개소의 골프장이 운영 중에 있다.

현재 운영 중인 회원제 골프장은 전국적으로 239개소가 있으며, 지역별로 살펴보면 경기도가 85개소로 가장 많으며, 전체 회원제 골프장에서 차지하는 비중도 37.2%에 달한다. 이처럼 전체 회원제 골프장들이 경기도에 많이 위치하는 것은 골퍼들이 수도권에 가장 많이 편중되어 있으며, 골프장 회원권 분양이 순조롭고 운영이익도 상당하기 때문으로 분석된다. 경기권 다음으로 골프장 비중이 높은 지역은 제주도가 26개소, 강원도, 경상북도에 각각 20개소의 골프장들이 위치해 있다.

또한 1998년 말에 30개소에 불과하던 퍼블릭 골프장 수가 2005년에는 57개소로 증가하였고, 2014년 초에는 221개소로 꾸준히 증가하고 있다. 그동안 퍼블릭 골프장이 회원제 골프장에 비해 활성화되지 못한 이유는 회원모집이 불가능해 투자자금의 조기회수가 어려운 이유와 많은 건설비와 세금(9홀 기준 150억 수준)으로 볼 수 있다.

현재 전국적으로 건설 중이거나 미착공상태의 골프장(18홀 이상 정규코스)은 모두 85여 개소로 나타났다. 한국골프장경영협회가 조사한 바에 따르면 2016년에는 48개 골프장(회원제 25개소, 퍼블릭 23개소)이 정식 개장할 것으로 예상되는데, 이를 18홀로 환산하면 모두 44.3개소에 달한다. 이처럼 개장 골프장 수가 증가하는 것은 골프 회원권 분양 어려움에도 불구하고, 2000년대 중반 골프장 건설 붐을 타고 추진되었던 골프장들이 대거 개장하기 때문이다. 지역별로는 강원권이 10.5개소를 개장하고 수도권 9개소, 영남권이 9개소 정도를 개장할 것으로 보인다.

〈표 10-1〉 전국 지역별 골프장 현황

구분＼지역	서울	부산	대구	인천	광주	대전	울산	세종	경기	강원	충북	충남	전북	전남	경북	경남	제주	총계
운영 중	0	7	2	8	4	3	4	2	143	57	35	19	25	35	44	32	40	460
건설 중	0	1	0	0	0	0	0	0	9	7	0	3	3	3	3	5	5	39
미착공	0	0	0	2	0	1	0	1	7	5	7	4	1	8	2	8	0	46
합 계	0	8	2	10	4	4	4	3	159	69	42	26	29	46	49	45	45	545

자료 : 한국골프장경영협회(2014).

2. 국내 골프장 이용객 수 현황

한국골프장경영협회에 따르면 2012년 한 해 퍼블릭 골프장을 포함한 전국 골프장을 대상으로 최종 집계한 국내 골프장 이용객은 회원제 골프장 239곳과 퍼블릭 골프장 221곳에서 모두 2,930만 명을 넘은 것으로 집계됐다. 골프이용객 2,930만 명은 국내 최고 인기 스포츠인 프로야구의 2012년 관중 수인 753만여 명의 4배에 달하는 수치이다.

골프장 이용객은 1993년 처음으로 500만 명을 돌파한 뒤, 2006년에 1,900만 명을 넘어서고, 2007년에 2,000만 명을 돌파하였다. 최근 정부가 국내 관광산업 활성화 차원에서 골프장 시설과 면적제한 등의 갖가지 규제를 완화하는 동시에 특소세 등의 세금완화책을 추진 중이어서 골프인구는 더욱 늘어날 것으로 보여 향후 2~3년 내 골프이용객 3,000만 명 시대를 맞을 전망이다.

〈표 10-2〉 국내 골프장 이용객 현황

(단위 : 명)

연 도	합계	회원제	퍼블릭
1993	6,334,182	5,276,663	1,057,519
1994	7,060,534	5,965,151	1,095,383
1995	8,063,010	6,851,311	1,211,699
1996	8,772,650	7,387,806	1,384,844
1997	9,513,751	7,925,654	1,591,097
1998	8,175,799	6,827,235	1,348,564
1999	10,370,798	8,617,665	1,753,133
2000	12,005,610	9,642,953	2,362,657
2001	12,902,526	10,046,055	2,856,471
2002	14,117,369	10,745,795	3,371,574
2003	15,115,577	11,454,576	3,661,001
2004	16,179,740	12,205,437	3,974,303
2005	17,766,976	12,741,012	5,014,854
2006	19,653,359	13,507,219	6,146,140
2007	22,343,079	14,923,213	7,419,866
2008	23,982,666	15,654,098	8,326,568
2009	25,908,986	16,940,101	8,968,885
2010	25,725,404	16,572,739	9,152,665
2011	26,904,953	16,784,857	10,120,096
2012	29,305,167	17,777,672	11,527,495

자료 : 문화체육관광부(2013).

[그림 10-1] 연도별 골프장 이용객 추이

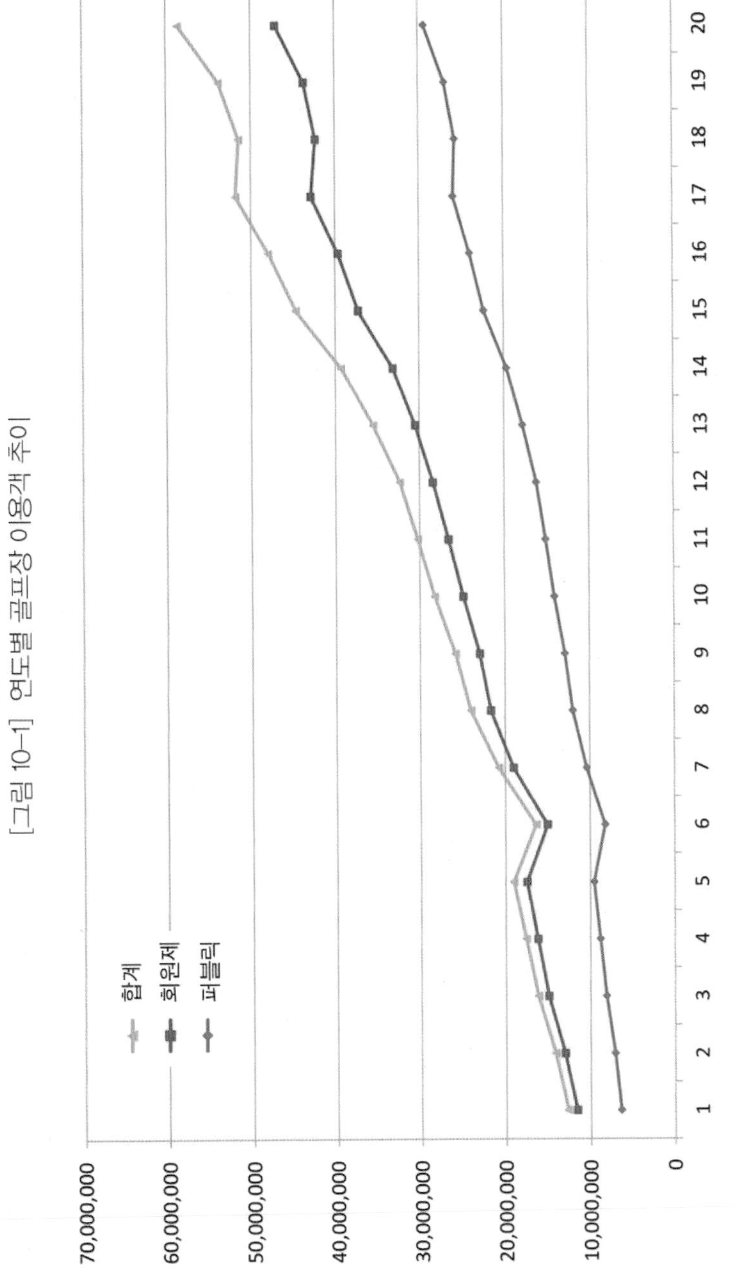

자료 : 문화체육관광부(2013).

3. 국내 골프장 경영현황

1) 골프장 경영실적

국내 골프장 매출액은 2005년에 2조 1,560억 원에서 2010년에는 3조 2,330억 원으로 증가하였다. 이 중 회원제 골프장 매출액은 2010년에 2조 2,953억 원을 기록하고 있으며, 전체 골프장 매출에서 차지하는 비중은 78%이다.

퍼블릭골프장은 8,555억 원의 매출을 기록하였으며, 전체 골프장에서 차지하는 비중은 17% 정도를 점유하고 있다. 국내 골프시장의 매출규모를 살펴보면 〈표 10-4〉와 같다.

〈표 10-3〉 국내 골프산업 매출 규모 현황 (단위 : 십억 원)

구 분	2005년	2006년	2007년	2008년	2009년	2010년
회원제	1,755.7	1,891.0	2,128.9	2,259.5	2,325.2	2,295.3
퍼블릭	320.9	445.2	592.8	749.4	800.2	855.5
군골프장	80.0	90.0	101.5	103.1	101.5	94.0
전체 매출액 (증가율)	2,156.5 (5.4%)	2,426.2 (12.5%)	2,823.4 (16.4%)	3,112.1 (10.2%)	3,226.9 (3.7%)	3,233.8 (0.2%)

자료 : 레저백서(2011).

2) 골프장 그린피[12)]

골프의 초과수요 현상이 지속되면서 골프시장은 공급자(골프장 운영업체)가 주도하고 있는데, 다음에서는 회원제 골프장의 입장료에 대해 분석하고자 한다.

회원제 골프장은 회원에 대해서는 저렴한 입장료를 받고 있지만 비회원에 대해서는 턱없이 높은 요금을 부과하고 있다. 비회원의 입장료가 급등하면서 회원과 비회원 간의 요금 차이가 더욱 확대되는 추세를 보이고 있다. 즉 주말의 비회원 · 회원의 입장료 차이가 1998년 9월의 6만 1,000원에서 2011년 5월에는 16만 3,000원으로 확대되었다.

12) 그린피(Green fee) : 플레이어가 지급하는 코스 사용료.

이처럼 비회원 입장료가 급증하는 이유는 골프인구의 급증에도 불구하고 골프장 공급이 제대로 이루어지지 않으면서 초과수요 현상이 지속되기 때문이다. 특히 회원제 골프장은 회원들에게 낮은 요금을 적용하지만 비회원에는 높은 요금을 부과하면서 골프의 대중화에 역행하고 있다고 해도 과언이 아니다.

그러나 향후 골프장 공급이 크게 확대되면, 골프시장이 수요자 시장(골퍼)으로 바뀌면서 골퍼들을 유치하기 위해 비회원의 입장료가 크게 하락하면서 회원 · 비회원의 입장료 격차도 점차 축소될 것으로 보인다.

〈표 10-4〉 회원제 골프장의 평균 입장료 추이 (단위 : 천 원)

구 분		2008년	2009년	2010년	2011년
회 원	주중	43.3	31.4	30.2	41.6
	주말	46.7	34.4	33.6	44.5
비회원	주중	158.7	142.4	145.4	161.8
	주말	199.1	185.0	189.9	207.1
캐디피		92.6	95.1	99.5	100.0
카트비		75.4	77.3	79.1	79.4

자료 : 한국골프장경영협회(2012).

4. 국내 대기업의 골프산업 진출현황

국내 대기업들의 골프장 수가 꾸준히 증가하고 있다. 국내 30대 그룹 가운데 15개 그룹이 32개의 골프장을 보유하고 있다. 이를 18홀 골프장으로 환산하면 55.3개소(995홀)로 국내 전체 골프장 수(408.1개소)의 13.6%에 달한다. 이처럼 자금력이 뛰어나고 재무구조가 튼튼한 대기업들의 골프산업 진출이 활발한 이유는 수익창출과 자체 비즈니스 수요를 충족시키려는 두 가지 목적이 있기 때문이다.

대기업들은 풍부한 보유자금을 활용해 많은 토지를 확보하고 있으며, 자체적으로 건설기업을 보유하고 있는 경우가 많아 다른 중소기업들보다 상대적으로 골프사업 진출이 용이한 조건을 갖추고 있다. 따라서 새로운 수익원 창출차원에서 풍부한 보유자금을 활용해 골프장 건설에 적극 나서고 있는 것이다. 2010년 이후에도 SK, 한화그룹

〈표 10-5〉 국내 30대 그룹 골프장 소유 현황

순위	그룹명	골프장명	소재지	홀수	개장연도
1	삼성에버랜드	안양컨트리클럽	경기도 군포시	18	1968.6
		동래베네스트	부산시 금정구	18	1971.1
		안성베네스트	경기도 안성시	27	1999.6
		가평베네스트	경기도 가평군	27	2004.6
		글렌로스 골프클럽	경기도 용인시	18	1999.9
2	현대자동차	해비치제주 컨트리클럽	제주도 서귀포	27	1999.9
		해비치서울 컨트리클럽	경기도 남양주	18	2007.3
3	SK	핀크스 골프클럽	제주도 서귀포	18	2010.8
4	LG	곤지암 컨트리클럽	경기도 광주시	18	1993.12
5	포스코	승주 컨트리클럽	전남 순천시	27	1992.9
6	GS	엘리시안강촌	강원도 춘천	27	1997.1
		엘리시안제주 CC	제주도 제주	27	2004.11
		샌드파인 골프클럽	강원도 강릉시	18	2007.2
7	롯데	스카이힐제주 CC	제주도 서귀포	27	2005.4
		스카이힐김해 CC	경남 김해시	18	2008.10
		스카이힐성주 CC	경북 성주군	18	2007.6
		스카이힐부여 CC	충남 부여군	18	2012.12
8	한화	플라자 CC 용인	경기도 용인시	36	1980.6
		플라자 CC 설악	강원도 속초시	18	1984.7
		제이드팰리스 골프클럽	강원도 춘천시	18	2004.9
		플라자 CC 제주	제주도 제주시	18	2004.8
		오션팰리스 골프클럽	일본 나가사키현	18	2004.12
		골든베이 골프&리조트	충남 태안군	18	2010.7
9	동부	레인보우힐스 CC	충북 음성군	18	2007.9
10	두산	라데나 골프클럽	강원도 춘천시	27	1990.9
11	금호아시아나	아시아나 CC	경기도 용인시	36	1993.6
		웨이하이 포인트 CC	중국 하이웨이	18	2008.9
12	CJ	나인브릿지 CC	제주 서귀포시	18	2001.8
		해슬리나인브릿지 CC	경기도 여주시	18	2009.9
13	대림	오라 컨트리클럽	제주도 제주시	36	1979.8
14	신세계	자유 컨트리클럽	경기도 여주시	18	1993.5
15	KCC	금강 컨트리클럽	경기도 여주시	36	1992.9

자료 : 각사 홈페이지(2014년 기준).

등이 기존 골프장을 인수하거나 신규로 골프장을 개장하면서 5개소가 증가했다.

다른 한편으론 자체 비즈니스 수요를 충족시키려는 것이 주요 목적이다. 비즈니스하기 좋은 수도권에만 18홀 기준으로 22개소(전체 36%)가 위치하고 있으며, 회원제 골프장 홀수가 전체 홀수의 81%를 차지하는 것이 이를 뒷받침하는 이유이다. 특히 안양베네스트, 해슬리나인브릿지, 곤지암, 제이드팰리스CC 등은 소수의 회원들과 그룹 내 비즈니스 수요를 충족시켜 주는 경우를 제외하고는 일반 비회원들이 이용하기는 매우 어려운 프리이빗 골프장으로 알려져 있다.

골프리조트 사업에 참여하고 있는 대표적인 기업으로는 삼성그룹, GS그룹, 한화그룹, 금호아시아나그룹 등이다. 한화그룹은 국내외 총 126홀을 보유함으로써 삼성을 추월해 국내 대기업으로는 가장 많은 홀을 보유하고 있다.

5. 국내 골프연습장

골프인구의 저변확대 및 골프의 대중화로 골프장 시설도 늘어나고 있다. 골프연습장의 이용객은 향후 골프장의 필드에 나가 골프를 칠 가능성이 높은 잠재 골퍼들이다. 따라서 골프연습장의 이용객 수는 골프장의 이용객 수를 추정하는 데 하나의 선행지표로 사용된다. 즉 골프연습장의 이용객 수가 증가한다면, 조만간 골프장의 이용객 수가 더욱 늘어난다는 것을 의미하는 것이다. 그러나 골프연습장의 이용객 수는 골프연습장협회에서 공식적으로 발표하지 않아 골프연습장 수를 파악하는 데 그치고 있다.

문화체육관광부에 등록된 체육시설 현황 자료에 따르면, 전국의 골프연습장 수는 1995년 말의 1,077개에서 2000년 말 1,786개소로 증가하였고, 2003년 말에는 2,975개소에서 2013년 말에는 9,575개소로 대폭 증가하였다.

지역분포를 보면, 소득수준이 높고 골퍼들이 많이 사는 서울, 경기도 등 수도권에 많이 분포되어 있는 것을 알 수 있다. 즉 2013년 기준으로 경기지역이 2,432개소로 전국의 22.5%를 차지하면서 가장 많고, 다음으로 서울지역이 2,157개소로 이들 두 지역의 골프연습장 비중은 전체의 48%를 차지하고 있다.

〈표 10-6〉 국내 골프연습장 현황

구 분	1995	2000	2003	2013
전국 합계	1,077	1,786	2,975	9,575
서울	439	619	991	2,157
부산	75	109	122	525
대구	42	59	104	471
인천	37	56	113	404
광주	15	21	48	200
대전	16	65	113	263
울산	0	43	59	364
세종	0	0	0	12
경기	165	349	721	2432
강원	42	74	108	344
충북	19	42	84	291
충남	32	51	66	299
전북	31	49	73	284
전남	21	44	67	300
경북	50	78	128	495
경남	76	80	109	580
제주	17	47	69	154

자료 : 문화체육관광부(2014).

▲ 실외와 실내의 골프연습장

6. 세계 골프장 현황

전 세계에는 얼마나 많은 골프장이 있을까? 한국골프장경영협회의 자료에 의하면 2008년 말 시점 전 세계 골프장 수는 3만 5,100여 곳으로 추정하고 있다. 국가별 골프장 수를 살펴보면 미국이 가장 많은 골프장을 보유해 전 세계에 산재해 있는 골프장의 반수를 차지하고 있으며, 그 뒤를 이어 일본이 2위, 캐나다가 3위, 영국이 4위를 기록하고 있다. 상위 10개국이 전 세계 골프장의 84%를 차지하고 있다.

골프가 부유층의 스포츠이기 때문에 골프장 수가 선진국에서 압도적인 수치를 보이고 있다. 예를 들어 OECD 가맹국(31개국)을 선진국으로 정의했을 경우 선진국의 골프장 수는 3만 1,780곳으로 전 세계 골프장 수의 92%에 달한다. 선진국 중에서도 뉴질랜드와 호주, 캐나다, 미국 등에서는 인구당 골프장 수가 많다. 한편 영국, 일본, 네덜란드, 벨기에, 한국 등은 인구당 골프장 수는 많지 않지만, 국토면적당 골프장 수가 상대적으로 많다. 특히 일본과 네덜란드는 이 부분이 상당히 유사하다. 이와 같이 선진국 간에도 국토의 특성, 산업에서 골프가 차지하는 위치, 골프장 수에 특정 패턴이 있다는 것을 알 수 있다.

대표적으로 인구당 골프장이 많은 선진국의 전형인 미국 골프장 수의 증가 추세를 살펴보면 미국은 골프장 수가 1920년에는 2,000곳을 넘었으며, 제2차 세계대전 후인 1947년에는 5,000곳에 달한다. 이후에도 골프장 수가 안정적으로 늘어나 1969년에는 1만여 곳을 돌파해 1998년에는 1만 5,000여 곳 이상이 됐으며, 현재는 1만 5,590여 곳이 미국 전역에서 운영되고 있다.

아시아지역 주요 국가의 골프장 수를 살펴보면, 일본의 경우 전후 고도경제성장기에 급속도로 골프장 개발이 진행되어 1975년에 1,000여 곳을 돌파한다. 그 후 오일쇼크에 의해 일시적으로 개발 스피드는 둔화되지만 1980년대에는 다시 증가경향으로 전환돼 1990년대 후반까지 골프장 수는 증가되어 왔다. 그러나 버블경제 붕괴 후 2000년대 초반부터는 골프장 수가 일정한 수준을 유지하고 있다.

중국의 경우 최초의 골프장이 1984년에 건설되어 1994년까지는 중국 전역에 16곳의 골프장밖에 없었다. 그러나 1995년부터 2004년에 걸쳐 새롭게 136곳의 골프장이 건설되었으며, 2004년부터 2009년에 걸쳐서는 고속발전기를 상회하는 개발이 진행되어 이 기간 동안 196곳의 골프장이 신설되었다. 즉 1984년부터 세 번의 시기를 거쳐 중국에는 348곳의 골프장이 추가로 개장하였다고 볼 수 있다. 현재 중국에는 약 350여 개의 골프장이 있으며 중국 정부에 의한 개발규제가 실시되고 있지만 향후에도 중국 각지에서는 수백 곳의 골프장 개발이 예상되고 있다. 이외에도 말레이시아, 태국, 인도, 인도네시아, 필리핀, 대만에는 100~200여 곳의 골프장들이 영업을 하고 있다.

〈표 10-7〉 세계 주요 국가의 골프장 현황

대륙별	국가명	골프장 수(개소)	인구(천 명)	골프장당 인구 수(명)
아메리카	미국	15,590	305,826	19,617
	캐나다	2,300	32,876	14,294
	아르헨티나	244	39,531	162,012
	멕시코	180	106,535	591,861
	브라질	107	191,791	1,792,432
	칠레	60	16,635	277,250
유럽	잉글랜드	1,961	60,769	30,989
	독일	684	82,599	120,759
	스코틀랜드	575	5,115	8,896
	프랑스	559	61,647	110,281
	스웨덴	490	9,119	18,610
	아일랜드	414	4,301	10,389
	스페인	318	44,279	139,242
	이탈리아	258	58,877	228,205
	네덜란드	188	16,419	87,335
	노르웨이	164	4,698	28,646
	덴마크	179	5,442	30,402
	오스트리아	154	8,361	50,982
아시아	한국	410	48,456	173,057
	일본	2,442	127,967	52,403
	중국	350	1,328,630	4,285,903
	태국	200	63,884	319,420
	말레이시아	190	26,572	139,853
	인도	186	1,169,016	6,285,032
	인도네시아	130	231,617	1,781,746
오세아니아/ 아프리카	호주	1,800	20,743	11,524
	남아공	460	48,577	105,602
	뉴질랜드	419	4,179	9,974
	나이지리아	48	148,093	3,085,271

자료 : 한국골프장경영협회.

[그림 10-2] 전 세계 골프장 수와 소득수준의 관계

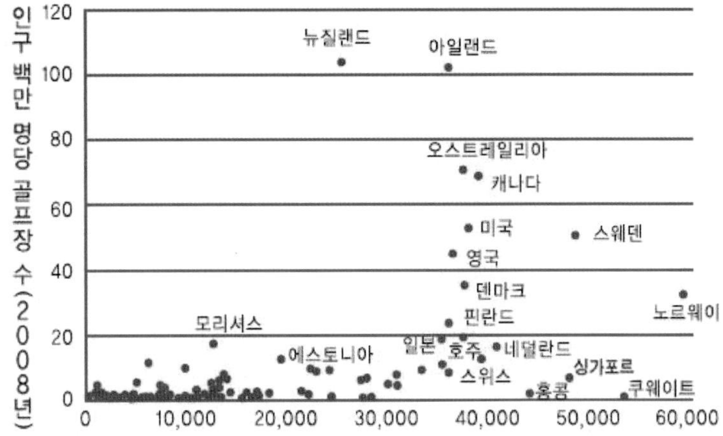

[그림 10-3] 선진국(OECD 가맹국) 골프장 수

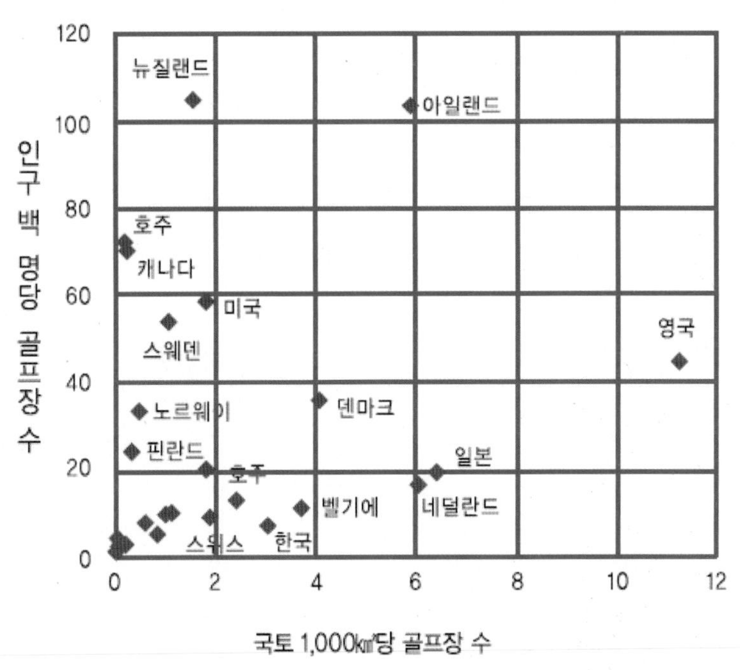

7. 한국의 골프장 Top 10

한국의 10대 골프장 사례는 국내 골프권위지인 『골프 다이제스트』가 선정한 '2014년 한국의 10대 골프코스(Korea's 10 Greatest Golf Courses)'의 선정사례를 기준하여 소개하고자 한다. 골프 다이제스트는 1999년부터 2년마다 한국의 10대 골프장을 선정하여 발표하고 있는데, 2014년도에 8회째 한국의 10대 골프장을 선정하였다.

베스트 10에 선정되지 않았다고 해서 나쁜 골프장은 아니다. 베스트 10에 선정된 골프장은 하나같이 뛰어난 코스 디자인과 코스관리를 자랑할 뿐만 아니라 조경, 시설, 운영, 서비스 등이 탁월한 공통점을 가지고 있다.

1) 클럽나인브릿지

- 위치 : 제주시 남제주군 안덕면
- 개장 : 2001년
- 코스 : 18홀(파72, 7,190야드), 퍼블릭 6홀

제주도의 '클럽나인브릿지(Club Nine Bridges)'는 『골프 다이제스트』가 선정하는 '2014 한국 10대 베스트 코스' 1위에 4년 연속으로 선정되었다. 또한 2013년에는 *US Golf Magazine*에서 선정하는 '미국 제외 세계 100대 코스' 33위에 올라 있다. *US Golf Magazine*에서는 매 2년마다 전 세계 3만 7,000개의 골프 코스를 대상으로 순위를 선정하는데, '클럽나인브릿지'는 2005년 95위에 선정된 이후 2013년 33위에 선정되어 세계적인 명문 클럽들과 어깨를 나란히 하고 있다.

개장 때 지향했던 가치인 '동양이 서양을 만나는 곳(Where East Meet West)'이라는 모토에 걸맞게 한라산과 계곡이 우거진 토양에 스코티시 스타일을 잘 구현해 놓은 코스다. 그린을 바라볼 때 산허리에서부터 층을 이루며 올라가고 백록담까지 이어진 4번 홀에서 황홀감에 빠지거나, '스카이 홀'이라 불리는 8번 홀 그린을 보고 찬사를 털어놓는다. 그리고 나인브릿지는 이미 세계적인 골프장으로 인정받았음에도 매년 코스를 개선하는 노력을 중단하지 않는 점이 나인브릿지가 줄곧 1위를 차지할 수 있는 최대 이유다.

▲ 클럽나인브릿지 코스 전경

2) 우정힐스 컨트리클럽

- 위치 : 충남 천안시 목천면
- 개장 : 1993년
- 코스 : 18홀(파72, 7,047야드)

우정힐스 컨트리클럽(Woo Jeong Hills Country Club)은 국내 최고의 권위를 자랑하는 '한국오픈골프대회'를 11년째 개최하는 명문 골프장이다. 매년 한국오픈이 열릴 때마다 세계 정상급 선수들도 혀를 내두르는 코스로도 유명하다. 수많은 국제대회를 성공적으로 개최하면서 명성과 신뢰를 얻고 있다. 국제대회를 할 때는 러프를 길게 관리해서 공을 찾기도, 쳐내기도 어려울 정도로 정교한 샷을 요구하는 골프장이다. 코스 설립자인 우정(牛汀) 이동찬 코오롱 명예회장의 '명문은 만들어가는 것이지 얻어지는 것이 아니다'라는 철학 속에 우정힐스의 참모습이 드러난다.

한국오픈을 준비할 때는 무려 5개월 전부터 코스 세팅 작업이 시작된다. 페어웨이 옆으로 러프를 가르지만 이에 대해 크게 항의하는 회원도 없다. 오히려 이 코스와 대회가 한국을 대표하는 선수를 배출하고, 메이저 대회 개최지라는 사실에 자긍심을 가진다. 지난해 '미국 제외 세계 100대 코스' 중 81위에 오른 건 그에 대한 선물이었다.

▲ 우정힐스 컨트리클럽 전경

3) 안양컨트리클럽

- 위치 : 경기도 군포시 부곡동
- 개장 : 1968년
- 코스 : 18홀(파72, 7,044야드)

1968년 탄생한 '안양컨트리클럽(Anyang Country Club)'은 지난 30여 년간 한국을 대표하는 전형적인 골프장의 선구자였다. 우리나라를 대표하면서 일본 및 서구의 명문 골프장에 견줄 코스를 건설하겠다는 구상 아래 1968년 '안양컨트리클럽'이 탄생한 것이다. 1997년에는 세계적인 코스 설계가인 로버트 트렌트 존스 주니어(Robert Trent Jones Jr)의 리뉴얼 공사를 거쳐 도전적이고 전략적인 코스로 거듭나면서 '안양베네스트'로 명칭을 바꾸었다. 1999년부터 현재까지 '골프다이제스트'가 선정하는 최고의 골프장으로 뽑히는 등 국내 골프장의 종가로 군림하고 있다.

2013년에는 1년간 코스를 휴장하고 클럽하우스를 새로 짓고 4개 홀을 소폭 리노베이션 한 뒤, 재개장하면서 골프장 명칭을 '안양컨트리클럽'으로 복귀했다. 각 홀마다 특징적인 나무와 화초를 심어 사계절 아름다운 모습을 간직하고 있으며, 고 이병철 회장의 의견에 따라 무더운 여름과 한겨울에도 변함없는 그린 상태를 추구하고 있어 골퍼들이 재미를 느낄 수 있는 코스관리에 역점을 두고 있다.

▲ 안양컨트리클럽 전경

4) 제이드팰리스 골프클럽

- 위치 : 강원도 춘천시 남산면 경춘로 212-30
- 개장 : 2004년
- 코스 : 18홀(파72, 7,027야드) 회원제

제이드팰리스 골프장(Jade Palace Golf Club)은 백상어 그렉 노먼(Greg Norman)이 자연의 숨결을 설계하였고 이를 바탕으로 10여 년에 걸친 세심한 배려와 주의로 최선의 노력을 다해 형상화한 골프클럽이다. 2004년 개장했지만 극소수의 골퍼만 라운드했었고, 국내 베스트 코스 순위에서도 항상 누락되었다. 2010년 말 패널 사이트를 구축하고 패널 수를 대폭 늘리면서 비로소 골프장 평가에서 단박에 10위권 클럽으로 뛰어올랐다. 누구나 한번 경험하면 결코 잊을 수 없는 이곳의 풍광에는 다양한 능선을 가진 산들과 유유히 흐르는 북한강의 수려한 모습들이 더해지고, 계절에 따라 아름답게 바뀌는 코스 경관은 한 번도 경험하지 못한 풍광을 제공하고 있다.

2011년 4월에는 타이거 우즈가 중국을 거쳐 한국을 찾아 제이드팰리스에서 주니어 클리닉과 고객 행사를 가졌다. 제주도에서 스킨스 게임을 한 적은 있지만, 타이거가 국내 내륙 코스를 찾은 것은 그때가 처음이자 유일했다. 지금 제이드팰리스 9번 홀 티잉그라운드에는 그날을 기념하는 '타이거 우즈'홀 팻말이 서 있다.

▲ 제이드팰리스 골프클럽 전경

5) 잭니클라우스 골프클럽 코리아

- 위치 : 인천 연수구 아카데미로 209
- 개장 : 2010년
- 코스 : 18홀(파72, 7,413야드) 회원제

잭니클라우스 골프클럽 코리아(Jack Nicklaus Golf Club Korea)는 개장 4년에 접어들었지만, 굵직굵직한 메이저 대회가 개최되는 명소로 자리 잡았다. 아시아 최초로 PGA 챔피언스 투어가 열렸고, 신한동해오픈, 한국여자오픈도 매년 개최하고 있다.

잭니클라우스 골프클럽 코리아는 골프의 거장으로 불렸고 이제는 코스 설계의 거장으로 거듭난 잭 니클라우스가 송도국제업무단지의 네모나고 평평한 매립지 땅에 설계한 샷 가치와 난이도 높은 토너먼트의 전당이다. 네모난 평지에서 조성되어 좌우 옆 홀이 보일 것 같지만 아니다. 적절한 마운드와 동선으로 인해 옆 홀과는 독립되고, 비슷비슷한 홀 하나 없이 좌우로 방향을 틀어 그린에 집중하게 된다. 마운드를 이용해 높낮이를 효과적으로 만들었으며 9, 18번 홀을 가르는 호수에 인공 암반을 활용해 자연 절벽에 물이 떨어지는 것 같은 시각적인 아름다움까지 이뤄냈다. 그린은 작은데다가 미세한 언듈레이션이 있고, 그린 주변의 세팅이 다양해 변화무쌍한 숏 게임이 펼쳐진다.

▲ 잭니클라우스 골프클럽 코리아 전경

6) 파인비치 골프링크스

- 위치 : 전남 해남군 화원면 시아로 224
- 개장 : 2010년
- 코스 : 18홀(파72, 7,347야드) 회원제

파인비치 골프링크스(Pine Beach Golf Links)는 2006년 7월 해남 끝자락의 바다와 육지가 고불고불 돌아나가는 해안가에 사업계획이 승인되고, 착공 2년이 지난 2008년 12월 코스가 완공됐다. 해남 리아스식 해안의 굴곡을 그대로 살린 코스는 자연본연의 모습을 살리고 지금까지 경험해 보지 못한 신선한 감동을 안겨주며, 하얀 벙커와 바다와 하늘이 찬란한 색 대비를 이룬다. 기온도 따뜻해 연평균 20도에 연중 300일 이상 맑은 날씨가 지속되므로 골프장으로서는 최고의 장소이다.

18홀 중에 10개 홀이 바다와 접하고 있다. 바다가 멀리 바라보이는 시뷰(Sea View)가 아니라 국내에 처음 도입된 제대로 된 시사이드(Sea Side) 코스이다. 전반 7번 홀 카트길 옆으로는 바로 옆에서 파도가 찰싹거리고, 8번 홀에서는 그린 위에 수평선이 그어진다. 마치 바다를 향해 샷을 하는 느낌이다. 이처럼 그림 같은 풍경이 현실인 곳이다. 한 번 방문해 보면 잊지 못할 감동과 여운을 남겨주는 곳이다.

▲ 파인비치 골프링크스 전경

7) 해슬리 나인브릿지

- 위치 : 경기도 여주군 여주읍 명품1로 76
- 개장 : 2009년
- 코스 : 18홀(파72, 7,229야드) 회원제

'해가 솟는 마을'에서 따온 해슬리 나인브릿지(Hasley Nine Bridge)는 형님 격인 제주도 클럽나인브릿지의 좋은 유전자를 그대로 받아들였다. 하지만 제주가 자연환경을 최대한 살린 코스에 집중한다면, 여주는 시스템과 시설, 그리고 클럽문화 쪽이다. 전 홀에 하이드로닉(온도조절) 시스템과 서브에어(공기통풍) 시스템이 설치되어 있다. 하이드로닉은 티 박스와 그린 밑에 튜브를 깔아 겨울에는 뜨거운 물, 여름에는 찬물을 공급해 잔디를 보호한다. 서브에어는 그린 밑의 유해가스와 물을 제거해 그린 스피드를 높이고 최상의 컨디션을 유지한다. 코스 전체를 벤트그라스로 식재했으며, 5개의 티잉그라운드를 개방한다. 카트길로 볼이 튀어 불규칙 바운스가 날까 염려한 탓인지 인조 잔디를 심기도 했다.

코스 레이아웃도 빠지지 않는다. 해슬리 나인브릿지는 샷 가치 높은 코스를 만들려고 고심한 결과 수많은 벙커와 사투(沙鬪)를 벌이는 전장으로 만들었다. 페어웨이 중간에 놓인 벙커가 볼을 막아서는 건 물론, 모든 그린 주변에 벙커가 떼로 에워싸 정확한 홀 공략이 아닌 샷을 징벌하도록 했다.

▲ 해슬리 나인브릿지 전경

8) 화산컨트리클럽

- 위치 : 경기도 용인시 이동면 화산리 산 28-1
- 개장 : 1996년
- 코스 : 18홀(파72, 7,043야드)

화산컨트리클럽(Hwasan Country Club)은 억지스러운 곳이 하나도 없고 한결같은 코스다. 해발 170미터의 클럽하우스를 중심으로 낮은 지역은 평탄한 구릉지인 반면에 높은 지역은 매우 험한 산세를 가졌다. 그래서 아래쪽의 낮은 구릉은 홀과 물, 풀 등이 조화를 이루는 부드러운 평원코스로 설계하였고, 위쪽은 골짜기, 암벽, 수림대가 홀과 어울리는 강한 산악코스가 되도록 차별화했다. 자연에 맡기다 보니 각각의 홀이 오히려 저마다의 개성을 살리며 뻗어가는 다양한 디자인을 이루고 있다.

또한 투그린이 일반적이던 당시 코스 조성 환경에서 가장 먼저 원그린 코스를 시도하였으며, 『골프 다이제스트』가 '대한민국 베스트 10 골프장' 선정을 시작할 때부터 한결같이 10위 이내의 높은 순위를 유지하고 있다.

▲ 화산컨트리클럽 전경

9) 서원밸리 컨트리클럽

◦ 위치: 경기도 파주시 광탄면 산 48-1

◦ 개장: 2000년

◦ 코스: 45홀(서원밸리 회원제 18홀, 서원힐스 퍼블릭 27홀)

서원밸리 컨트리클럽(Seowon Valley Country Club) 파주의 옛 지명은 '상서롭고 길한 땅'이란 뜻의 서원(瑞原)이다. 서원밸리는 2000년 개장 이후 18홀을 유지하다가 2012년 가을에 총 45홀 코스로 증설하여 재개장하였다. 이뿐만 아니라 서원밸리는 골프리조트의 사회적 책임경영과 자원절약 경영의 모범 사례이다. 서원밸리는 매년 5월이면 자선그린콘서트를 통한 골프대중화 노력과 봉사활동 및 기부활동 등으로 나눔의 가치를 실천하고 있는데, 2000년 개장 때부터 자선과 무료 '그린콘서트'를 현재까지 개최하는 것으로도 유명하다. 5월 마지막 주 토요일 하루에 골프장을 통째로 비워 지역 주민과 미래의 골프 주역이 될 어린이를 무료로 초청해 문화 공연을 벌인다. 그리고 비가 많이 오는 우기에는 3만 톤의 물을 비축해 가뭄 시 주변 농가에 도움을 줄 친환경지하담수시설(코퍼댐) 등을 갖추고 있어 일반 퍼블릭 골프장의 수준을 몇 단계 끌어 올렸다는 평가를 받고 있다.

이러한 이유로 서원밸리는 각종 평가기관으로부터 공헌도와 서비스 부문에서 높은 평가를 받고 있다. 2013년에는 '친환경베스트골프장 6위(레저신문)' '대한민국베스트코스 9위(골프다이제스트)' '한국10대 코스 Top10(서울경제골프매거진)' 등에 선정되었다.

▲ 서원밸리 컨트리클럽 전경

10) 핀크스 골프클럽

- 위치 : 제주시 남제주군 안덕면
- 개장 : 1999년
- 코스 : 18홀(파72, 7,300야드), 퍼블릭 9홀

핀크스 골프장(Pinx Golf Club)은 1999년 개장과 동시에 국내 골프장에 일대 혁신을 가져왔다. '동양적인 것, 고향의 토속적인 멋, 그리고 예술의 요소'를 접목시킨 작품을 선보이면서 회자되기 시작했다. 시도가 신선했고 또 탁월했기 때문이었다. 제주도의 이웃 골프장에서 타성적으로 심던 야자수를 배제하고, 대신 제주 들판을 뒤덮은 때죽나무와 들풀을 방치하듯 심었고, 원두막을 만들고, 흔한 화산암을 얹어 경계석을 삼았고, 물 항아리를 티 박스로 썼다. 하지만 좋은 골프장은 결국 자본이 바탕이 되어야 한다는 교훈을 주는 듯하다. 엄청난 투자를 들였던 비오토피아 분양에 차질이 생기고, 오너의 지원이 줄어들면서 2007년부터 코스 관리가 흔들렸다.

그리고 2010년 대기업인 SK가 흔들리던 핀크스를 인수한 건 어둠 속의 한 줄기 빛과 같았다. SK텔레콤 오픈이 끝나고부터 리뉴얼에 들어가면 '본격적인 자존심 회복에 나설 것'이라는 골프장의 다짐에 기대를 걸어본다.

▲ 핀크스 골프클럽 전경

Introduction to Resort Management

제 11 장 카지노리조트

제1절 카지노의 이해

1. 카지노의 개념

1) 일반적 개념

첫째, 카지노(casino)의 어원은 도박, 음악, 쇼, 댄스 등 여러 가지 오락시설을 갖춘 집회장이라는 의미의 이탈리아어 '카자(casa)'가 어원이고, 르네상스시대의 귀족이 소유하고 있었던 사교, 오락용 별관을 뜻했으나 지금은 해변, 온천, 휴양지 등에 있는 일반 도박장을 뜻한다.

둘째, 웹스터 사전에 의하면 카지노란 모임, 춤 그리고 전문적인 갬블링(gambling)을 위해 사용되는 건물이나 광범위한 실내도박장으로 정의하고 있다.

셋째, 사교나 여가선용을 위한 공간으로서 주로 갬블링이 이루어지는 동시에 댄스, 쇼 등의 다양한 볼거리를 제공하는 장소로 변모하고 있다.

2) 법률적 개념

첫째, 카지노업은 법률적으로 「사행행위 등 규제 및 처벌 특례법」에서 사행행위영업으로 규정되어 오다가 1994년 8월 3일 「관광진흥법」 개정으로 새로이 관광사업의 업종으로 구분되었다.

둘째, 「관광진흥법」 제3조 1항 제5호의 규정에 의하면 카지노업이란 "전용영업장을 갖추고 주사위 · 트럼프 · 슬롯머신 등 특정한 기구 등을 이용하여 우연의 결과에 따라 특정인에게 재산상의 이익을 주고 다른 참가자에게 손실을 주는 행위 등을 하는 업"으로 정의하고 있다.

셋째, 폐광지역에 관한 개발지원 특별법의 제정으로 탄전지역(태백시, 정선군, 영월군, 삼척시 등)의 급격한 인구감소와 경제활성화를 목적으로 내국인과 외국인이 동시에 출입이 가능한 강원랜드 카지노가 2002년에 개장하였다. 이로써 카지노에 대한 법률적 개념의 대중화에 새로운 이정표를 설정하였다.

3) 관광산업적 개념

첫째, 카지노는 관광사업의 발전과 크게 연관되어 있으며 특히 관광호텔 내에 위치하여 호텔매출액을 증대시키는 중요한 관광사업의 하나로 볼 수 있다.

둘째, 카지노는 외국인의 국내관광을 유도하고 이를 통하여 외화획득은 물론 지역경제의 활성화, 국제수지개선, 고용창출 등 관광산업의 중요한 수출부문으로 볼 수 있다.

2. 카지노리조트의 정의

카지노리조트라 함은 카지노를 주된 기능으로 하여 다양한 부대시설을 갖추고 관광, 레저, 휴양 등을 즐길 수 있도록 조성된 단지를 말하는 것으로 도시형과 자연형이 있다.

도시형 카지노리조트는 도시 인근이거나 도시의 중심부에 위치한 카지노리조트로서 호텔 등이 대표적이며 이의 부대시설 등은 호텔 내에서 갖추게 되는 것이 보통이다. 도시형은 대규모 복합개발이 어렵고 단지화가 불가능하다는 단점이 있는 반면 접근이 용이하다는 장점이 있다. 특히 도시형은 관광객뿐만 아니라 도시지역에 살고 있는 지역주민 및 직장인 등 그 수요가 무한하기 때문에 관광상품의 기능뿐만 아니라 레저공간의 기능을 하기도 한다. 그러나 도시형 카지노리조트는 그 규모가 작고 단지 조성이 불가능하기 때문에 호텔이나 컨벤션센터 등과 연계하여 설치되는 경우가 많으며 대부분 도시형인 경우가 많다.

자연형 카지노리조트는 도시형과는 반대로 대자연을 배경으로 카지노와 기타 부대시설을 복합적으로 단지화하여 종합휴양시설로서의 역할과 기능을 갖춘 경우를 말한다. 자연을 이용하는 형태를 가진 경우이기 때문에 복합적인 개발이 가능하고 대규모 단지화할 수 있다는 장점이 있는 반면, 접근이 용이하지 않다는 단점이 있다.

대부분의 자연형 카지노리조트는 주변 관광지를 이용하거나 스키장, 골프장, 주제공원 등을 복합적으로 조성하여 단지화하고, 이를 관광상품화하는 방법으로 개발되고 있다.

▲ 강원랜드 카지노업장 전경

3. 카지노산업의 특성

1) 고용효과

카지노는 하루 24시간 연중무휴로 영업을 하고 있는데, 카지노 이용객은 대부분이 호텔 투숙객이므로 언제든지 카지노게임을 즐길 수 있도록 하기 위해서이다. 특히 카지노사업은 타 업종에 비해 시설이나 규모는 작지만 게임테이블 수나 머신게임 수에 비례하여 종업원을 채용하기 때문에 규모가 큰 호텔의 종업원 수나 카지노부서의 종업원 수나 그 수적인 규모가 비슷하며, 경영규모는 카지노가 크다.

따라서 카지노산업은 타 산업에 비해 종업원 고용효과가 높으며, 수출산업인 섬유산업, 반도체산업 및 자동차산업에 비해 고용효과가 3배 이상 높은 것으로 분석되고 있다.

2) 부족한 관광자원의 대체효과

우리나라는 아름다운 자연환경과 문화유산을 갖고 있지만 관광상품으로서의 개발은 미흡하고 환경보호 등으로 한계성이 있다. 카지노는 호텔 내에 위치하기 때문에 악천후 시에 야기되는 문제점을 보완할 수 있는 실내관광 상품으로 적합하며, 야간시간대의 관광상품으로 이용될 수 있다. 이러한 측면에서 카지노산업은 천연자원의 부족과 유·무형의 관광자원 개발에 대한 한계성을 극복할 수 있는 대안관광 상품으로 이용이 가능하다는 장점을 들 수 있다.

3) 호텔 매출 향상효과

카지노 고객은 게임을 목적으로 찾아오기 때문에 일반 관광객보다 경제적인 여유가 있어 호텔 내의 객실, 식음료, 부대시설 등을 이용하므로 일반 관광객보다 매출액이 매우 높고, 또한 호텔에 투숙하는 카지노 고객이 타 호텔에 있는 카지노에서 게임하는 것을 싫어하므로 카지노가 있는 호텔에 투숙하기를 원한다. 따라서 카지노 고객은 호텔영업 매출액 향상에 기여도가 높다고 볼 수 있다.

실제로 카지노 호텔의 영업매출액 점유율에 있어 카지노 수입이 전체 수입의 59%

를 차지하고 있으며, 객실수입 12%, 식음료 수입 22%, 기타 수입이 7% 등으로 나타나고 있다. 카지노 수입과 식음료 수입이 호텔 매출액의 약 80% 이상을 차지하고 있어 이에 대한 중요성이 날로 증대되고 있다.

4) 경제적 파급효과

카지노산업의 매출액 향상으로 인한 외화가득효과, 고용효과, 소득효과 및 부가가치효과는 매우 높은 반면, 수입의존도는 타 산업에 비해 매우 낮은 것으로 나타났다. 예를 들면 카지노산업의 외화가득률이 93.7%인 반면에, 반도체는 39.3%, TV부문은 60%, 승용차는 79.5% 등으로 각각 조사되었다.

또한 카지노 외래객 1명의 유치는 반도체 32개, 컬러TV 3대의 수출과 동일한 것으로 분석되었고, 카지노 외래객 13명 유치는 승용차 1대 수출효과와 동등한 것으로 나타났다. 카지노 이용객이 10억 원을 소비하면 약 98명 정도(전체 산업평균 약 67명)의 고용효과가 있는 것으로 나타났다. 이러한 의미에서 카지노 고객 1인당 소비액 증가는 지역경제 활성화와 국가경제 발전에 크게 기여하는 효과가 있다.

5) 관광자원의 다양화

관광객의 관광활동을 증진시키기 위하여 자연적 · 문화적 · 사회적 및 산업관광자원 등을 개발 · 육성하는 것도 중요하지만, 이에 더하여 위락관광자원을 확충하는 것도 매우 필요하다.

대표적인 위락관광자원으로는 테마파크를 비롯하여 골프장, 캠프장, 수영장, 수렵장, 각종 놀이시설, 레크리에이션 시설 및 레저스포츠시설 등이 있으나, 내 · 외국인 모두가 이용하기에는 한계점이 있다고 보여진다. 이런 점에서 고부가가치 산업이며 무공해 환경산업인 카지노산업은 전천후 영업이 가능하고 연중 고객 유치뿐만 아니라 악천후 시 기존 관광자원의 대체상품으로서 그 가치가 매우 높다고 할 수 있다.

6) 환경변화에 민감

우리나라 카지노업체는 강원랜드 카지노를 제외하고는 외래관광객만 이용할 수 있어서 주변 국가들의 경기침체나 정치적 · 사회적 불안으로 인한 환경변화에 큰 영향을 받는다.

예를 들면 일본의 경기침체 및 카지노 바의 활성화로 일본인 고객이나 게임 금액도 감소하고 있으며, 대만은 국교 단절과 제주 직항노선 폐쇄로 인해 대만고객이 크게 줄어들어 제주 카지노업체가 영업 적자이거나 현상유지에 급급하고 있는 실정이다. 따라서 국내 카지노 기업은 새로운 마케팅전략과 경영방식을 강구하는 부단한 노력을 해야 한다.

4. 카지노의 조직편성

1) 영업부

카지노의 영업부서는 카지노 고객에게 인적 · 물적 서비스를 제공하여 영업매출을 발생시키는 매우 중요한 부서이다. 물적 서비스는 카지노시설을 의미하며 최근에는 각 카지노업체의 시설이 고급화 및 현대화(전산화 및 셰플기계 등)됨에 따라 업체마다 큰 차이는 없다.

인적 서비스는 딜러가 고객과 직접 접촉해야 하므로 고객에게 양질의 서비스를 제공하고 또 돈 잃은 고객에 대해서도 만족할 수 있는 서비스를 제공해야 한다. 카지노 영업장은 각 테이블에 배치되는 인력과 해당 영업장의 모든 시설과 운영을 관리하는 인력으로 구성된다.

(1) 딜러(Dealer)

딜러는 게임테이블에 배치되어 직접 고객을 대상으로 게임을 진행하며, 카드와 칩을 다룰 수 있도록 고도의 숙련된 기술이 필요하다. 게임테이블의 청결유지, 칩 및 카드를 다루는 숙달된 기술과 관리, 게임고객 행동을 감시할 능력이 필요하다. 딜러는 1테이블당 1명 이상으로 게임을 진행할 수 있다.

(2) 플로어 퍼슨(Floor Person)

각 게임테이블에서 발생하는 행위를 1차 감독할 책임이 있으며, 영업준칙에 의해 6테이블당 1명 이상으로 배치하도록 되어 있다.

주임급부터 계장, 대리, 과장급까지 게임테이블을 운영할 책임이 있는 간부로서 딜러의 관리, 근무배치, 딜러평가, 고객접대, 담당 테이블의 상황을 상사에게 보고하는 직책이다.

(3) 피트 보스(Pit Boss)

각 게임테이블에서 발생하는 행위를 2차 감독할 책임이 있으며, 영업준칙에 의해 24테이블당 1명 이상으로 배치하도록 되어 있다.

(4) 시프트매니저(Shift Manager)

카지노영업장 운영은 하루(24시간)를 8시간 3교대로 운영하고 있다. 따라서 담당 근무시간에 카지노영업장에서 발생하는 모든 영업행위를 감독하며, 영업준칙에 의해 3명 이상을 배치하도록 되어 있다.

5. 카지노 게임의 종류

1) 블랙잭(Blackjack)

카지노테이블 게임 중 가장 인기 있는 게임테이블이며, 블랙잭은 도박성이 가장 강한 게임이다. 블랙잭은 딜러(dealer)와 플레이어(player)가 함께 카드의 숫자를 겨루는 것으로, 이 게임의 목적은 2장 이상의 카드를 꺼내어 그 합계를 21점에 가깝도록 만들어 딜러의 점수와 승부하는 카드게임을 말한다.

플레이어의 처음 두 장만으로 21을 만들면 Blackjack이 되어 붙여진 이름이다. 이때 플레이어는 건 돈의 1.5배(150%)를 받으며, 그 밖에는 승패에 따라 서로 배팅한 금액만큼 주고받는다.

2) 바카라(Baccarat)

바카라의 뜻은 원래 0(Nothing)을 의미하며 게임의 왕이라고도 불린다. 플레이어(고객)는 Banker와 Player의 어느 한 쪽을 선택하여 배팅하고 양쪽이 각각 카드를 2장 혹은 3장을 받아 10을 제외한 9 이하만 카운트하며 9에 가까운 쪽이 이기는 카드 게임이다.

이 게임은 단순하지만 세계적으로 널리 퍼져 있으며 특히 동남아시아에서 가장 인기 있는 게임이다.

3) 룰렛(Roulette)

룰렛은 '카지노 게임의 왕'이라고 불리며, 룰렛의 원반 위에는 1부터 36까지의 빨강과 검정으로 채색된 숫자와 녹색의 0과 00 등 합계 38개의 숫자가 있고, 그것과 동일한 38개의 숫자가 탁자 위에 기록되어 있다. 딜러가 원반의 테두리에서 회전시킨 하얀 구슬이 밑으로 굴러 떨어져 38개의 숫자 중에서 한 곳에 떨어진다. 손님은 숫자판 위에 구슬이 떨어지면 탁자 위에 표시된 숫자 위에 Chip을 놓고 자신이 건 숫자에 떨어지기를 기대하는 게임이다. 즉 0과 00을 포함하여 1에서 36까지 숫자 38개의 돌아가는 숫자판을 맞추는 게임이다. 미국, 유럽 등 세계 각국의 카지노에서 가장 인기 있는 게임으로 자리 잡고 있다.

4) 빅휠(Big Wheel)

빅휠은 손으로 큰 바퀴모양 기구를 돌려 가죽막대기에 걸려 멈추는 번호 또는 같은 그림에 돈을 건 사람이 당첨금을 받는 게임이다. 각 Symbol마다 배당률이 표시되어 있으며 배당액은 1배에서 40배까지 배열되어 있다.

5) 포커(Poker)

딜러가 고객(player)에게 일정한 방식으로 카드를 분배한 후 미리 정해진 카드 순(포커랭킹 순위)으로 기준에 따라 참가자 중 가장 높은 순위의 카드를 가진 참가자가 우승하는 게임이다.

6) 다이사이(Tai-Sai)

다이사이는 3개의 주사위를 이용하는 고대부터 유명한 중국의 게임으로 유리 용기에 있는 3개의 주사위를 딜러는 3회 내지 4회 진동시킨 후 뚜껑을 벗겨 3개의 주사위가 표시한 각각의 숫자 또는 구성되어 있는 여러 종류의 배팅 장소에 Chip을 올려놓고 맞히는 게임이다.

7) 라운드 크랩스(Round Craps)

라운드 크랩스는 주사위 3개를 갖고 플레이어 중에서 한 사람을 슈터로 정하고, 플레이어들의 동의하에 슈터는 누구나 될 수 있으며 다음 슈터는 시계방향으로 돌아간다. 슈터와 플레이어들은 원하는 조합에 따라 당첨자에게 지급하고, 당첨되지 않은 플레이어의 배팅금액을 회수한다.

라운드 크랩스는 3개의 주사위가 모두 특정한 숫자를 나타낼 경우 배팅금액의 150배를 받는다.

8) 슬롯머신(Slot Machine)

슬롯머신은 플레이어가 배팅한 것의 수 천 배까지 이길 수 있는 스릴 있는 게임으로, 슬롯머신을 플레이하려면 먼저 주화 또는 지폐를 넣고 핸들을 잡아당기거나 스핀 번호를 눌러서 릴이 돌아가게 끔 하는 게임이다. 기계의 릴(reel)이 회전하다가 멈추면 이때 릴에 그려진 그림이 미리 정해진 시상표와 맞으면 시상금액을 지급하는 게임이다.

9) 비디오 게임(Video Game)

기계에 모니터가 장착되어 있어 여러 개 버튼을 사용하여 게임기구와 게임에 이기면 시상금을 받는 게임(예 : 비디오 포커, 블랙잭, 룰렛, 경마 등).

제2절 국내 카지노산업 현황

1. 국내 카지노 현황

1) 국내 카지노업체 현황

우리나라에 카지노가 도입된 것은 1960년대 후반 이후 국가적으로 근대화를 위한 경제개발계획이 한창 진행 중이던 시기로 당시 정부에서는 경제개발 재원의 확보라는 명제를 해결하기 위해 전략적으로 카지노를 도입하였다.

국내 최초의 카지노 설립은 1967년 8월 인천 올림포스 관광호텔 카지노이며, 이듬

〈표 11-1〉 국내 카지노업체 현황

지역	업체명	허가일	운영형태(등급)	종사원수	총대수	'13 매출액 (백만 원)	'13 입장객 (명)
서울	워커힐카지노	'68.03.05	임대(특1)	1,002	8종 232대	424,824	493,935
	세븐럭카지노 서울강남점	'05.01.28	임대(컨벤션)	822	7종 192대	284,972	418,275
	세븐럭카지노 서울힐튼점	'05.01.28	임대(특1)	537	8종 215대	182,849	981,195
부산	세븐럭카지노 부산롯데점	'05.01.28	임대(특1)	308	7종 137대	78,997	218,199
	파라다이스 카지노부산	'78.10.29	임대(특1)	318	6종 96대	75,347	93,157
인천	인천카지노	'67.08.10	임대(특1)	378	6종 68대	88,243	52,481
강원	알펜시아카지노	'80.12.09	임대(특1)	24	8종 57대	1,386	12,209
대구	인터불고대구카지노	'79.04.11	임대(특1)	206	7종 103대	14,941	90,088
제주	더케이제주호텔카지노	'75.10.15	임대(특1)	211	9종 63대	21,421	46,142
	제주카지노지점	'90.09.01	임대(특1)	205	4종 79대	56,241	54,210
	신라카지노	'91.07.31	임대(특1)	182	5종 75대	25,217	38,726
	로얄팔레스카지노	'90.11.06	임대(특1)	165	5종 69대	13,338	24,520
	더호텔제주카지노	'85.04.11	임대(특1)	20	5종 48대	50,142	39,507
	더호텔엘베가스카지노	'90.09.01	직영(특1)	130	5종 52대	13,278	60,087
	하얏트호텔카지노	'90.09.01	임대(특1)	168	4종 63대	16,467	47,765
	골든비치카지노	'95.12.28	임대(특1)	130	6종 134대	20,816	36,819
16개 업체(외국인 대상)			직영: 1 임대: 15	4,990	10종 1,684대	1,368,479	2,707,315
강원	강원랜드 카지노	'00.10.12	직영(특1)	3,631	9종 1,560대	1,279,032	3,067,992
17개 업체(내·외국인 대상)			직영: 2 임대: 15	8,621	10종 3,224대	2,647,511	5,775,307

해인 1968년에 서울 워커힐호텔 카지노가 영업하면서 국내에 카지노산업이 자리를 잡아가게 되었다. 1970년대에는 충북 보은군에 속리산관광호텔 카지노 외에 3개 업소가 설립되었고, 1980년대에는 강원도 설악파크 카지노 외에 1개 업소가 설립되었다.

1990년에는 제6공화국이 들어서면서 제주지역에 5개 카지노업체의 영업을 허가하였다. 그리고 1997년에는 폐광지역의 침체된 경제를 살리기 위한 대안으로 「폐광지역 개발지원에 관한 특별법」이 제정되었고, 이러한 특별법을 근거로 2000년 10월에 국내 최초로 내국인도 출입이 가능한 강원랜드 카지노가 강원도 정선군에 개장되었다. 이로써 국내에는 외국인 전용 카지노 16개 업체와 내국인 출입이 가능한 1개 업체를 포함하여 총 17개 업체가 영업 중에 있다.

2) 강원랜드 카지노

(1) 개발배경

1980년대부터 국민소득의 증대는 에너지 소비패턴에도 변화를 몰고 오면서 종래의 에너지원이었던 석탄을 석유와 가스가 대신하게 되었다. 1980년대 후반에 이르러서는 석탄에 대한 수요가 급감하자 정부는 1989년에 '석탄산업 합리화사업'을 시행하게 되었다. 즉 석탄에 대한 수요 감소로 경제성이 떨어진 석탄산업을 정리하고자 한 것이다. 이렇게 해서 1996년까지 폐광된 탄광이 전국적으로 334개소이며, 지역별로는 강원도가 166개소로 가장 많았다. 특히 강원도 내에서도 정선군의 경우 1989년부터 1996년까지 40개소의 석탄광산이 폐광되었으며, 그로 인해 급속한 인구감소와 경제적 침체를 겪으면서 낙후지역으로 전락하기에 이르렀다.

이러한 시점에서 정부는 폐광지역을 종합적으로 개발하기 위한 「폐광지역 개발지원에 관한 특별법」을 제정하였다. 이후 '태백관광권 종합개발계획'을 근거로 폐광지역 내에 관광단지 개발 및 종합적인 관광권의 단계적인 조성을 추진하기 시작하였다. 그 당시 폐광지역의 침체된 경제를 살리기 위해 여러 가지 대안이 검토되었으나, 시급한 대책을 요구하던 지역주민들은 군부대나 교도소, 심지어 핵폐기물 처리시설이라도 유치해 달라고 요구할 정도였다. 하지만 환경친화적이고 항구적인 대체산업으로 지형조건을 활용한 종합관광단지 개발이 가장 이상적인 대안으로 제시되었다.

정선군의 경우 석탄산업 중심으로 형성된 산악지방이기 때문에 교통여건 등 접근성 차원에서 후발주자로서 치명적인 약점을 가지고 있었으며, 기존의 스키리조트, 골프리조트, 해안리조트들과 경쟁우위를 점하거나 차별성을 기대하기가 어려웠다. 따라서 기존 리조트들과 경쟁할 수 있는 카지노리조트와 같은 획기적인 대안이 절대적으로 필요하여 국내 최초로 내국인도 입장할 수 있는 카지노리조트 건설계획이 수립된 것이다. 이후 석탄산업합리화사업단 및 강원도개발공사와 강원도 내 탄광지역 4개 시·군은 공동으로 합작투자 계약서를 작성하고 제반절차를 거쳐 법인설립등기를 함으로써 1998년 6월에 카지노 법인인 주)강원랜드가 출범하였다.

주)강원랜드 개발은 공공부문 51%의 출자와 민간부문 49%의 출자로 이루어졌으며, 공공부문은 석탄산업사업단 36%, 강원도 개발공사 6.6%, 정선군 4.9%, 태백시 1.25%, 삼척시 1.25%, 영월군 1%의 출자로 이루어졌다. 강원랜드 개발은 총 3단계에 걸쳐 9,700억 원이 투입되었는데, 1단계인 2000년부터 카지노, 호텔, 콘도, 실내테마파크 등이 개장되었고, 2단계인 2005년부터는 콘도미니엄, 스키장, 골프장 등이 개장하였다. 3단계인 2011년부터는 컨벤션호텔, 콘도, 스키장, 카지노 등이 신규로 개장하거나 증설되었으며, 시설과 서비스의 확대에 초점이 맞추어져 단계적으로 개발되었다.

〈표 11-2〉 강원랜드 카지노사업 추진 현황

연 도	주 요 내 용
1995. 3	'탄광지역종합대책' 발표(통상산업부)
1995. 12	'폐광지역개발지원에 관한 특별법' 제정
1996. 5	'탄광지역종합개발계획(안)' 수립(강원도)
1997. 2	'탄광지역개발촉진지구개발계획' 승인(건설교통부)
1997. 8	카지노사업 대상지역 지정
1998. 6	주)강원랜드 설립
1999. 7	민간부분 주식공모 완료(자본금 1,000억 원)
2000. 10	강원랜드 스몰카지노·호텔 개장
2005. 7	강원랜드 골프장 개장
2006. 12	강원랜드 스키장 개장
2011. 9	강원랜드 컨벤션호텔 개장

자료 : 강원랜드.

〈표 11-3〉 하이원리조트(강원랜드) 주요 시설 현황

구 분		시 설 현 황
숙 박	호 텔	강원랜드호텔(특1급) 447실, 컨벤션호텔(특1급) 250실, 하이원호텔(특2급) 197실
	콘도미니엄	마운틴콘도 157실, 밸리콘도 123실, 힐콘도 343실
카지노	테이블	테이블게임 200대(블랙잭 70, 바카라 88, 룰렛 13, 빅휠 2, 다이사이 6, 포커 16, 카지노 워 3, 전자게임 2)
	머신게임	슬롯머신 400대, 비디오게임 960대
스키장	슬로프	18면
	리프트	리프트 6기, 곤돌라 4기
골프장	홀 수	퍼블릭 18홀
테마파크	시설물	탑승물 9종, 관람물 3종

(2) 입장객 현황

강원랜드 카지노의 연도별 입장객 수를 살펴보면 2014년 한 해 동안 306만 7,992명이 방문하였는데, 이는 2003년 메인카지노가 개장했을 때보다 2배로 증가한 수치이며, 하루 평균 입장객 수는 8,405명에 이르고 있다. 2014년 총 방문객 중 내국인은 291만 4,593명으로 전체 방문객의 95%를 차지하고 있으며, 나머지 5%에 해당하는 12만 3,399명이 외국인 방문객이다.

월별 입장객 수에서는 하계 휴가철인 7~8월 사이에 가장 높은 수치를 보이고 있는데, 7월에 27만 2,998명, 8월에는 34만 618명이 방문하였다. 이는 강원랜드 카지노가 강원도 고원청정지대에 위치하는 하계 휴양지로서의 성격도 겸하기 때문인 것으로 판

〈표 11-4〉 강원랜드 카지노 연도별 입장객 현황 (단위 : 명)

구 분	내국인	외국인	합계(일평균)
2000. 10(스몰카지노 개장)	208,856	493	209,349
2003. 5(메인카지노 개장)	1,531,026	14,313	1,545,240(4,234)
2011	2,905732	185,477	3,091,209(8,469)
2012	2,834,268	149,172	2,983,440(8,173)
2013	2,873,286	151,225	3,024,511(8,286)
2014	2,914,593	153,399	3,067,992(8,405)

자료 : 한국문화관광연구원.

단된다. 또한 2007년에는 카지노리조트라는 이미지를 벗기 위하여 기업이미지(CI)를 하이원리조트(High1 Resort)로 변경하면서 호텔, 컨벤션, 수영장, 테마파크, 극장 등 부대시설을 증설하면서 비즈니스고객과 가족고객들이 늘고 있는 것도 특징이다.

2. 국내 카지노의 외국인 이용객 수 현황

우리나라를 방문하는 전체 관광객 수는 2003년도에 333만 1,226명에서 2013년도에 1,217만 5,550명으로 3.7배 증가하였다. 이와 비례하여 국내 카지노를 방문하는 외국인 이용객 수도 1993년도에 65만 420명에서 2013년도에는 270만 7,315명으로 4.2배 증가한 것을 알 수 있다. 반면 전체 관광객 대비 카지노 이용객의 비중을 살펴보면 평균적으로 20% 전후를 점유하고 있는데, 1993년도에 전체 관광객 대비 카지노 이용객의 비중이 19.5%였지만 2013년도에도 22.2%로 소폭 증가하는 데 그쳤다.

2013년도에 국내 카지노를 방문했던 외국인 현황을 국적별로 살펴보면 중국과 일본인이 72.8%를 차지하고 있다. 한해 전체 이용객 수가 270만 7,315명인데 그중 중국

〈표 11-5〉 외래관광객 대비 카지노 이용객 수 현황

연 도	외래관광객(A)	카지노이용객(C)	외래관광객 대비 점유율(C/A)	연평균 성장률(%)
1993	3,331,226	650,420	19.5	△4.4
1995	3,753,197	633,174	16.9	1.2
2000	5,321,792	636,005	12.0	△8.4
2005	6,022,752	574,094	9.5	△15.2
2006	6,155,046	988,718	16.1	72.2
2007	6,448,240	1,176,338	18.2	19.0
2008	6,890,841	1,276,772	18.5	8.5
2009	7,810,000	1,676,207	21.5	31.3
2010	8,798,000	1,945,819	22.1	16.1
2011	9,795,000	2,100,698	21.4	8.0
2012	11,140,000	2,384,214	21.4	13.5
2013	12,175,550	2,707,315	22.2	13.6

자료 : 문화체육관광부(2014).

인이 126만 4,041명(46.7%)이며, 일본인이 70만 6,499명(26.1%)을 점유하고 있다. 그 밖에 대만, 홍콩, 싱가포르, 말레이시아 등 동남아지역의 관광객들이 국내 카지노를 찾고 있다.

제3절 외국의 카지노리조트

본절에서는 미국과 아시아지역에서 대표성을 가지고 있는 카지노리조트 3곳을 선정하여 살펴보기로 한다.

1. 라스베이거스

1931년 미국 네바다주에서 경제공황으로부터 지역경제 활성화목적으로 완전한 형태의 카지노가 처음으로 합법화되었다. 네바다주의 라스베이거스(Las Vegas) 게임산업은 세계 '카지노의 메카'라 불릴 정도로 대규모 사업성을 갖춘 현대화를 이룩하였다.

이후 1978년 뉴저지주 애틀랜타시에 카지노가 문을 열어 동부해안지역에 새로운 카지노시대가 개막되었고, 1981년에는 노스다코에 저액배팅 블랙잭이 합법화되어 버스관광 정킷(junket)활동이 시작되었으며, 1988년에는 '인디안게임 규제방안'이 통과됨으로써 130여 개의 인디안 보호구역에 카지노가 합법화되었다. 1990년대에는 제한된 저액배팅 카지노가 콜로라도주의 폐광지역, 선상카지노가 아이오와주, 일리노이주, 루이지애나주, 미시시피주에 합법화되었다.

그중에서도 네바다주의 라스베이거스에는 110여 개의 카지노가 운영 중에 있으며, 세계에서 가장 큰 초대형 호텔 및 카지노시설을 갖추고 있을 뿐만 아니라 고액배팅고객(high roller)에서 저액배팅 고객(low roller)에 이르기까지 다양한 고객층을 유치하고 있다.

또한 유흥을 즐길 수 있는 각종 놀이시설, 주제공원, 값싼 식음료 및 숙박시설은 가족동반 고객들을 유치하는 중요한 매력으로 부상하고 있으며, 라스베이거스의 카지노에서는 입장료, 신분증 및 여권을 요구하지 않으며 게임연령은 21세 이상이어야 한다.

▲ 라스베이거스 지역의 주요 호텔 & 카지노(① Mirage호텔 ② Caesars Palace호텔 ③ Excalibur호텔 ④ Treasure Island호텔 ⑤ The Las Vegas Hilton호텔 ⑥ MGM Grand호텔)

〈표 11-6〉 라스베이거스 주요 카지노호텔 현황

호 텔	객실 수	카지노시설	부대시설
MGM Grand Hotel & Casino	5,005	슬롯머신 : 3,500 게임테이블 : 165 포커테이블 : 20	대형극장(1,700석) 정원식 대형 행사장(15,200석) 할리우드풍 테마파크 보유
Excalibur Hotel & Casino	4,308	슬롯머신 : 3,024 게임테이블 : 113 포커테이블 : 20	어린이활동시설 영화관 및 공연장(1,000석) 가족관광객이 주요 표적시장 중세풍의 시설과 놀이시설
The Las Vegas Hilton Hotel & Casino	3,174	슬롯머신 : 1,155 게임테이블 : 64 포커테이블 : 6	미국 힐튼호텔 중 최고급 고액배팅 고객이 많은 편 라운지 엔터테인먼트
Mirage Hotel & Casino	3,049	슬롯머신 : 2,275 게임테이블 : 123 포커테이블 : 31	아마존정글을 테마화 화산폭발장면 재현 대형수족관 백사자 서식지
Treasure Island Hotel & Casino	2,688	슬롯머신 : 2,254 테이블게임 : 164 포커테이블 : 13	보물섬을 테마화 해적선공연
Caesars Palace Hotel & Casino	1,772	슬롯머신 : 2,500 게임테이블 : 126 포커테이블 : 18	로마제국을 테마화 라운지 쇼 쇼룸 쇼 옴니버스영화관

2. 마카오 카지노

마카오(Macao)는 중국에서 유일하게 카지노가 허가된 지역이다. 서울 종로구와 비슷한 면적의 마카오에서 운영되는 복합형 카지노리조트만 총 37개로 버스 정류장 하나 건너마다 카지노가 있는 셈이다. 하지만 2004년 샌즈그룹이 마카오에 샌즈마카오를 개관하기 전까지도 전문가들 사이에서는 부정적인 견해가 우세했다. 그 이전까지 아시아에서 대단위 카지노 복합리조트가 개발된 사례가 없어 전망이 불투명했기 때문이다. 마카오의 지리적인 한계도 약점으로 꼽혔다. 마카오는 중국 광둥성 남부의 마카오 반도와 타이파(Taipa), 콜로안(Coloane) 등 두 개의 섬을 중심으로 이루어진

도시로 면적이 약 30㎢이다. 홍콩의 30분의 1에 불과하고, 서울의 종로구만한 면적에 여러 개의 복합 리조트를 조성해 수천만 명의 관광객을 수용한다는 계획은 거의 호응을 받지 못했다.

이때 미국 라스베이거스 샌즈(LVS)그룹 산하 샌즈차이나(Sands China Ltd.)가 중국 정부의 마카오 개발계획에 발을 들여놓으며 중국 정부의 가려운 곳을 긁어주었다. 당시 중국 정부는 1999년 12월 포르투갈로부터 마카오를 반환받은 후 타이파섬과 콜로안섬 사이의 습지에 간척사업을 진행해 신도시로 개발한다는 청사진을 세워놓았지만 투자자를 찾지 못해 사업 진척이 지지부진했다. 샌즈차이나는 콜로안과 타이파의 앞 글자를 따 명명된 코타이 스트립(Cotai Strip)에 복합리조트 조성을 위한 깃발을 꽂았다. 코타이 스트립 개발을 선도한 샌즈그룹은 중국 정부에 코타이 스트립에 대한 상표권을 인정해 달라고 했지만 받아들여지지 않았다. 중국 정부는 샌즈차이나가 코타이 스트립을 독점하는 것을 원치 않았다. 그래서 SJM, MGM, 윈, 갤럭시 등 다른 카지노 업체에게도 매립지를 분할해 줌으로써 코타이 스트립의 개발을 촉진하고 규모를 키웠다.

마카오는 중국 정부가 2002년에 외국 카지노 자본의 마카오 진출을 허용하기 전까지 스탠리 호(何鴻燊) 회장의 SJM 홀딩스가 40년 동안 마카오 카지노를 독점해 왔다. 카지노 시장 개방 이후 마카오에는 라스베이거스 샌즈를 비롯해 MGM 리조트 인터내셔널, 윈(Wynn) 리조트, 갤럭시 엔터테인먼트, 멜코 크라운(Melco Crown) 등이 새롭게 진출했다. 그중 셸던 아델슨(Sheldon Adelson) 회장이 이끄는 샌즈그룹은 춘추전국시대에 돌입한 마카오 카지노에서 독보적인 위치를 확보했다.

현재 마카오 내 샌즈차이나의 카지노는 총 5개다. 샌즈마카오, 베네시안마카오, 포시즌마카오, 샌즈코타이 센트럴(히말라야, 퍼시피카) 등의 1층 중앙에 카지노가 운영된다. 모두 카지노, 호텔, 쇼핑몰, 컨벤션, 엔터테인먼트 시설 등을 갖춘 대단위 복합리조트이다. 스탠리 호 회장의 SJM이 보유한 20개에 비해 카지노 영업장 수는 적지만 규모(게임 테이블과 슬롯머신 보유 대수)와 매출액은 대등한 수준이다. 현재 샌즈차이나를 비롯해 MGM차이나, 윈 마카오 등이 홍콩 증시에 상장돼 있다.

마카오의 카지노 시장은 외국 업체들이 진출하면서 급성장을 거듭했다. 라스베이거스를 본뜬 화려한 카지노 리조트가 들어섰고 관광객이 대폭 증가하면서 카지노 산업이 빠르게 번창했다. 카지노를 메우는 이들은 대부분 중국 본토에서 온 관광객이다. 포르투갈이 마카오를 중국에 반환한 1999년 당시만 하더라도 80만 명에 그쳤던 중국 본토 관광객은 2014년에는 약 1,860만 명으로 급증했다.

마카오 사행산업감찰협조국에 따르면 지난해 마카오 카지노 35곳의 매출은 총 3,608억 파타카(약 47조 3,000억 원)로 사상 최대를 기록했다. 이는 전년도의 3,041억 파타카(약 40조 4,000억 원)보다 18.6% 증가한 수치이며, 카지노 매출액은 라스베이거스의 7배로 세계 1위이다. 마카오 경제는 카지노 시장의 급성장에 힘입어 실업률이 1~2%대로 완전고용이 실현됐을 정도이며, 세수가 급증하여 영주권 주민들에게 나눠주는 현금을 늘리는 등 경제가 탄탄대로를 달리고 있다. 이처럼 마카오는 샌즈그룹을 비롯한 카지노 기반 복합리조트 업체들이 진출하면서 눈부신 변화를 이뤄냈다.

▲ 마카오를 대표하는 복합리조트로 발돋움한 베네시안마카오 전경

3. 마리나베이샌즈 리조트 카지노

좁은 땅에 자원은 없고, 인구도 530만 명에 불과한 싱가포르는 끊임없이 새 성장동력을 찾아 내수를 부흥시키지 않으면 한순간에 몰락할 수 있다는 '절박함'으로 가득 찬 나라다. 그래서 리콴유(李光耀) 전 총리가 "내 눈에 흙이 들어가기 전에 카지노 사업은 안된다"고 했지만, 싱가포르는 내수 진작을 위해 국부(國父)의 뜻도 거스르고

2010년 두 곳의 카지노복합리조트(마리나베이샌즈 · 센토사리조트)를 열어 대박을 터뜨렸다. 이처럼 싱가포르 정부가 카지노 사업의 부정적인 이미지에도 불구하고 복합리조트(IR : Integrated Resorts)를 강력하게 추진한 것은 싱가포르의 주요 산업인 '관광'에 새로운 성장 동력을 획득할 절대 절명의 기회라고 확신했기 때문이다. 이후 정부 발표 후 딱 6년 만에 우리나라 강원랜드처럼 카지노 합법화를 넘어 거대한 원스톱 복합리조트를 개발한 것이다.

복합리조트는 카지노시설을 핵심시설로 하면서 집객시설로서 특급호텔, 테마파크(워터파크 포함), MICE시설, 엔터테인먼트 등을 종합적으로 갖춘 리조트를 말한다. 복합리조트는 1990년대 미국 라스베이거스가 카지노산업 위주의 도시에서 탈피하여 대규모 컨벤션과 전시회 그리고 국제회의 등을 유치하며 MICE산업으로 새롭게 변모하면서 시작되었고, 2010년부터는 싱가포르를 선두주자로 마카오 등지에서 설립되었다.

요즘 싱가포르 최고의 문화관광 상품으로 부상한 마리나베이샌즈 리조트는 82만 6,000㎡(약 25만 평) 규모에 카지노와 특급호텔 · 컨벤션 · 쇼핑몰 · 영화관 · 박물관 등이 밀집된 초대형 복합리조트(IR : Integrated Resort)로서 운영 주체는 싱가포르 관광청과 미국의 카지노그룹인 샌즈그룹이다.

마리나베이샌즈 리조트에서 카지노 외에 시선을 사로잡는 또 다른 명물이 있다면 그것은 단연 세 동의 55층짜리 호텔(한 동당 1,000개의 객실)이다. 세 개동의 호텔 옥상에는 거대한 배가 올려진 모양의 외관으로 유명하다. 호텔의 옥상은 스카이 브리지(sky bridge)로 연결되어 거대한 배의 갑판과 같은 공간을 창출하고 조깅코스, 수영장, 스파, 정원 등을 갖추고 시내와 바다를 조망할 수 있게 디자인하였다.

마리나베이샌즈 리조트 외에 또 다른 리조트는 센토사리조트이다. 마리나베이샌즈에서 택시로 40분쯤 떨어진 센토사리조트도 처음에는 별 특징 없던 유원지 섬에 아시아 최초로 유니버설 스튜디오를 유치하고 특급호텔과 카지노, 워터파크 등을 건설하여 가족 휴양지로 탈바꿈하였다.

싱가포르는 "이 두 곳의 복합리조트에서 매년 1,500만 명의 관광객을 유치하고 70억 달러(약 7조 원)의 매출을 일으키며 싱가포르 국내총생산(GDP 약 280조 원)을 연간 2% 이상 증가시켰고, 각종 신규 일자리를 4만 개 이상 창출하였다"(조지 타나시예

비치, 마리나베이샌즈 CEO). 2008년 싱가포르의 경제성장률이 -3.4%로 곤두박질쳤다가 두 개의 리조트가 개장한 2010년에는 14.3%로 수직 상승한 게 이를 증명하고 있다. 이러한 내수성장 덕분에 싱가포르의 1인당 국내총생산은 2014년 기준 5만 2,051달러(약 5,298만 원)로 세계 8위 규모를 유지하고 있다. 싱가포르의 복합리조트 성공 사례는 다른 아시아 국가들에게도 영향을 미쳐 일본과 대만, 한국, 말레이시아, 필리핀 등이 자국 내에서 카지노 복합리조트 건설을 추진하고 있다.

▲ 싱가포르 마리나베이샌즈리조트 전경

〈표 11-7〉 세계 국가별 카지노사업 현황

국가명	주 요 내 용
미국	· 1931년 네바다주의 라스베이거스가 시작 · 1990년대 폭발적으로 카지노 인구 증가 · 29개 주에서 카지노 승인, 10개 주에서 합법화 추진
캐나다	· 7개 주에서 44개의 카지노가 영업 중
아르헨티나	· 24개의 카지노가 운영 중 · 이 중 22개가 중앙정부 또는 지방정부 소유
프랑스	· 1907년 이후부터 온천이나 휴양지 지역으로 한정시킴 · 현재 140개의 카지노가 운영 중 (유명 카지노 12개가 매출액의 60%를 점유하고 있음) · 1987년 이후 게임종류와 카지노를 현대화하였음
영국	· 1960년 카지노산업이 합법화됨 · 130여 개의 카지노가 운영 중이며, 엄격한 회원제로 관리 · 18세 이상이면 회원신청이 가능
독일	· 18세기 중엽부터 온천도시를 중심으로 운영되기 시작 (바덴바덴과 비스바덴 온천도시에서 시작) · 14개 주에서 38개 카지노가 운영 중
스페인	· 1977년 카지노가 합법화 · 25개 카지노가 운영 중
오스트리아	· 1922년 세입목적으로 온천이나 휴양지에 허가 시작 · 12개 업체 중 오스트리아 연방공화국에 2/3의 지분소유
뉴질랜드	· 1990년 '카지노 규정법안' 통과 · 현재 4개 업체가 운영 중
호주	· 미국 카지노회사와 합작으로 운영하는 형태 증가 · 현재 12개 업체가 운영 중
일본	· 카지노는 공식적으로 인정되지 않고 있음 · 준카지노 형태인 카지노바(Casino Bar)가 500여 개 성행
필리핀	· 1987년 재정확보 차원에서 도입 · 10개 업체 중 8개 업체를 정부가 관리
중국 (마카오)	· 마카오의 관광수입 중 카지노가 20% 점유 · 9개 업체를 정부에서 관리 운영
싱가포르	· 마리나베이샌즈, 샌토사리조트에서 카지노 운영 · 카지노 외에 특급호텔, 워터파크, 컨벤션, 엔터테인먼트가 결합된 복합리조트 개발로 성공함
한국	· 16개의 외국인 전용 카지노호텔이 운영 중 · 내국인 입장이 가능한 강원랜드 카지노가 운영 중

Introduction to Resort Management

제 12 장 휴양 콘도미니엄

제1절 콘도미니엄의 개요

1. 콘도미니엄의 개념과 연혁

1) 콘도미니엄의 개념

BC 6세기경 로마법에서는 공동소유의 개념을 '공동자산을 2인 이상이 보유하는 소유형태'로 구분하였으며, 영어의 사전적 의미로는 '공유(joint dominion)', 또는 공동주권(joint Sovereignty by two or more Nation)으로 표현되어 있다. 따라서 콘도미니엄은 공동건물에 개별적으로 소유권을 행사하면서 저당권 설정과 양도가 가능한 것이다.

2) 콘도미니엄의 연혁

콘도미니엄은 1950년대 이탈리아에서 중소기업들이 종업원 후생복지를 위하여 여러 회사가 공동투자하여 연립주택이나 호텔형태로 건립한 별장식 가옥을 10여 명이 소유하는 공동 휴양시설로 개발한 것이 그 효시이다.

1960년대에 들어와서는 별장을 갖기 힘든 다수의 사람들이 공동소유를 통해 건설된 시설을 이용하고자 하는 제도장치가 마련된 것이 현대적인 의미의 콘도미니엄의 시초라고 할 수 있다.

1970년대 와서는 콘도미니엄 사업이 본격화되면서 점차 일반 대중에 그 뿌리를 내리게 되었으며, 아파트나 별장 또는 호텔보다 콘도미니엄이 훨씬 많이 건설되어 1975년 미국에서 5,000만 달러에 불과하던 판매량이 1982년 약 15억 달러로 매출액 신장을 보인 신종 레저산업으로 등장하였다. 하와이 마우이섬의 경우 콘도미니엄의 객실이 4,484실로 호텔객실 4,276실보다 많고 플로리다주만 약 7,000여 동의 콘도미니엄이 건설되어 있다.

우리나라는 1979년 6월 (주)한국콘도미니엄이 처음으로 회사를 설립하여 1981년 4월 경주 보문단지에 경주콘도미니엄을 완공한 것이 시초로 기록되어 있다. 또한 휴양콘도미니엄은 가족단위 혹은 소수 및 다수인을 수용할 수 있으며, 부대시설로 각종 레저스포츠, 취미활동들을 할 수 있는 시설을 갖추고 있다. 그래서 근래의 레저양상과 대중적인 관광숙박시설의 욕구에 대응하여 가고 있다.

2. 콘도미니엄의 특성

1) 건물, 시설에 대한 의존성

콘도는 고정자본에 의한 의존성이 다른 기업보다 크다. 일반적으로 다른 기업은 건물이나 시설과 같은 고정자본보다는 상품이나 현금 같은 유동자본의 비중이 크다. 이에 비하여 콘도미니엄 사업에 있어서 건물과 시설이 전 투자액의 70~80%가 된다. 따라서 건물과 시설은 콘도의 가치에 결정적 영향을 준다고 할 수 있다.

〈표 12-1〉 부지 선정 조건

구 분	검토사항	내 용
입지성 여 부	접근성	교통시설(항공, 철도, 고속버스, 자가용 사용 용이, 항만) 소요시간, 통행량 신속성 등
	주위 경관	산, 호수, 해변 등 수려한 자연경관
	주변 자원	자연성, 역사성(명승고적지), 행락성(요트, 윈드서핑, 낚시터, 골프장), 스포츠자원, 수자원 등
	인문환경	인문, 산업 등 지역수준 고려
	자연조건	기후, 기온, 강우량, 적설량 등
	법규상 조건	용지 확보의 가능성, 인·허가사항, 규제 및 지원 여부
	지역 계획	해당 지역 및 인근 지역에 대한 지역계획 및 용도제한 여부 등
	기타	시설 보완성 여부 및 경합성
용지성 여 부	수자원 및 동식물	수량, 수질, 지하자원, 동식물의 구성 및 보존상태, 수익성, 유해여부 등
	지역 전반	지형, 지질, 지반, 경사도 상태 등
	토지이용	세부 토지이용 현황, 소유권, 이용권, 각종 시설 현황
	환경 및 경관	경관, 환경수준, 수질의 적합성, 쾌적성, 재해 여부 등
	용지 확보	지가, 소유권, 매입 가능성 및 용이성 여부 등

2) 지리적 자원에 대한 의존성

콘도미니엄은 건립대상 지역을 관광지, 관광휴양지, 국·도립공원 지역, 유원지, 기타 자연환경이 수려한 지역 등으로 제한되어 지리적 자원에 대한 의존도가 타 기업에 비하여 크다는 것이 특징이다.

일반적으로 콘도는 다음과 같은 배경을 바탕으로 건립되는데, 크게 입지적 검토와 용지성 검토로 나누어 입지를 선정하는 것이 바람직하다.

(1) 시설의 조기 노후화

콘도미니엄은 고정자본에 대한 의존도가 높기 때문에 시설가구 등에 대한 부단한 개선을 하게 되어 타 기업에 있어서 일반적으로 유지되는 시설의 수명보다도 빨리 소모된다.

(2) 사용일수의 제한

한 객실에 대해 공동소유권을 갖게 되므로 각자의 지분에 따른 연간 사용 일수가 제한되어 있다. 제한방법에는 평일, 주말, 성수기(여름, 겨울)로 나누어 사용제한을 두고 있다.

(3) 체인조직의 특성

콘도미니엄 관리회사는 몇 개의 콘도미니엄을 서로 이용할 수 있는 체인형 조직으로 운영하고 있으며, 이는 이른바 정규 체인으로서 경영권을 본사에 귀속시켜 강력하게 관리하는 특징을 보이고 있다. 일반적으로 계좌를 소유한 오너들은 해당업체의 전국 어느 체인에서나 이용이 가능하며 타인에게 대여할 수 있다.

3) 상품의 특징

이는 콘도미니엄의 객실 및 부대시설을 의미하는데 이에는 첫째, 객실 내부에 주방 및 취사시설이 있어 취사가 가능하며 회원이 연간 이용할 수 있는 기간이 설정되어 있다. 이 경우 연간 14~28일이 국내에서 대다수이다.

콘도미니엄은 도시 생활에 싫증이 나고 공해와 스트레스에 찌든 도시인이 건전한 여가선용의 장소와 가족단위의 레저생활을 즐기는 데 최적의 장소로 굳혀지고 있다. 대부분의 국내 휴양콘도미니엄의 경우, 부대시설이 있어 이용하기 편리하고 회원들에게는 각종 할인혜택이 주어진다.

3. 콘도미니엄의 분류

1) 건축양식에 의한 분류

콘도미니엄은 아파트식, 연립주택식, 별장식으로 구분되어 있다. 아파트식의 경우 대략 50실 이상의 객실을 갖추고 1~2동 이상의 건물들을 나열해서 건설한 것을 일컫는다.

- 연립주택식 : 객실을 5~6개 단위로 연립하여 만든 형태를 말하며, 성수기 및 비수기에 따라 신축성 있게 운영할 수 있는 장점이 있다.
- 별장식 : 1~2대 단위로 건설하여 완전한 독립가정을 연상하게 하는데, 운영 및 관리상의 곤란함은 있으나 이용자에게는 독립된 별장과 같은 만족감을 준다는 면에서 이점이 있다.

2) 기능에 의한 분류

다른 시설과 달리 그 기능이 독특하며 주된 목적으로는 레저생활 및 관광숙박시설로서의 활용에 있다. 이에 따라 그 기능이나 용도에 의해 다음과 같이 분류할 수 있다.

(1) 리조트형 콘도

휴양과 레저를 주목적으로 하며 숙박시설로의 기능이 강조되는 것으로 일반적으로 근린 레저시설을 갖춘 리조트 단지 내에 건립되는 것이 특징이다.

(2) 관광휴양지형 콘도

자연과 천혜의 조화를 이루는 곳에 주로 건립되어, 주로 가족단위의 휴가를 보낼 수 있는 형태로서, 건강과 휴양이 강조되는 콘도이다.

(3) 단순레저 생활지향형

하계휴가 등 특정 시기와 특히 밀접한 관계를 가지며 해안이나 레저 연관지역에 위치하는 것이 보통이다.

(4) 단순 주거형

단순 주거를 목적으로 하고 숙박시설의 기능이 강조되면서 콘도미니엄 내에 일상 생활을 용이하게 하기 위한 다양한 부대시설이 설치될 것이 요구된다.

3) 회원제도에 의한 분류

크게 공유회원제와 비공유 일반회원제로 대별되는데, 공유회원제는 콘도미니엄 회사나 혹은 분양회사가 콘도미니엄 객실을 분양할 때 소유권 자체를 매각하는 것으로서 회원은 객실에 대한 지분소유권을 가지며 그것은 법적으로도 등기된다.

- 일반회원제 : 회원이 법적인 소유권을 갖지 않고, 다만 시설의 이용권만을 갖는 것
- 공유제와 일반회원제의 차이 : 소유권이 있느냐 없느냐의 차이이고, 일반회원제의 경우 기한이 설정되는 경우가 많다는 점을 제외하면 시설이용 면에서는 차이가 없음

〈표 12-2〉 콘도미니엄의 구분

구 분	내 용	특 징
건축양식	아파트식 연립주택식 별장식	· 50실 이상 대규모, 선호도가 높다. · 신축적 운영 · 관리 기능 · 만족도가 높다. 관리상의 어려움
기 능	리조트형 관광 휴양지형 단순 레저형 단순 주거형	· 휴양, 레저, 근린레저시설을 갖춘 리조트 단지 내에 위치 · 유명관광, 휴양지에 위치, 가족단위에 적합 · 숙박시설 기능 강조 · 부대시설 완비
회원제도	공동회원제 일반회원제 복합절충제	· 소유권 보유 · 시설이용권 보유
회원권 소유방식	공동소유제 단일소유제	· 5~10개의 계좌 설정 · 1실당 1계좌

4) 회원권의 소유방식에 의한 분류

(1) 공동소유

객실당 2개 이상의 계좌로 하여 보통 5~10개의 계좌가 설정되는데, 회원 확대 및 콘도 대중화를 위한 가격인하를 위해 1객실당 20개가량의 계좌가 설정되는 경우도 있다.

(2) 단독소유

객실 1개당 1계좌로 하여 결국 1명의 소유자만 인정하는 것을 말하며, 콘도 대중화에 위배되고 가입 시 큰 부담을 감수해야 하나, 필요에 따라 연중 아무 때고 이용할 수 있다는 것이 장점이다.

4. 외국의 콘도미니엄

1) 미 국

일반적으로 미국의 콘도미니엄은 주거용 콘도미니엄, 휴양 콘도미니엄, 전환 콘도미니엄, 상용 콘도미니엄으로 대별된다.

(1) 주거용(Residential) 콘도미니엄

다가구형태의 주택으로 아파트와 유사하다. 이런 주거용 콘도가 인기를 얻고 있는 이유는 우선 입지의 경관이 좋고 관리회사의 서비스가 좋으며 각종 금융 혜택을 누릴 수 있기 때문이다.

(2) 휴양(Resort) 콘도미니엄

경치가 좋은 해변, 골프장, 스키장 등 휴양지에 위치하고 있다. 이는 대개 레저연계제나 시간분할제에 의해 이용되는데 후자는 유럽과 남미에서 먼저 시작된다.

(3) 전환 콘도미니엄(Condominium Conversion)

임대아파트 빌딩을 새로운 형태의 주택으로 개수하여 개별 아파트를 단위별로 개인에게 분양하는 것이다. 이렇게 하는 것은 건물 전체를 파는 것보다 개별적으로 하나씩 분양함으로써 더 많은 이익이 보장되기 때문이다.

(4) 상용(Commercial) 콘도미니엄

소규모의 병원, 변호사 사무소, 공인회계사 사무실 등의 용도로 임대사무실 대용으로 이용되는 것으로서, 이때 사용자들에게는 세제상의 혜택이 주어진다.

2) 일 본

일본의 산업분류에 의한 경우, 콘도미니엄 산업은 부동산업 + 숙박업 + 서비스산업이다. 구미에서 발달한 콘도미니엄의 원형은 호텔의 기능과 서비스를 겸한 분양 맨션에서 찾을 수 있는데, 이와 같은 콘도미니엄 호텔은 도시형(City condominium hotel)과 리조트형(Resort condominium hotel), 비공유회원제 호텔(Condominium hotel), 비공유제 호델(Condominium owners hotel)이라고 불리는 형태가 많이 등장하고 있으며, 회원제 리조트 클럽의 장점을 병행하고 있는 것도 나타나고 있다.

제2절 국내 주요 콘도미니엄

1. 한화리조트

한화리조트(Hanwha Resort)는 1979년 우리나라 최초의 콘도미니엄 건설을 통하여 레저산업에 첫발을 디딘 이후, 현재 전국에서 가장 많은 직영 콘도 체인 및 골프장을 운영하고 있으며, 다양한 범주의 푸드서비스를 고객에게 제공하고 있다.

또한 한화호텔 앤드 리조트는 현재의 상황에 만족하지 않고 급속한 레저환경 변화에 대응하며, 풍부한 운영 노하우를 기반으로 기존 사업영역의 확대 및 신규 사업을 추진하여 질적 · 양적 측면에서 명실상부한 국내 최고 · 최대의 국민레저기업으로서의 입지를 확고히 하고 있다.

이런 양적인 성장 이외에 한화리조트는 한국능률컨설팅(KMAC)에서 주최하는 '한화호텔 & 리조트 고객 만족 경영대상' 2003년, 2004년, 2005년, 2006년을 연속하여 수상하였고, 2007년 리조트업계 최초 종합대상을 수상하였다. 또한 '한화호텔 & 리조트 K-BPI(한국산업의 브랜드파워)' 조사 콘도부문에서 2005년, 2006년, 2007년, 2008년 4년 연속 1위 기업으로 선정되었다.

2009년 프라자호텔과 63시티 식음 · 문화부문을 한 가족으로 맞이한 한화호텔&리조

〈표 12-3〉 한화호텔 앤드 리조트사업 현황

구분	내용
리조트	· 전국 12개 직영 콘도 운영(설악, 용인, 양평, 산정호수, 대천, 수안보, 백암온천, 경주, 지리산, 해운대, 제주, 휘닉스파크, 오션팰리스 리조트)
호 텔	· 프라자호텔 400실, 사이판월드리조트 261실
골프장	· 전국 회원제 골프장 3개(72홀) 및 대중골프장 1개(9홀), 일본 나가사키 1개(18홀) 운영 · 회원제 : 용인프라자CC(38홀), 설악프라자CC(18홀), JADEPALACE GC(18홀) · 일본 : OCEAN PALACE GC(18홀) · 대중 : 봉개프라자CC(9홀 / 제주)
테마파크	· 설악 워터피아, 경주스프링돔, 씨네리아, 테라피 등
관람시설	· 63수족관, 아이맥스, 전시관, 공연장
식음영업	· 63빌딩 내 레스토랑 / 연회장 전국 20개 업장 운영

트는 국내 최고 프리미엄 종합 레저 · 서비스 기업으로의 도약을 꿈꾸고 있으며, 서울에서 제주에 이르는 아쿠아리움벨트(일산-63-여수-제주)를 추가로 조성하고 서비스 범위를 지속적으로 확대하고 있다. 한화리조트의 사업 현황을 살펴보면 〈표 12-4〉와 같다.

〈표 12-4〉 한화리조트 콘도미니엄 현황

콘도명	위 치	개장연도	객실 수
한화리조트 설악쏘라노/별관	강원도 속초시 장사동	1982	1,564
클럽휘닉스파크	강원도 평창군 봉평면	1995	440
한화리조트 용인	경기도 용인시 남사면	1985	250
한화리조트 산정호수	경기도 포천군 영북면	1992	209
한화리조트 경주	경주시 북군동	1996	193
한화리조트 백암온천	경북 울진군 온정면	1988	249
한화리조트 해운대티볼리	부산시 해운대구 우2동	2001	421
한화리조트 제주	제주도 봉계동	2003	500
한화리조트 대천 파로스	충남 보령시 신흥동	1999	305
한화리조트 수안보온천	충북 중원군 상모면	1993	72
한화리조트 양평	경기도 양평군 옥천면	1988	401
한화리조트 지리산	전남 구례군 마산면	1988	101
한화리조트 휘닉스파크	강원도 평창군 봉평면	2006	316
사이판월드리조트	서태평양 미국 북마리나연방제도	2009	143

▲ 한화리조트설악 골프장과 콘도미니엄 전경

2. 대명리조트

대명레저산업은 자연과 인간이 하나되어 가족이 함께 참여하는 휴머니티를 기반으로 미래형 레저공간 창출과 국민행복증대, 가족가치 존중이라는 기업모토로 1987년 설악리조트를 시작으로 설립되었다.

그 동안 고객들로부터 받은 지속적 사랑으로 절대적 고객사랑에 부응하는 고객지향 경영과 고객행복을 위한 가족가치 존중의 기업운영을 하고 있다.

이러한 노력의 결과로 2011년에는 한국능률협회가 선정하는 '한국에서 가장 존경받는 기업(KMAC)' 4년 연속 대상을 수상하였고, '한국산업브랜드 파워(K-BPI)'에 8년 연속 1위를 수상하였다. 또한 한국브랜드경영협회가 선정하는 '대한민국 소비자 신뢰 대표브랜드 대상'을 2년 연속 수상하였다. 2013년에는 대명리조트거제, 엠블호텔 킨텍스를 연달아 개장하였고, 거제리조트에는 오션베이워터파크와 마리나베이를 동시에 개장하면서 해양리조트의 면모를 갖추었다.

〈표 12-5〉 대명레저산업 콘도미니엄 현황

콘도명	위 치	개 장	객실 수
대명리조트 델피노	강원도 고성군 토성면	1990	662
대명비발디파크	강원도 홍천군 서면	1993	1,801
대명리조트 양평	강원도 양평군 개군면	1992	201
대명리조트 경주	경북 경주시 신평동(보문단지 내)	2006	417
대명리조트 단양	충북 단양군 단양읍	2002	806
대명리조트 제주	제주시 조천읍 함덕리	2007	242
대명리조트 쏠비치	강원도 양양군 손양면	2007	219
대명리조트 변산	전북 부안군 변산면	2008	504
소노팰리체	강원도 홍천군 서면	2009	504
대명리조트 거제	경남 거제시 일운면	2013	480
엠블호텔 여수	전남 여수시 오동도로	2012	311
엠블호텔 킨텍스	경기도 일산시 일산동구	2013	377

▲ 대명리조트 쏠비치호텔 & 리조트 전경

▲ 대명비발디파크 전경

3. 켄싱턴리조트

(주)이랜드레저비스는 켄싱턴리조트 5개점과 호텔 3개점을 운영하고 있는 이랜드그룹의 호텔 & 리조트 전문기업으로서 2009년도에는 한국콘도를 인수합병하고, 2010년에는 우방랜드를 연이어 인수합병하였다.

국내의 대표적 콘도인 (주)한국콘도는 2001년 파산선고되었으며, 2008년 2월 회생절차 개시 결정이 되어 콘도운영권에 대한 매각이 진행되어 2009년 7월 23일부로 (주)이랜드레저비스에 매각이 완료되었다. (주)이랜드레저비스는 한국콘도의 경영정상화를 위해 최선을 다하여 '한국 최초 콘도'라는 자부심과 명성을 이어받아 새로운 개념의 리조트로 탈바꿈하기 위해 노력하고 있다. 이를 위해 단계적으로 한국콘도 전 지점을 리모델링하고 켄싱턴리조트의 운영을 통해 얻은 노하우를 바탕으로 한 차원 높은 서비스를 제공하고 있다.

이와 같이 (주)이랜드레저비스는 독특한 콘셉트와 테마를 가진 차별화된 리조트로 자리매김하고 있으며, 향후 대한민국의 레저시장을 주도하는 종합레저기업으로 성공하기 위해 노력하고 있다.

〈표 12-6〉 이랜드레저비스 콘도미니엄 운영 현황

콘도명	위 치	개장연도	객실 수
켄싱턴리조트 충주	충북 충주시 양성면	2007	167
켄싱턴리조트 설악밸리	강원도 고성군 토성면 신평리	1987	213
켄싱턴리조트 설악비치	강원도 고성군 토성면 봉포리	2007	182
켄싱턴리조트 경주보문	경북 경주시 북군동	1995	555
켄싱턴리조트 제주한림	북제주군 한림읍 귀덕리	2008	50
켄싱턴리조트 지리산남원	전북 남원시 어현동	1987	156
켄싱턴리조트 제주서귀포	제주도 서귀포시 색달동	1982	216
켄싱턴설악호텔	강원도 속초시 설악산로	1985	109
켄싱턴플로라호텔	강원도 평창군 진부면	1997	306
켄싱턴리조트 청평	경기도 가평군 상면 청군로	1994	176

▲ 켄싱턴리조트 충주의 콘도미니엄 전경

4. 금호리조트

금호산업(주) 레저사업부는 골프장, 테마파크, 4개 체인형 콘도를 운영하는 종합리조트 레저회사로서 2000년부터 12년 연속 '한국서비스대상'과 산업통상자원부로부터 서비스품질 우수기업 선정, 2013년 '국가품질경영대회 서비스혁신상(아산스파비스)', 그리고 소비자가 직접 참여하여 선정하는 '2013 한국소비자의 신뢰기업 대상'을 수상하였다.

1991년 광주패밀리랜드 개장을 시작으로 1994년에 한국의 나폴리라 불리는 통영에 위치한 충무리조트를 개장하였다. 1997년에는 설악산에 위치한 설악리조트를 개장하였고, 동년 9월에는 남도 제일의 온천휴양지로 유명한 화순에 화순리조트를 개장하였다. 2007년 5월에는 제주도 남원관광지 내에 위치한 Seaside Resort로 금호리조트의 4번째 체인인 제주리조트를 개장하였다.

〈표 12-7〉 금호리조트 콘도 현황

콘도명	위 치	개장연도	객실 수
설악리조트	강원도 속초시 노학동	1997	247
통영마리나	경남 통영시 도남 2동	1994	220
제주리조트	제주도 남제주군 남원동	2002	50
화순리조트	전남 화순군 북면	1997	247

▲ 제주리조트 겨울 전경

5. 일성리조트

일성콘도미니엄은 1989년 부곡콘도 건설을 시작으로 매년 비약적인 발전을 거듭하여 현재는 전국에 걸쳐 8곳의 유명 휴양지(부곡, 설악, 지리산, 무주, 남한강, 경주, 제주 2곳)에 본사 직영콘도를 운영하고 있다.

또한 협재해수욕장과 금릉해수욕장의 인근거리에 위치한 일성콘도인 제주1차 콘도에 이어, 제2차 제주비치콘도를 개관하였다. 향후에도 중부내륙에 산악형 콘도, 서해안의 비치형 콘도 등 9차, 10차 콘도의 건설과 놀이동산, 워터파크, 골프 등의 시설을 확장하여 종합리조트로 도약할 계획을 가지고 있다.

〈표 12-8〉 일성콘도 현황

콘도명	위 치	개장연도	객실 수
일성설악콘도	강원도 고성군 토성면 원암리	1995	341
일성남한강콘도	경기도 여주군 여주읍 천송리	1999	168
일성부곡콘도	경남 창녕군 부곡면 거문리	1992	248
일성보문콘도	경북 경주시 신평동	2003	122
일성지리산콘도	전북 남원시 산내면 대정리	1997	167
일성무주콘도	전북 무주군 무풍면 현내리	2002	121
일성제주콘도	제주시 한림읍 한림로	1997	50
일성제주비치콘도	제주도 제주시 한림읍 금능리	2005	177

▲ 일성설악콘도 겨울 전경

참고문헌

단행본

가와지마 요시쿠니, 미래도시를 여는 테마파크, 박석희 역, 1998.
김영빈, 조경 · 관광 · 리조트 개발의 실체론, 동화기술, 1994.
김희병, 관광사업개발관련법규, 누리에, 1996.
골프존 마켓인텔리전스팀, 대한민국 골프백서, 백산출판사, 2013.
서천범, 레저백서, 한국레저산업연구소, 2011.
스탠리 파커, 현대사회와 여가, 일신사, 1995.
안봉원 외 공역, 관광시설조경론, 신학사, 1984.
이중규, 리조트의 개발과 경영, 기문사, 2002.
이사도어 샤프, 사람을 꿈꾸게 만드는 경영자, 양승연 역, 지식노마드, 2011.
이토마사미, 테마파크의 비밀, 박석희 역, 1998.
임청규, 스키리조트 계획의 이론과 실무, 도서출판누리에, 1998.
엄서호 · 서천범, 레저산업론, 현학사, 2003.
유도재, 호텔경영론, 백산출판사, 2014.
유도재 · 조인환, Hospitality Marketing, 대왕사, 2012.
잭 웰치, 승자의 조건, 윤여필 역, 청림출판사, 2007.
조셉 미첼리, 리츠칼튼 꿈의 서비스, 비전과리더십, 2012.
채용식, 리조트경영학, 현학사, 2004.
펠만 스티븐, 디즈니와 놀이문화의 혁명, 박석희 역, 1994.
필립 코틀러 · 어빙 레인, 퍼스널 마케팅, 위너스북, 2010.
필립 코틀러 · 발데마 푀르치, B2B브랜드 마케팅, 비즈니스맵, 2007.

국내논문

김규호, 관광산업의 경제적 효과분석, 경기대 박사논문, 1996.
김병량, 태백 폐광관광개발 기본계획, 서울대 석사논문, 1997.
김상훈, 한국온천관광지의 형성과정과 기능에 관한 연구, 경희대 박사논문, 1994.
김재민, 워터프론트를 이용한 한국형 해양리조트 입지분석에 관한 연구, 한양대 석사논문, 1997.
김인순, 보양온천을 중심으로 한 수치료 시설의 비교연구, 건국대 박사논문, 2003.
김현지, 리조트개발이 지역사회에 미치는 영향에 관한 연구, 한양대 석사논문, 1997.
권순정, 한국 노인요양시설의 공급량추정 및 시설계획에 관한 연구, 서울대 박사논문, 1999.
변필성 외 5인, 낙후지역 개발사업의 추진실태 및 실효성 제고 방안, 한국연구재단, 2013(34).
부석현, 중문 관광단지내 카지노 리조트 계획에 관한 연구, 제주대 석사논문, 2001.
박원임, 여가레크레이션 정책에 관한 비교 연구, 국민대 박사논문, 1991.
서상국, 테마파크 개발시 접근 방향에 관한 연구, 경운대 석사논문, 2002.
서수원, 강원지역 온천관광지 개발방향에 관한 연구, 경희대 석사논문, 2003.
손영해, 이미지 연출방법을 적용한 워터파크 설계기법의 개발에 관한 연구, 홍익대 석사논문, 1997.
이양주, 주제공원 계획에서 설계기준일 선택을 위한 모형개발, 서울대 박사논문, 1997.
이인환, 골프코스 중심의 종합리조트 개발, 건국대 석사논문, 2005.
이은정, 자연이미지 연출방법을 적용한 실내환경계획에 관한 연구, 이화여대 석사논문, 1996.
엄상권, 국내 리조트시설의 현황 및 특성에 관한 연구, 성균관대 박사논문, 2001.
오주원, 골프장의 효율적인 경영을 위한 서비스마케팅 믹스 전략, 건국대 박사논문. 2005.
유도재 · 조인환, 국내 스키리조트의 국외시장 활성화방안 연구, 호텔관광연구, 2005, 7(1).
장귀환, 사계절 이용을 위한 스키리조트 계획에 관한 연구, 한양대 석사논문, 1999.
정종석, 해양레저스포츠 발전을 위한 한국형 마리나 개발방향에 관한 연구, 경성대 박사논문, 2003.

정중걸, 지역발전을 위한 리조트사업의 활성화 방안에 관한 연구, 한양대 석사논문, 1999.
최병천, 낙후지역 재활성화 수단으로서 관광개발 효과에 대한 연구, 건국대 박사논문, 2004.
최성은, 테마파크 재현적 공간과 표현특성에 관한 연구, 국민대 석사논문, 2003.
한승준, 낙후지역 개발정책의 문제점과 개선방향, 한국행정학회 발표논문집, 2000.
황창규, 카지노산업의 효과적인 촉진방안에 관한 연구, 동국대 석사논문, 1997.

리조트 자료

용평리조트 홍보팀
알펜시아리조트 홍보팀
하이원리조트 홍보팀
대명리조트 홍보팀
휘닉스리조트 홍보팀
무주덕유산리조트 홍보팀
양지파인리조트 홍보팀
한화리조트 홍보팀
웰리힐리파크(옛 성우리조트) 홍보팀
엘리시안강촌리조트 홍보팀
한솔오크밸리 홍보팀
오투리조트 홍보팀
곤지암리조트 홍보팀
에버랜드 홍보팀
롯데월드 홍보팀
서울랜드 홍보팀
블루원 워터파크 홍보팀
테딘 워터파크 홍보팀
롯데 워터파크 홍보팀
부곡하와이 홍보팀
리솜스파캐슬 홍보팀
아산스파비스 홍보팀

충무마리나리조트 홍보팀
부산수영만마니라 홍보팀
목포마리나 홍보팀

마카오관광청
말레이시아관광청
싱가포르관광청
일본관광청
캐나다관광청

골프다이제스트, 2005. 5.
대한요트협회, 자료실.
문화관광부, 제2차 관광개발 기본계획, 2000.
월간 호텔 & 레스토랑, 2005. 1~8.
엘지이엔씨, 강촌스키리조트 조성사업 기본계획, (주)욱성, 1997.
여가산업연구소, 무주리조트 개발구상에 관한 연구보고서, 1990.
산업연구원, 카지노산업의 발전방향, 2003.
주)강원랜드, 강원 카지노 · 리조트 조성사업 기본계획, 1999.
주)우방, 우방 제주리조트 기본계획설계, 국제산업정보연구소, 1991.
중앙개발, 캐리비언 베이 사업계획서, 1995.
코리아 투어리즘 뉴스, 2004. 6.
한국스키장사업협회, 한국스키장 현황(00 / 01시즌~2011 / 11시즌).
한국관광공사, 관광통계, 2004.
한국관광공사, 한국관광시장 동향분석 및 관련정보, 2004.
한국관광연구원, 폐광지역 카지노 설치 및 운영에 관한 연구, 1997.
한국관광공사, 세계관광시장 동향, 2004.
한국골프장경영협회, 국내골프장 경영현황, 2005~2011.
한국종합유원시설업협회, 국내 · 외 테마파크 경영현황, 2005.
한국카지노업관광협회, 자료실.
Cyno 21, 강원 카지노리조트 조성사업 사업타당성 검토, 1998.

Gisco 산업연구소, 리조트산업의 현황, Vol. 1, 2.
Gisco 산업연구소, 리조트의 건축계획, Vol. 1.
Gisco 산업연구소, 리조트자료집, Vol. 1.
KGB컨소시움, 골프장 설계 · 시공 · 관리 · 운영, 2004.

국외논문

Association of Austrian Spas and Health Resorts, Nature Health Spas and Health Resorts, Austria, 1984.
Auckland Yachting and Boating Association, The Boating Book, New Zealand : Auckland, 2003.
Beng, K. A., Oceanic Sports Survey, Singapore Federation, Secretary General, 2002.
Braunlich, Carl G., Lessons from the Atlantic City Casino Experience, Journal of Travel Research, 1996, 34(3).
Chuck Y. Gee., Resort Development and Management, the Educational Institute of the American Hotel & Association, U.S.A. : Michigan, 1981.
Clark, The Dictionary of Gambling & Gaming, NY : Lexik House, 1987.
Douglas G. Pearce, Tourist Development, Longman Scientific & Technical, 1981.
Dumazedir, J. Sociology of Leisure. New York, NY : Elservier North-Holland, 1974.
Eadington, W. R., Impact of Casino Gambling on the Community : Comment on Pizam and Pokela, Annual of Tourism Research, 1996, 13(1).
Gabe, Todd, Jean Kinsey, and Scott Loveridge., Local Economic Impacts of Tribal Casinos : The Minnesota Case, Journal of Travel Research, 1996, 34(3).
Gary Goddard, Creating the Theme Park of the 21st Century from concept to Realization. Landmark Group, U.S.A, 1994.
Gerge Tokildson, Leisure and Recreation Management, 1983.
Hawkins, Best, and Coney, Tourism Planning & Development Issue, 1998.
Hirose, K., Oceanic Sports Survey, Japan Sailing Federation, Director Chairman, International Committee.
Juul, Tore, The Architecture and Planning of Ski Resorts in France, Page Bros Ltd., 1979.

Lawson, Fred, Hotels Motels and Condominiums : Design, Planning and Maintenance, Cahners Books International Inc., 1976.

Maccallen, Brain, Golf Resorts of the World, A Golf Magazine Books, Abrams, Inc., 1993.

Manual Baud Bovy & Fred Lawson, Tourism and Recreation Development, Boston : CBI Publishing Company Inc., 1997.

Margaret Huffadine, Resort Design : Planning, Architecture, and Interiors, McGraw-Hill, 1999.

McKechnie, G. E., The Psychological Structure of Leisure : Past Behavior, Journal of Leisure Research, 1974, 6 : 4-16.

Mike Shaw, Unique Aspects of Theme Park Construction, Bovis International Malaysia, 1994.

Murphy, J., Recreation and leisure service, Iowa: William C. Brown Company Publishers, 1975.

Neulinger, J., An Introduction to Leisure, Boston : Allyn and Bacon, 1981.

Paker, S., The future of work and leisure, London: MacGibbon and Knee, 1971.

Perdue, R. R., Resident Support for Tourism Development, Annals of Tourism Research, 1990, 17(4).

Roehl, W. S., Quality of Life Issue in a Casino Destination, Journal of Business Research, 1999, 44(3).

Rutes, Walter A. and Penner, Richard H., Hotel Planning and Design, The Architectural Press Ltd., 1985.

Truitt, L. J., Casino Gambling in Illinois : Riverboats, Revenues, and Economic Development, Journal of Travel Research, 1996, 34(3).

W. R. Eadington, "The Casino Gaming Industry : A Study of Political Economy", The Annals of American Academy of Political and Social Science, 1984.

Wightman, D. and Wall, G., The Spa Experience at Radium Hot Springs, Annals of tourism research, 1985.

Wykes, Alan, The Compete Illustrated Guide to Gambling, A Books Limited, London, 1984.

찾아보기

[ㄱ]

[ㄴ]

[ㄷ]

[ㅈ]

[ㅊ]

[A B C…]

저자약력

유도재

저자는 호텔 및 리조트기업의 객실부서와 세일즈마케팅부서에서 10년간 근무하였으며, 세종대학교 호텔경영대학원에서 경영학 박사학위를 취득하였다. 한국여성경제인협회 창업스쿨과 서울시청공무원연수원 전문강사로 활동하였으며, 이후 경기대학교, 세종대학교 등에서 호텔관광경영학과 겸임교수를 역임하였다. 현재 백석예술대학교 관광학부 교수 겸 백석대학교 관광아카데미 교수로 재직 중이다. 주요 저서로는 호텔경영론, Hospitality Marketing 등이 있으며, 관심분야는 리조트기업의 경영전략 및 전략적 제휴 등이다.

리조트경영론

2006년 2월 20일 초　판 1쇄 발행
2012년 3월 10일 개 정 판 1쇄 발행
2020년 2월 10일 개정2판 6쇄 발행

지은이 유도재
펴낸이 진욱상
펴낸곳 백산출판사
교　정 편집부
본문디자인 편집부
표지디자인 오정은

등　록 1974년 1월 9일 제406-1974-000001호
주　소 경기도 파주시 회동길 370(백산빌딩 3층)
전　화 02-914-1621(代)
팩　스 031-955-9911
이메일 edit@ibaeksan.kr
홈페이지 www.ibaeksan.kr

ISBN 978-89-7739-805-4 93980
값 28,000원

• 파본은 구입하신 서점에서 교환해 드립니다.
• 저작권법에 의해 보호를 받는 저작물이므로 무단전재와 복제를 금합니다.
이를 위반시 5년 이하의 징역 또는 5천만원 이하의 벌금에 처하거나 이를 병과할 수 있습니다.